高职高专土建类"十三五"规划"互联网+"创新系列教材

U0669101

管理学基础

GUANLIXUE JICHU

主　编　肖　洋
副主编　朱再英　吴文辉
主　审　刘　霁

中南大学出版社
www.csupress.com.cn

内容提要

本书紧紧围绕经济、管理类专业人才培养目标，在教学理念上坚持创新，兼顾基础理论、专业技能与管理能力三者的统一，力求在内容和形式上有所突破或创新。本书内容包括走进管理，决策、计划和目标，组织，领导和控制五章。针对"专升本"教学工作的特点和学生的不同情况，既注重介绍管理的基本知识和基本理论，又注意介绍新方法、新思想、新趋势，力求使各类读者从中都有所收获。本书体系完整，内容丰富，图文并茂，每章后还附有思考题，适合高职高专以及参加"专升本"学习的学生使用。

本书附多媒体教学电子课件供教学时使用。

高职高专土建类"十三五"规划"互联网＋"创新系列教材编审委员会

主　任

| 王运政 | 胡六星 | 郑　伟 | 玉小冰 | 刘孟良 | 陈安生 |
| 李建华 | 谢建波 | 彭　浪 | 赵　慧 | 赵顺林 | 向　曙 |

副主任

（以姓氏笔画为序）

王超洋	卢　滔	刘文利	刘可定	刘庆潭	孙发礼
杨晓珍	李　娟	李玲萍	李清奇	李精润	欧阳和平
项　林	胡云珍	黄　涛	黄金波	龚建红	颜　昕

委　员

（以姓氏笔画为序）

于华清	万小华	邓　慧	龙卫国	叶　姝	包　屐
邝佳奇	朱再英	伍扬波	庄　运	刘小聪	刘天林
刘汉章	刘旭灵	许　博	阮晓玲	孙光远	孙湘晖
李为华	李　龙	李　冰	李　奇	李　侃	李　鲤
李亚贵	李进军	李丽田	李丽君	李海霞	李鸿雁
肖飞剑	肖恒升	何　珊	何立志	佘　勇	宋士法
宋国芳	张小军	张丽姝	陈　晖	陈贤清	陈　翔
陈淳慧	陈婷梅	易红霞	金红丽	周　伟	赵亚敏
徐龙辉	徐运明	徐猛勇	卿利军	高建平	唐　文
唐茂华	黄郎宁	黄桂芳	曹世晖	常爱萍	梁鸿颉
彭　飞	彭子茂	彭秀兰	蒋　荣	蒋买勇	曾维湘
曾福林	熊宇璟	樊淳华	魏丽梅	魏秀瑛	瞿　峰

出版说明 INSTRUCTIONS

  遵照《国务院关于加快发展现代职业教育的决定》(国发〔2014〕19号)提出的"服务经济社会发展和人的全面发展,推动专业设置与产业需求对接,课程内容与职业标准对接,教学过程与生产过程对接,毕业证书与职业资格证书对接"的基本原则,为全面推进高等职业院校土建类专业教育教学改革,促进高端技术技能型人才的培养,依据国家高职高专教育土建类专业教学指导委员会高等职业教育土建类专业教学基本要求,通过充分的调研,在总结吸收国内优秀高职高专教材建设经验的基础上,我们组织编写和出版了这套高职高专土建类专业"十三五"规划教材。

  高职高专教学改革不断深入,土建行业工程技术日新月异,相应国家标准、规范,行业、企业标准、规范不断更新,作为课程内容载体的教材也必然要顺应教学改革和新形式的变化,适应行业的发展变化。教材建设应该按照最新的职业教育教学改革理念构建教材体系,探索新的编写思路,编写出版一套全新的、高等职业院校普遍认同的、能引导土建专业教学改革的"十三五"规划系列教材。为此,我们成立了规划教材编审委员会。教材编审委员会由全国30多所高职院校的权威教授、专家、院长、教学负责人、专业带头人及企业专家组成。编审委员会通过推荐、遴选,聘请了一批学术水平高、教学经验丰富、工程实践能力强的骨干教师及企业专家组成编写队伍。

  本套教材具有以下特色:

  1. 教材依据国家高职高专教育土建类专业教学指导委员会《高职高专土建类专业教学基本要求》编写,体现科学性、创新性、应用性;体现土建类教材的综合性、实践性、区域性、时效性等特点。

  2. 适应高职高专教学改革的要求,以职业能力为主线,采用行动导向、任务驱动、项目载体,教、学、做一体化模式编写,按实际岗位所需的知识能力来选取教材内容,实现教材与工程实际的零距离"无缝对接"。

  3. 体现先进性特点。将土建学科的新成果、新技术、新工艺、新材料、新知识纳入教材,结合最新国家标准、行业标准、规范编写。

  4. 教材内容与工程实际紧密联系。教材案例选择符合或接近真实工程实际,有利于培养学生的工程实践能力。

  5. 以社会需求为基本依据,以就业为导向,融入建筑企业岗位(八大员)职业资格考试、国家职业技能鉴定标准的相关内容,实现学历教育与职业资格认证相衔接。

  6. 教材体系立体化。为了方便老师教学和学生学习,本套教材建立了多媒体教学电子课件、电子图集、教学指导、教学大纲、案例素材等教学资源支持服务平台;部分教材采用了"互联网+"的形式出版,读者扫描书中"二维码",即可阅读丰富的工程图片、演示动画、操作视频、工程案例、拓展知识。

高职高专土建类专业规划教材

编 审 委 员 会

前 言 PREFACE

　　为满足高等职业院校课程教学需要，结合近年来管理学的发展，我们编写了《管理学基础》这本教材。本书在总结高职高专院校管理学教学经验的基础上，从高职高专工程管理类专业的培养目标出发，理论联系实际，突出"专升本"的学习需要，这些将给教师教学、学生学习带来很大的方便，使高职高专学生初步了解管理学的基本内容，为以后专升本的学习打好一定的理论基础。全书共分5章。第一章主要阐述了管理的概念与职能、管理思想演变、现代管理理论体系及其发展、当代管理理论新思潮。第二章主要介绍了决策过程与影响因素、决策方法、计划的类型和程序、计划方法和目标管理。第三章主要阐述了组织的基本概念、组织的设计和如何运行以及人员的配备和组织变革。第四章介绍了与领导相关的内容，包含领导的概念、领导理论、激励理论、沟通和冲突及管理。第五章介绍了控制的相关内容，包含控制的定义、过程和方法。每章后均附有思考题，以供读者使用。

　　本书具有以下特点：(1)体系结构严谨，思路清晰。本书对管理学的基本理论、基本知识进行了全面系统的阐述。(2)注重实践，强调应用。管理学是一门应用性很强的学科，管理的目的在于追求成就。因此，本书每章都尽可能安排了案例导入，旨在提高学生对管理学理论的运用能力。(3)适应管理学学科的当代发展方向。(4)以"互联网＋"形式增加了拓展阅读。读者可通过手机的"扫一扫"功能，扫描书中的二维码，阅读丰富、直观的拓展知识内容，使学习变成一种乐趣。

　　本书由湖南城建职业技术学院肖洋老师主编，陈辉玲、陈博老师参与了第一章编写，张艳敏老师参与了第二章的编写，湖南化工职业技术学院朱再英老师参与了第五章编写，陆婷、符珏老师参与了第三章编写，吴文辉老师、李亚芹老师参与了第四章编写，另外，贵州省电子工业学校的刘影老师参编了第二章。

　　在编写过程中，我们得到了刘霁教授的大力支持，在此致以深深的谢意！另外，本书在撰写过程中参考了国内外大量的图书及网络资料，不便一一列举，在此一并致谢。同时由于编者的学识有限，加之时间紧张，书中不妥之处在所难免，敬请不吝赐教。

编　者

目 录 CONTENTS

第一章　走进管理

【学习目标】

1. 理解和掌握什么是管理、管理的性质和职能；
2. 理解管理的层次、管理者具有的角色以及应具备的技能；
3. 了解管理学的研究对象、内容和研究方法；
4. 了解管理思想的演变。

第一节　管理的概念与职能

1. 管理的概念

管理实践与研究有三个维度：一是按管理过程或管理职能进行的实践与研究，这一维度包括计划、组织、领导、控制等内容；二是按管理对象的不同而进行的生产运营、财务管理、营销管理、人力资源管理、研发管理等专业职能领域的实践与研究；三是按管理层级的不同而进行的高层、中层和基层管理的实践与研究。了解管理活动、管理学对我们每一个人都有着重要的意义。

管理科学是一门涉及面广、内涵十分丰富的学科，人们从各个视角对其进行研究，必然会对管理的概念有不同的认识和概括。对于"管理是什么"这一问题的答案，也同样没有定论，从不同的角度理解，管理就有不同的含义。

最早界定"管理"定义的应当是亨利·法约尔，他提出：管理是所有的人类组织都有的一种活动，这种活动是由五项要素组成的：计划、组织、指挥、协调和控制。

哈罗德·孔茨提出：管理就是设计并保持一种良好环境，使人在群体里高效率地完成既定目标的过程。作为管理人员，需要完成计划、组织、人事、领导、控制等管理职能。

赫伯特·西蒙认为：管理即是决策，决策是管理的中心，决策贯穿管理的全过程，任何作业开始之前都要先做决策，制订计划就是决策，组织、领导和控制也都离不开决策。

彼得·德鲁克认为：管理是一种实践，其本质不在于"知"而在于"行"；管理是一种工作，它有自己的技巧、工具和方法；管理是一种器官，是赋予组织以生命的、能动的、动态的器官；管理是一门科学，一种系统化的并到处适用的知识；同时管理也是一种文化；管理就是界定企业的使命，并激励和组织人力资源去实现这个使命。界定使命是企业家的任务，而激励与组织人力资源是领导力的范畴，二者的结合就是管理。

斯蒂芬·P·罗宾斯对管理的理解：管理是通过协调其他人的工作有效率和有效果地实现组织目标的过程。

1

周三多等提出：管理是管理者为了有效地实现组织目标、个人发展和社会责任，运用管理职能进行协调的过程。这一定义包含了几个方面的含义：管理是人类有意识有目的的活动；管理应当是有效的；管理的本质是协调；协调是运用各种管理职能的过程。

以上是几个具有代表性的管理概念的观点，从不同的角度和研究方向对管理的本质提出了看法。综合各家之说，本书认为管理的概念为：在一定的组织中，管理者通过计划、组织、领导、控制及创新等手段，协调人力、物力、财力、信息等资源，以达到组织目标的过程。任何一种管理活动都必须由以下五个基本要素构成，即：①管理主体：由谁管；②管理客体：管什么；③管理目标：为何而管；④管理环境：在什么情况下管；⑤管理职能和方法。

对于这一概念可以从以下几个方面来理解：

1）管理工作存在于组织之中

组织是两个或两个以上的个人为了实现共同的目标组合而成的有机整体，比如班级、学校、企业、国家都是我们所说的组织。单独的个人行为不构成管理，管理必须通过一定的组织来发挥它的功能，管理离不开组织。

2）管理的本质是协调

组织拥有的人力、物力、财力、时间、信息等都是被管理的对象。这些组织资源是有限的，管理者需要通过计划、组织、领导、控制和创新等管理手段最大限度地使各项资源得到合理的优化配置。

3）管理的目的是为了实现组织目标

管理是一项有目的的活动，所有的管理活动都是围绕实现组织的目标来展开的。实现不了组织目标，那么一切活动都将成为无用功，任何付出都会毫无意义。组织目标的实现程度直接决定管理活动的效果。

4）管理的过程是一系列相互关联、连续进行的活动

具体的管理工作必须要通过计划、组织、领导、控制、创新等管理职能来开展，这些职能相互联系、相互制约，构成完整的管理活动。

2. 管理的性质

2.1　管理的自然属性和社会属性

管理二重性理论指出：凡是直接生产过程具有社会结合过程的形态，而不是表现为独立生产者的孤立劳动的地方，都必然会产生监督劳动和指挥劳动，不过它具有二重性，即管理为了合理组织社会生产力所表现出来的自然属性和在一定社会生产关系下所体现的社会属性。

1）自然属性

管理的自然属性是与生产力、社会化大生产相联系的，体现了管理出现的客观必然性。任何社会，只要进行有组织的实践活动，人与人之间必然要进行分工协作，管理也就必不可少。凡是许多人进行协作的劳动，过程的联系和统一都必须表现在一个指挥的意志上，就像一个乐队要有一个指挥一样。社会化的共同劳动需要管理，需要按照社会化大生产的要求，合理地进行计划、组织、领导和控制。

管理的自然属性不受生产关系性质和社会制度的约束，它只取决于生产力的发展水平，这是管理的共性。随着生产力的提高，社会化大生产规模随之扩大，管理的功能和水平也会

随之提高。因此，管理的理论、方法和技术是不分国界、不分阶级的，"古为今用""洋为中用"正是体现了这一点。

2）社会属性

管理的社会属性是与生产关系、社会制度相联系的，体现了管理出现的目的性。任何管理活动都是在特定的生产关系条件下进行的，受到一定的社会制度的影响和制约，管理活动必然要体现特定生产关系的要求，维护和巩固一定的生产关系。

管理的社会属性表明，社会的生产关系决定着管理的性质，决定着管理的体制，决定着管理方式、手段的选择和运用，决定着管理的目的。在资本主义社会，管理者服务于自己阶级的利益；在社会主义国家，管理者为提高劳动者的物质文化生活水平、为劳动者的全面发展服务。

在不同的生产关系和社会制度下，管理的自然属性相同，但是社会属性却不同。因此，对待资本主义国家的管理理论、方法和经验，我们必须辩证地学习与借鉴，要"取其精华，去其糟粕"，不可盲目照搬照用。

2.2 管理的科学性与艺术性

管理既是一门科学，又是一门艺术。管理的科学性与艺术性相互作用、相互结合，才能共同发挥管理的功能，促进组织目标的实现。

管理不仅具有科学性，还具有艺术性，作为科学的管理和作为艺术的管理是一个有机的统一体。管理是人类重要的社会活动，存在着客观规律性。它以反映管理客观规律的管理理论和方法为指导，有一套分析问题、解决问题的科学的方法论。管理科学作为社会科学的一种，是长期以来人们在管理实践中的经验总结，人们对这些加以分析、整理并形成系统，成为理论。这种系统化、理论化的比较完整地反映管理过程客观规律的理论知识体系就称为管理学。如果不承认管理的科学性，不按规律办事，违反管理的原理与原则，随心所欲地进行管理必然会受到规律的惩罚，导致管理的失败。

理论并不是万能的，管理不仅是一种知识，更是一种实践；不仅是一门科学，更是一门艺术。彼得·德鲁克讲：管理被人们称为一门综合艺术——"综合"是因为管理涉及基本原理、自我认知、智慧和领导力；"艺术"是因为管理是实践和应用。管理者仅仅掌握大量的管理理论、原理或知识并不能表明就是一个出色的管理人员，也不能保证管理活动就是有效的、成功的。管理利用系统化的知识和技术并根据实际情况激发灵感，发挥创造性的技巧和诀窍。由于管理对象分别处于不同环境、不同行业、不同的产出要求、不同的资源供给条件等状况下，这就导致了对每一具体管理对象的管理没有一种唯一的完全有章可循的模式，特别是对那些非程序性的、全新的管理对象，则更是如此，从而造成了管理活动的成效与管理者对管理技巧的发挥具有很大的相关性。事实上管理者对这种管理技巧的运用与发挥，体现了管理者设计和操作管理活动的艺术性。另一方面由于在达成资源有效配置的目标与责任的过程中可供选择的管理方式、手段多种多样，因此在众多可选择的管理方式中选择一种合适的用于现实的管理之中，这也是管理者进行管理的一种艺术性技能。

经验在管理中也很重要。管理中的艺术性是需要一个管理者通过很多年、很多事情的积累才能领悟到的。管理者的经验可以说是管理艺术性的基石。管理的艺术性包含了管理者对管理的领悟，对公司的感情，对处理人事关系的积累，唯有当一个管理者经历过、成功过、失败过才能真正的体会到管理中的艺术性是什么。可以说管理的科学性是可以学习到，一个管理者可以通过对理论的学习而具备管理的科学观，可以通过学习了解到各种管理工具和方法的使用方法和适用环境。但是对于管理的艺术性是无法学习到的。因为管理的艺术性与一个管理者的性格，生活背景，所面临的挑战等都有着密切的联系。也正是管理的艺术性导致每一个管理者的管理思维、管理习惯是无法复制的。也就是说世界上不存在着两个完全一样的管理者。想通过复制一名成功的管理者而成就自身的成功是行不通的。

一名有着理论知识但没有实际管理经验的管理者可以会由于没有经历的积累而导致失败，而同时一名有着丰富管理体验的管理者也可能因为缺少理论的基础，面对问题的时候总是希望求助于自己过去的经验，并由于经验而蒙蔽了自己的双眼，从而影响到最终决策的正确性。实际上管理的科学性和管理的艺术性是管理的两个相辅相成的方面，缺一不可。管理的科学性使管理者在处理问题时有理可依，有据可寻；而管理的艺术性则使管理者能够灵活应变，而不至于被管理理论的条条框框所束缚。

管理的科学性与艺术性交替起作用。当一个公司刚创立的时候，由于员工较少，管理层次较少，所以管理者可以通过自己的努力管理到公司中的每个员工，这时候管理的艺术性则起到了更大的作用。管理者的人格魅力会得到充分的展示，对公司的发展起着至关重要的作用；当公司发展到一定程度时，由于公司规模的逐步扩展，管理层次的增加，管理者的精力已经无法顾及公司的每个角落，这个时候管理的科学性就起到了作用。通过管理体系的设计和制度的建立，使得公司的运作在运营规范的指导下井井有条地进行。这个时期的公司是需要规范的。只有通过管理规范才能使公司的运转走上正轨，从而与过去做事随意的现象说再见。这个时期的公司讲的不再是艺术而是纪律，铁的纪律，任何员工都应该在管理制度的指导和约束下，完成属于自己的工作。再往下发展，公司则又应该回到管理艺术的时代。但这个时代是建立在管理制度规范化的基础上。这个时期管理的艺术是管理科学化后的艺术。

在管理中科学不是绝对的，艺术也不是绝对的，理论不是万能的，经验也不是万能的。真正成功的管理者应该能够用理论来指导实践，能够从实践中升华理论的人。

3. 管理的职能

所谓管理职能，是管理过程中各项行为的内容的概括，是人们对管理工作应有的一般过程和基本内容所做的理论概括。管理工作是由一系列相互关联、连续进行的活动构成的，这些活动包括计划、组织、领导、控制、创新等，它们构成管理的基本职能。

管理职能是管理者为了有效地管理必须具备的功能，是对管理活动中应有的一般过程及管理过程中各项行为的内容所做的理论概括，它说明管理者在执行其职务时应该做些什么。管理职能一般是根据管理过程的内在逻辑，划分为几个相对独立的部分。

划分管理职能，其意义在于：管理职能把管理过程划分为几个相对独立的部分，在理论研究上能更清楚地描述管理活动的整个过程，有助于实际的管理工作以及管理教学工作。划分管理职能，在实践中有助于实现管理活动的专业化，使管理人员更容易从事管理工作。

法约尔在其1916年出版的《工业管理与一般管理》中首次提出管理具有五种职能：计划、组织、指挥、协调、控制。他认为，计划职能最为重要；而组织就是为企业的经营提供所有必要的原料、设备、资本、人员；指挥的任务要分配给企业的各种不同的领导人，当组织建立以后，就要让指挥发挥作用，通过指挥的协调，能使本单位的所有人做出最好的贡献，实现本企业的利益；协调就是指企业的一切工作都要和谐地配合，以便于企业经营的顺利进行，并且有利于企业取得成功；控制就是要证实是否各项工作都与已定计划相符合，是否与下达的指示及已定原则相符合。在法约尔之后，许多学者根据社会环境的新变化，对管理的职能进行了进一步的探究，有了许多新的认识，但当代管理学家们对管理职能的划分，大体上没有超出法约尔的范围。

20世纪50年代中期，哈罗德·孔茨等在其教科书中把管理的职能划分为计划、组织、人员配备、指导和控制，全书的框架结构也是基于这种职能划分来安排的，此书一经问世就成为最畅销的教科书。虽然对管理职能一直争论不休，但按照职能来构建管理学的理论框架却被大多数教科书采纳。目前较为常见的提法是管理具有计划、组织、领导、控制四大职能。

1）计划

组织中所有的管理者都必须从事计划活动。计划是指根据对组织外部环境与内部条件的分析，提出在未来一定时期内要达到的组织目标以及实现目标的途径。计划工作包含确定组织的目标，制定全局战略以实现目标，以及制定一组广泛的相关计划以整合和协调组织的工作。计划决定组织所要追求的目标；决定为了实现目标需要采取的行动路线；决定如何配置组织资源来实现上述目标。它同时涉及结果（做什么）和手段（如何做）。

2）组织

组织是指管理者根据既定目标，对组织中的各种要素及人们之间的相互关系进行合理安排的过程，亦即决定一个组织机构内各部门的因素及其相互关系，并改善其各个组成因子的需要与愿望，以便更好地趋向于一个共同的目标。其主要内容包括设计组织结构、建立管理体制、分配权力、明确责任、配置资源、构建有效的信息沟通网络等。

3）领导

领导就是一种影响力，是对人们施加影响，从而使人们为实现组织目标而努力的艺术或过程。总体讲，领导包含四个要素：①领导者必须有下属或追随者；②领导的本质是影响力，基础是下属的追随与服从；③领导是一个对人们施加影响的动态过程；④领导就是通过影响部下来达到组织的目标。管理者在执行领导职能时，一方面要调动组织成员的潜能，使之在实现组织目标过程中发挥应有作用；另一方面要促进组织成员之间的团结协作，使组织中的所有活动和努力统一和谐。

4）控制

在执行计划的过程中，由于环境的变化及其影响，可能导致人们的活动或行为与组织的要求或期望不一致，出现偏差。为了保证组织工作能够按照既定的计划进行，管理者必须对组织绩效进行监控。控制是管理的一项基本职能，是管理者对组织的工作成效进行测量、衡量和评价，并监督检查组织是否按照既定的目标、计划、标准和方法运行，具体体现为发现偏差、分析原因、采取措施、纠正偏差，从而确保组织目标的实现的管理活动过程。理解控制职能，要明确几点：控制是计划职能的逻辑延续；控制是通过"监督"和"纠偏"来实现的；控制是一个管理活动过程，是动态的活动过程，而非静态的某个状态。

4. 管理者角色的相关理论

4.1 管理者的类型与技能

管理者是指在组织中直接监督和指导他人工作的人，管理者通过其职位和知识，对组织负有贡献的责任，因而能够实质性地影响该组织的经营及达成成果的能力者。根据在组织中承担的责任和权力的不同,一般可将管理者分为基层管理者、中层管理者和高层管理者(图1-1)。

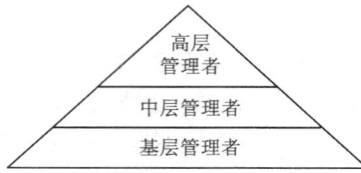

图1-1 管理的层次

基层管理者是指那些在组织中直接负责非管理类员工日常活动的人,主要职责是直接指挥和监督现场作业人员,保证完成上级下达的各项计划和指令。他们主要关心的是具体任务的完成。

中层管理者是指位于组织中的基层管理者和高层管理者之间的人。中层管理者承上启下,主要职责是正确领会高层的意图,创造性地结合本部门的工作实际,有效指挥各基层管理者开展工作。他们注重的是日常管理事务。

高层管理者是指组织中居于顶层或接近于顶层的人,对组织负全责,主要侧重于沟通组织与外部的联系和决定组织的大政方针。他们注重良好环境的创造和重大决策的正确性。

对于某一特定的管理者而言,计划、组织、领导和控制这四大管理基本职能的相对重要性取决于他在管理层级中的位置。管理者都要履行计划、组织、领导和控制基本职能,但不同层次的管理者工作的侧重点和花在各项职能上的时间并不相同。管理者在管理层级中所处的位置越高,花在计划和组织资源以保持并提高组织绩效上的时间可能就越多,因为这两个职能对组织的长远绩效起着至关重要的作用。管理者在管理层级中所处的位置越低,花在领导下属上的时间可能就越多,因为他们关心的是具体任务的完成,每天要直接领导下属,布置任务,协调下属的行为,保证计划的履行。

不管什么类型组织中的管理者,也不管他处于哪一管理层次,所有的管理者都需要有一定的管理技能。罗伯特·卡茨曾在《哈佛商业评论》中发表了一篇题为《能干的管理者应具有的技能》的论文,他列举了管理者所需的三种素质或技能,它们分别是技术技能、人际技能和概念技能(图1-2)。

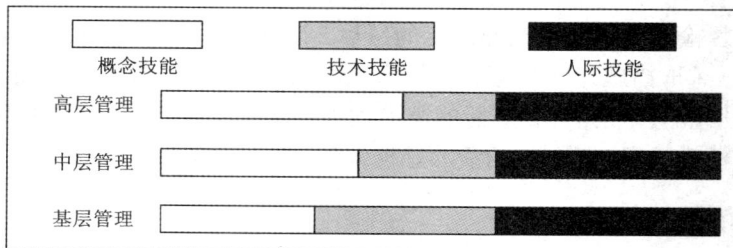

图1-2 管理者的技能

技术技能是指对某一特殊活动，特别是包含方法、过程、程序或技术的活动的理解和熟练。它包括专门知识、在专业范围内的分析能力以及灵活地运用该专业的工具和技巧的能力。技术技能主要是涉及"物"的工作。如工程师、会计、技术员等，技术技能强调内行领导。

人际技能也叫人际关系技能，是指成功地与别人打交道并与别人沟通的能力，就是处理人与人之间关系的能力。作为一名管理者，必须具备良好的人际技能，这样才能树立组织良好的团队精神，激励、引导和鼓舞员工的热情和信心。因此，人际技能对于各个层次的管理者都是必备的重要技能。

概念技能也称构想技能，指"把观念设想出来并加以处理以及将关系抽象化的精神能力"。简单地说，概念技能是指管理者对复杂事物进行抽象和概念化的能力。具有概念技能的管理者能够准确把握工作单位之间、个人和工作单位之间以及个人之间的相互关系，能够深刻认识组织中任何行动的后果以及正确行使管理者的各种职能。

这些技能对于不同管理层次的管理者的相对重要性是不同的。技术技能的重要性依据管理者所处的组织层次从低到高逐渐下降，概念技能则相反，而人际技能对每个层次的管理者来说都是非常重要的。对基层管理者来说，具备技术技能是最为重要的，因为他们要直接处理下属作业人员所从事的工作；同时具备人际技能在同下属的频繁交往中也非常有帮助。对于中层管理者来说，对技术技能的要求下降，而对概念技能的要求上升，同时具备更加出色的人际技能更为重要。这是因为作为中层管理者不仅要很好地领会上级高层管理者的战略意图，还要将具体的战术任务分配给下属基层管理者，另外中层管理者还要面对更多的平级管理者之间的沟通协作。对于高层管理者而言，概念技能特别重要，而对技术技能的要求相对来说则很低，同时人际技能仍很重要。当然，这种管理技能和组织层次的联系并不是绝对的，组织规模大小等一些因素对此也会产生一定的影响。

另一位管理学者里基·格里芬也对管理者的三项基本技能作了新的补充，增加了诊断和分析两项技能。他认为成功的管理者必须具备诊断技能，能根据组织出现的症状来诊断问题，并通过表象分析问题的实质。分析技能类似思想技能，是指管理者在某一形势下鉴别关键变量的能力，分析它们之间的相互关系，并找出最值得关注的因素，诊断技能使管理者理解并认识所处的形势，而分析技能使管理者决定在该形势下如何行动，是诊断技能的补充，为组织决策奠定基础。

4.2　管理者的角色

德鲁克在其代表作《管理实践》中最先提出"管理者角色"的概念，明确提出管理者在组织中主要扮演以下两种角色：一是对整个组织进行管理，旨在求得组织的生存与发展。在这里，管理者必须明确组织要做什么、怎样做、为谁做等问题；二是对管理者及其工作进行管理，即将各个管理人员的视线导向组织目标，实行目标管理和自我控制，并确定管理人员合适的工作结构；对组织成员及其作业工作进行管理，处理好人际关系。

之后，加拿大学者亨利·明茨伯格又具体提出管理者扮演的 10 种相互关联的角色。亨利·明茨伯格还是博士生的时候，就带着秒表去记录五位管理者真正在做什么，而不是听他们说自己做了什么，或者是由学者去想像他们在做什么。他花了一周时间，对五位 CEO 的活动进行了观察和研究。这五个人分别来自大型咨询公司、教学医院、学校、高科技公司和日用消费品制造商。明茨伯格发现，在企业管理过程中，管理者很少花时间做长远的考虑，他们总是被这样或那样的事务和人物牵引，而无暇顾及长远的目标或计划。一个显而易见的事实是，他们用于考虑一个问题的平均时间仅几分钟。管理者若想固定做一件事，那这样的努力注定要失败，因为他会不断被其他人打断，总会需要他去处理其他事务。所以，明茨伯格认为，那种从管理职能出发，认为管理是计划、组织、指挥、协调、控制的说法，未免太学究气了。随便找一个经理，问他所做的工作中哪些是协调而哪些不是协调，协调能占多大比例，恐怕谁也答不上来。所以，明茨伯格主张不应从管理的各种职能来分析管理，而应把管理者看成各种角色的结合体。这10种角色划分为三大类：人际关系方面的角色、信息传递方面的角色、决策制定方面的角色，如表1-1所示：

表1-1　管理者的十大角色

角色	描述	特征活动
人际关系方面的角色		
1. 挂名首脑	象征性的首脑，必须履行许多法律性的或社会性的例行义务	迎接来访者，签署法律文件
2. 领导者	负责激励和动员下属，负责人员配备、培训和交往的职责	实际上从事所有的有下级参与的活动
3. 联络者	维护自行发展起来的外部接触和联系网络，向人们提供恩惠和信息	发感谢信，从事外部委员会工作，从事其他有外部人员参加的活动
信息传递方面的角色		
4. 监听者	寻求和获取各种特定的信息（其中许多是即时的），以便透彻地了解组织与环境	阅读期刊和报告，保持私人接触作为组织内部和外部信息的神经中枢
5. 传播者	将从外部人员和下级那里获得的信息传递给组织的其他成员——有些是关于事实的信息，有些是解释和综合组织的有影响的人物的各种价值观点	举行信息交流会，用打电话的方式传达信息
6. 发言人	向外界发布有关组织的计划、政策、行动结果等信息；作为组织所在产业方面的专家	举行董事会，向媒体发布信息
决策制定方面的角色		
7. 企业家	寻求组织和环境中的机会，制定"改进方案"以发起变革，监督这些方案的策划	制定策略，检查会议决策执行情况开发新项目
8. 混乱驾驭者	当组织面临重大的、意外的动乱时，负责采取补救行动	制定战略，检查陷入混乱和危机的时期
9. 资源分配者	负责分配组织的各种资源——事实上是批准所有重要的组织决策	调度、询问、授权，从事涉及预算的各种活动和安排下级的工作
10. 谈判者	在主要的谈判中作为组织的代表	参与工会进行合同谈判

4.2.1 人际关系角色的三个类型

1）挂名首脑角色

这是经理所担任的最基本的角色。由于经理是正式的权威，是一个组织的象征，因此要履行这方面的职责。作为组织的首脑，每位管理者有责任主持一些仪式，比如接待重要的访客、参加某些职员的婚礼、与重要客户共进午餐、礼仪活动，例行公事，签署文件，参加鼓舞人心的仪式等。很多职责有时可能是日常事务或者一些形式上的职责，然而，它们对组织能否顺利运转非常重要，不能被忽视。因为这种角色往往代表着组织的合法性、社会地位、外界影响等。

2）领导者角色

由于管理者是一个企业的正式领导，要对该组织成员的工作负责，在这一点上就构成了领导者的角色。这些行动有一些直接涉及领导关系，管理者通常负责雇佣和培训职员，负责对员工进行激励或者引导，以某种方式使他们的个人需求与组织目的达到和谐。在领导者的角色里，我们能最清楚地看到管理者的影响。正式的权力赋予了管理者强大的潜在影响力。

3）联络者角色

这指的是经理同他所领导的组织以外的无数个人或团体维持关系的重要网络。通过对每种管理工作的研究发现，管理者花在同事和单位之外的其他人身上的时间与花在自己下属身上的时间一样多。这样的联络通常都是通过参加外部的各种会议，参加各种公共活动和社会事业来实现的。实际上，联络角色是专门用于建立管理者自己的外部信息系统的——它是非正式的、私人的，但却是有效的。

4.2.2 信息方面的角色监控者角色

1）监控者角色

作为监控者，管理者为了得到信息而不断审视自己所处的环境。他们询问联系人和下属，通过各种内部事务、外部事情和分析报告等主动收集信息。担任监控角色的管理者所收集的信息很多都是口头形式的，通常是传闻和流言。当然也有一些董事会的意见或者是社会机构的质问等。

2）信息传播者角色

组织内部可能会需要这些通过管理者的外部个人联系收集到的信息。管理者必须分享并分配信息，要把外部信息传递到企业内部，把内部信息传给更多的人。当下属彼此之间缺乏便利联系时，管理者有时会分别向他们传递信息。

3）发言人角色

这个角色是面向组织的外部的。管理者把一些信息发送给组织之外的人。而且，经理作为组织的权威，要求对外传递关于本组织的计划、政策和成果信息，使得那些对企业有重大影响的人能够了解企业的经营状况。例如，首席执行官可能要花大量时间与有影响力的人周旋，要就财务状况向董事会和股东报告，还要履行组织的社会责任等。

4.2.3 决策方面的角色

1）企业家角色

指的是经理在其职权范围之内充当本组织变革的发起者和设计者。管理者必须努力组织资源去适应周围环境的变化，要善于寻找和发现新的机会。而作为创业者，当出现一个好主意时，总裁要么决定一个开发项目，直接监督项目的进展，要么就把它委派给一个雇员。这就是开始决策的阶段。

2）危机处理者角色

企业家角色把管理者描述为变革的发起人，而危机处理者角色则显示管理者非自愿地回应压力。在这里，管理者不再能够控制迫在眉睫的罢工、某个主要客户的破产或某个供应商违背了合同等变化。在危机的处理中，时机是非常重要的。而且这种危机很少在例行的信息流程中被发觉，大多是一些突发的紧急事件。实际上，每位管理者必须花大量时间对付突发事件。没有组织能够事先考虑到每个偶发事件。

3）资源分配者

管理者负责在组织内分配责任，他分配的最重要的资源也许就是他的时间。更重要的是，经理的时间安排决定着他的组织利益，并把组织的优先顺序付诸实施。接近管理者就等于接近了组织的神经中枢和决策者。管理者还负责设计组织的结构，即决定分工和协调工作的正式关系的模式，分配下属的工作。在这个角色里，重要决策在被执行之前，首先要获得管理者的批准，这能确保决策是互相关联的。

4）谈判者

组织要不停地进行各种重大的、非正式化的谈判，这多半由经理带领进行。对在各个层次进行的管理工作研究显示，管理者花了相当多的时间用于谈判。一方面，因为经理的参加能够增加谈判的可靠性，另一方面因为经理有足够的权力来支配各种资源并迅速做出决定。谈判是管理者不可推卸的工作职责，而且是工作的主要部分。

两三个人不可能分享一个管理职位，除非他们能像一个实体一样行动。也就是说，他们不能分割这 10 种角色，除非他们能非常小心地将它们结合起来。这 10 种角色形成了一个完全角态，是一个整体，它们是互相联系、密不可分的。没有哪种角色能在不触动其他角色的情况下脱离这个框架。比如，人际关系方面的角色产生于经理在组织中的正式权威和地位；这又产生出信息方面的三个角色，使他成为某种特别的组织内部信息的重要神经中枢；而获得信息的独特地位又使经理在组织作出重大决策（战略性决策）中处于中心地位，使其得以担任决策方面的 4 个角色。我们说这 10 种角色形成了一个完全角态，并不是说所有的管理者都给予每种角色同等的关注。不过，在任何情形下，人际的、信息的和决策的角色都不可分离。

4.3 学习和研究管理学的具体方法

1）归纳法

"理论联系实际"要求研究管理学必须掌握观察管理实践，总结管理经验，并进行提炼概括，使其上升为理论的方法。人们的管理实践，特别是众多优秀管理者的管理经验，蕴藏着深刻的管理哲理、原理和方法，因此有必要运用综合、抽象、归纳等逻辑方法，总结人们的管理实践经验，从而形成系统的管理理论来进一步指导管理实践。

2）比较研究法

学习和研究管理学时，要注意管理学的二重性，既要吸收发达国家管理中科学性的东西，又要去其糟粕；既要避免盲目照搬，又要克服全盘否定；要从我国实际出发加以取舍和改造，有分析、有选择地学习和吸收西方管理的理论和实践经验。我们应学会用比较研究的方法对世界上先进的管理理论和实践进行比较研究，分辨出一般性的东西和特殊性的东西，可以为我们借鉴的东西和不可借鉴的东西，真正做到兼收并蓄，丰富我国管理学的内容，建立具有中国特色的管理科学体系。

3）历史研究法

历史研究法，就是要研究管理的发展演变历史，要考察管理的起源、历史演变、管理思想和管理理论的发展历程、重要的管理案例，从中揭示管理规律和管理学的发展趋势，寻求具有普遍意义的管理原理、管理原则、管理方式和管理方法。无论是中国的历史，还是外国的历史，都有大量的关于管理方面的文化典籍，都有许多值得研究的管理事例。

4）案例研究法

案例研究法是指对有代表性的案例进行剖析，从中发现可资借鉴的经验、方法和原则，从而加强对管理理论的理解与方法的运用，这是管理学研究和学习的重要方法。管理的案例研究法，是当代管理科学比较发达的国家在管理学教学中广为推行的学习研究方法，效果甚佳。

学习研究管理学，必须掌握案例教学法、案例研究法，将自己置身于模拟的管理情景中，学会运用所学的管理原理、原则和方法去指导管理实践。

5）试验研究法

试验研究法是管理学研究的一种重要的方法。试验研究法，是有目的地在设定的环境下认真观察研究对象的行为特征，并有计划地变动试验条件，反复考察管理对象的行为特征，从而揭示出管理的规律、原则和艺术的方法。试验研究不同于案例分析，后者是将自己置于已发生过的管理情景中，一切都是模拟的，而前者则是在真实的管理环境中对管理的规律进行探讨。只要设计得合理，组织得好，通过试验方法是能够得到很好的结果的。采用试验研究方法研究管理学的经典也不少，如管理学发展史上，泰勒的科学管理原理，就以"时间－动作"的实验性研究为基础；梅奥的人际关系理论，就以著名的"霍桑试验"为基础。

第二节 管理思想演变

1. 中国古代管理思想

管理思想是人们在社会实践中对管理活动进行思考所形成的观点、想法和见解的总称。它是人们对管理实践中种种社会关系及其矛盾活动自觉的和系统的反映。管理思想是在管理实践基础上逐渐形成发展起来的，它经历了从思想萌芽、思想形成到不断系统与深化的发展过程。

在中国古代社会的长期历史进程中，人们对管理实践的思考处在不自觉的状态中，对管理的具体问题与具体环节、方法等方面提出了很多见解，记录下了许多成功的管理经验和方法，从而形成了丰富的古代管理思想遗产。

第一，"天地之性人为贵"：以人为本的思想。"以人为本"一词的完整提法最早出自《管子·霸言》："夫霸王之所使也，以人为本本理则国固，本乱则国危。"这里所说的"以人为本"，是指建立霸业的一种手段，此时管子的"人本"还停留在工具论的层面上。古代思想家认为："天地之性人为贵"、"民为重，社稷次之，君为轻"，宣扬的就是朴素的人本哲学思想。作为中国传统道德基础的"仁"，其根本含义即是"人"。传统管理思想中的"以人为本"包含着两层含义：一是将人视为管理的首要因素，一切管理工作都围绕着如何调动人的积极性、主动性和创造性来展开，这是它的浅表内涵；二是通过给人们提供充分施展才华的空间，不断地运用挑战来锻炼人的智力、体力乃至意志品质，并在此全面发展的基础上，努力实现摆脱自然束缚而自由发展，提高人的生命存在质量，这才是"以人为本"的深层内涵。孔子的主要思想之一是"仁"，孔子归结"仁"为"仁者，人也"（《礼记·中庸》）。这里的"人"，首先是处在管理系统之中的人，即所谓"民"。

把"人"视为现代企业最为核心和宝贵的资源，重视"仁"与"义"在企业管理中的运用，通过实施人才战略、人性化管理和家庭式文化，努力发现、培养和发展 一专多能的复合型人才，让企业成为员工生活与工作的希望之"家"。随着知识经济的极大发展，企业的经营管理发生着深刻的变化，知识经济所倡导的人本主义管理，其政策的出发点和目标都在于"人"，企业中"人"的地位不断提高。

第二，以和为美，用今天的话来讲就是社会协调的和谐发展观。管子提出"畜之以道，则民和"；老子提出"知和曰常，知常曰明"；孔子的《论语》提出"礼之用，和为贵"；孟子提出"天时不如地利，地利不如人和"；荀子提出"万物各得其和以生"；《中庸》提出"和也者，天下之达道也"。"和"不是盲从附和，不是不分是非，不是无原则的苟同，而是"和而不同"。"和"的思想，强调万事万物都是由不同方面、不同要素构成的统一整体。

"和实生物"，"和"是社会存在的基础；"相成相济"，"和"是社会运行的秩序；"以和为贵"，"和"是社会协调的保障，中者，无过、过不及之名也，"和"是社会发展的尺度标准。"和"的精神，是一种承认，一种尊重感恩，一种圆融。"和"的基础，是和而不同，互相包容，求同存异，共生共长。"和"的途径，是以对话求理解，和睦相处以共识求团结，和衷共济；以包容求和谐，和谐发展。"和"的佳境，是各美其美，美人之美，美美与共，天下大同。

《道德经》上说："天地所以能长久者，以其不自生，故能长生。"说的是天地之所以长久，就在于能够让人生存，无私奉献。企业要协调、持续发展，也需要具备天地的"不自生"品德，希望能够为社会创造价值，为客户贡献能量，为股东谋取利益，为员工提供发展，并寻求这四方的和谐与平衡。尤其推崇"和谐"的企业发展观，认为和谐是一种稳定状态，是人类社会协调、持续发展的内在要求，也是中国传统文化的精髓，实现企业与社会、股东、客户与员工的和谐发展是现代企业最高的使命和追求。

第三，决策管理思想。在确定的目标之下，有目的性地获取足够的信息之后，决策是关键性的管理环节。孙子的决策思想包含有三条原则：一是"善之善者"的选优原则。语出《孙子·谋攻》："百战百胜，非善之善者也；不战而屈人之兵，善之善者也。"意思是科学的决策必须来自多项方案的选择，没有选择就没有决策。二是"践墨随敌"的调控原则。语出《孙子兵法·九地篇》："践墨随敌，以决战事。"决策确定之后，由于情况不断发生变化，在实施过程中要建立反馈，及时调整纠偏。三是"奇正相生"的变化原则。语出《孙子兵法·势篇》："善出奇者，无穷如天地，不竭如江河。……声不过五，五声之变，不可胜听也；色不过五，五色之变，不可胜观也；味不过五，五味之变，不可胜尝也；战势不过奇正，奇正之变，不可胜穷也。"奇正是指军队作战的变法和常法，奇兵、正兵、奇法、正法等都是决策中的备选方案，备选方案越多越能应对各种不同局面。

2.西方早期管理思想

2.1　亚当·斯密的劳动分工理论和"经济人"假设

亚当·斯密（Adam Smith，1723—1790）在其1776年出版的《国民财富的性质及其原因的研究》一书中，系统阐述了劳动分工观点和"经济人"假设。他认为分工是增进劳动生产力的主要因素，其原因可从三个方面来分析：①分工节约了由于工作的经常变动而损失的时间；②熟能生巧，重复同一作业可以使工人的技能得以提高；③分工使作业单纯化，这有利于工具和机械的改进。"经济人"假设认为，经济现象是由具有利己主义的人们的活动产生的，人们在经济活动中追求个人利益，社会上每个人的利益总是受到他人利益的制约。每个人都需要兼顾到他人的利益，由此而产生共同利益，进而形成总的社会利益。所以，社会利益正是以个人利益为立脚点的。

2.2　罗伯特·欧文的人事管理实践和思想

罗伯特·欧文（Robert Owen，1771—1858）是19世纪初英国著名的空想社会主义者，也是一名企业的管理改革家。他于1800—1828年担任英格兰新拉纳克工厂的经理，任职期间，针对当时工厂制度下劳动条件和生活水平相对低下的情况，他致力于改进工作条件、缩短工作日、提高工资、改善生活条件、发放抚恤金等，在改善工人生活状况的同时使工厂获得较高的利润，探索一种对工人和工厂所有者双方都有利的方法和制度。他在人事管理方面的理论研究和实践探索，对后来的行为科学理论产生了很大的影响，被称为"现代人事管理之父"。

欧文的管理思想基于"人是环境的产物"这一法国唯物主义观点，他在新拉纳克进行的一切实验都是为了证明："用优良的环境代替不良的环境，是否可以使人由此洗心革面，清除邪恶，变成明智的、理性的、善良的人；从出生到死亡，始终苦难重重，是否能够使其一生仅为善良和优良的环境所包围，从而把苦难变成幸福的优越生活。"正是基于这样一个充满希望和想像的伟大理念，才形成了他超越当时现实生活的管理思想。

欧文在新拉纳克的管理独具特色。首先，他在工厂内推行了一种新的管理制度，其核心是废除惩罚，强调人性化管理。欧文根据工人在工厂的表现，将工人的品行分为恶劣、怠惰、良好和优质四个等级，用一个木块的四面涂上黑、蓝、黄、白四色分别表示。每个工人的前面都有一块，部门主管根据工人的表现进行考核，厂长再根据部门主管的表现对部门主管进行考核。考核结果摆放在工厂里的显眼位置上，所属的员工一眼就可以看到各人木块的不同颜色。这样，每人目光一扫，就可以知道对应的员工表现如何。刚开始实行这项制度的时候，工人表现恶劣的很多，而表现良好的却很少。但是，在众人目光的注视中和自尊心理的驱使下，表现恶劣的次数和人数逐渐减少，而表现良好的工人却不断增多。为了保证这种考核的公正，欧文还规定，无论是谁认为考核不公，都可以直接向他进行申诉。这种无惩罚的人性化管理，在当时几乎是一个奇迹。部门主管考核员工，经理考核部门主管，同时辅之以越级申诉制度，开创了层级管理的先河，也有利于劳资双方的平等沟通和矛盾化解。

欧文认为，好的环境可以使人形成良好的品行，坏的环境则使人形成不好的品行。他对当时很多资本家过分注重机器而轻视人的做法提出了强烈批评，并采用多种办法致力于改善工人的工作环境和生活环境。在工广里，欧文通过改善工厂设备的摆设和搞好清洁卫生等方法，为工人创造出一个在当时看来尽可能舒适的工作场所。他还主动把工人的工作时间从

13～14小时缩短到10.5小时。在新拉纳克厂区，人们看到的是一排排整齐的工人宿舍，每个家庭为两居室。欧文很注重绿化环境，在工人住宅的周围，树木成阴，花草成行，这对工人的身心健康有着十分积极的效应。为了使工人的闲暇时间有正当向上的娱乐和学习，消除酗酒斗殴等不良风气，欧文还专门为工人建造了供他们娱乐的地方——晚间文娱中心。

2.3 查尔斯·巴贝奇的管理思想

查尔斯·巴贝奇（Charles Babbage, 1792—1871）是英国有影响的数学家，曾于1828—1837年在剑桥大学教授数学，但在担任教授职务之前和这以后的科学工作中，他一直关心着英国以及欧洲的工厂。在管理学方面，巴贝奇在1832年出版了其最具代表性的名著《论机器与制造业的经济》。在这本书中，巴贝奇提出了在科学分析的基础上有可能制定出企业管理的一般原则。他在书中说道："我在过去十年中曾被吸引去出访英国和欧洲大陆的许多工场和工厂，以便熟悉其机械工艺。在这过程中，我不由自主地把我在其他研究中自然形成的各种普遍原则应用到这些工场和工厂中去。"他还制定了一种"观察制造业的方法"，这种方法同后来他人提出的"作业研究的科学的、系统的方法"非常相似。观察者用这种方法进行观察时利用一种印好的标准提问表，表中项目包括生产所用的材料，正常的耗费、费用、工具、价格，最终市场，工人、工资、需要的技术，工作周期的长度等。

在人事管理方面，巴贝奇是工厂制度的拥护者，他认为工厂制度有利于工人生活状况的改善，同时他认为工人和工厂主的利益是一致的。他说："工厂主的繁荣和成功对工人的福利是十分重要的。工人作为一个阶级，会因为他们雇主的富裕而得到好处，这是千真万确的，但是我并不认为每一个工人分享到的好处将同他为雇主的富裕做出的贡献完全成比例……如果支付报酬的方式能够安排得使每个被雇用的人都会从整个工厂的成功中得到好处，以及每一个人的收益会因工厂本身获得的利润而增加，而又不必对工资做出任何改变，那么这将是极为重要的。"巴贝奇所提出的报酬制度，是最早的分享利润计划。巴贝奇的分享利润计划可总结为两个方面：①工人的部分工资要视工厂的利润而定；②工人如果能提出任何改进建议，他就应获得另外的好处，即建议奖金。而实行利润分享的好处是：①每一个工人同公司的繁荣都有直接的利害关系；②会极力促使每一个工人都来防止浪费和不当的管理；③会使每一个部门的工作都有所改进；④工厂将只招收技术高、品行好的工人，工人作业组合将会采取行动淘汰使分红减少的不受欢迎的工人；⑤工人和管理者利益一致，没有谁压迫谁，大家都将共同繁荣。

巴贝奇还进一步发展了亚当·斯密关于劳动分工的思想，分析了分工可以提高工作效率的原因。这些原因被总结为：①分工节省了学习所需要的时间。生产过程中包含的工序种类越多，学习这些工序所需要的时间就越长。假如一个工人仅仅做其中的少数工序，甚至一道工序，那么就只需要花费少量的学习时间。②节省了学习中所耗费的材料。学习中都要耗费一定的材料，随着学习时间的减少，所耗费的材料也会相应减少。③节省了一道工序转变到另一道工序所花费的时间。④节省了改变工具所花费的时间。许多工艺中，工具通常很精细，需要大量时间进行精密地调节，分工减少了工具的变更，也减少了调节工具的时间。⑤由于经常重复同一操作，技术熟练的工人工作速度加快。另外，劳动分工后注意力集中在比较简单的作业上，有利于改进工具和机器，从而提高劳动生产率。

无论是亚当·斯密、罗伯特·欧文还是查尔斯·巴贝奇，他们的管理思想都是随着生产力的发展，适应资本主义工厂制度发展的需要而产生的。这些管理思想虽然不系统、不全面，没有形成专门的管理理论和学派，但对于促进生产及以后科学管理理论的产生和发展，都产生了积极的影响。

3.西方管理理论

早期的管理思想因受生产力发展水平的制约，人们对于管理的认识相对零散。工业革命以后，西方社会发生了巨大的变化，到 19 世纪末 20 世纪初，以泰勒的科学管理理论、法约尔的一般管理理论和韦伯的行政组织理论等为主要内容的系统化的古典管理理论逐步形成。

3.1　泰勒的科学管理理论

3.1.1　泰勒的实验

1911 年，美国的管理学家弗吉德里克·温斯洛·泰勒（Frederick Winslow Taylor，1856—1915）出版了著名的《科学管理原理》一书，这很大程度上标志着管理作为一门科学登上了历史舞台。

泰勒及三大实验

1881 年，泰勒开始在米德维尔钢铁厂进行劳动时间和工作方法的研究，这为以后创建科学管理奠定了基础。同年，他在米德维尔开始进行著名的"金属切削试验"，经过两年初步试验之后，给工人制定了一套工作量标准，米德维尔的试验是工时研究的开端。1898 年，泰勒受雇于伯利恒钢铁公司，期间进行了著名的"搬运生铁块试验"和"铁锹试验"。搬运生铁块试验，是在这家公司的五座高炉的产品搬运班组大约 75 名工人中进行的，这一研究改进了操作方法，训练了工人，结果使生铁块的搬运量提高 3 倍。铁锹试验是系统地研究铲土负载后，研究各种材料能够达到标准负载的锹的形状、规格，以及各种原料装锹的最好方法的问题。此外泰勒还对每一套动作的精确时间做了研究，从而得出了一个"一流工人"每天应该完成的工作量。这一研究结果是非常杰出的，堆料场的劳动力从 400～600 人减少为 140 人，平均每人每天的操作量从 16 吨提高到 59 吨，每个工人的日工资从 1.15 美元提高到 1.88 美元。金属切削试验延续了 26 年，进行的各项试验跑过了 3 万次，80 万磅的钢铁被试验用的工具削成切屑，总共耗费约 15 万美元。试验结果发现了能大大提高金属切削机工产量的高速工具钢，并取得了各种机床适当的转速和进刀量以及切削用量标准等资料。

1901 年后，泰勒以大部分时间从事咨询、写作和演讲等工作，来宣传他的一套管理理论——科学管理。泰勒一生致力于科学管理，他的著作包括《计件工资制》（1895 年）、《车间管理》（1903 年）、《科学管理原理》（1911 年）。泰勒一生大部分的时间所关注的，就是如何提高生产效率，这不但能降低成本和增加利润，而且能通过提高劳动生产率增加工人的工资。泰勒对工人在工作中的"磨洋工"问题深有感触。他认为"磨洋工"的主要原因在于工人担心工作干多了，可能会使自己失业，因而他们宁愿少生产而不愿意多干活。泰勒认为，生产率是劳资双方都忽视的问题，部分原因是管理人员和工人都不了解什么是"一天合理的工作费"和"一天合理的报酬"。此外，泰勒认为管理人员和工人都过分关心如何在工资和利润之间进行分配，而对如何提高生产效率而使劳资双方都能获得更多报酬几乎一无所知。概括讲，泰勒把生产率看作取得较高工资和较高利润的保证。他相信，应用科学方法来代替惯例和经验，可以不必多费人们更多的精力和努力，就能取得较高的生产率。

泰勒的科学管理不仅仅是将科学化、标准化引入管理，更重要的是提出了实施科学管理的核心问题——精神革命。精神革命的基础是：科学管理认为雇主和雇员双方的利益是一致的。因为对于雇主而言，追求的不仅是利润，更重要的是事业的发展。而事业的发展不仅会给雇员带来较丰厚的工资,而且更意味着充分发挥其个人潜质,满足自我实现的需要。正是这个事业使雇主和雇员联系在一起,当双方友好合作,互相帮助来代替对抗和斗争时,就能通过双方共同的努力提高工作效率,生产出比过去更大的利润,从而可使雇主的利润得到增加,企业规模得到扩大。相应地,也可使雇员工资提高,满意度增加。

3.1.2 科学管理理论的主要内容

(1)科学管理理论的核心在于劳资双方要来一场"精神革命"。工人和雇主必须认识到,提高劳动生产率对两者都有利,工人能得到高工资而雇主能得到高利润,因而两者都必须来一次"精神革命",变互相对立为互相协作,共同为提高劳动生产率而努力。

(2)科学管理的中心问题是提高劳动生产率。为了挖掘提高劳动生产率的潜力,就要在试验和研究的基础上制定出有科学依据的"合理的日工作量"。这就是所谓工作定额原理。

(3)为了提高劳动生产率,必须为工作挑选"一流的工人"。这指的是适合于其工作而又愿意努力干的人,而并不是指在体力和智力上超过常人的"超人"。

(4)要使工人掌握标准化的操作方法,使用标准化的工具、机器和材料,并使作业环境标准化。这就是所谓标准化原理。

(5)为了鼓励工人努力工作,完成工作定额,实行一种刺激性的计件工资制——差别计件工资制。

(6)把企业中的计划职能(相当于现在所指的管理职能)同执行职能(即工人的实际操作)分开,变经验工作法为科学工作法。

(7)实行职能工长制。泰勒认为在军队式组织的企业里,工业机构的指令是从经理经过厂长、车间主任、工段长、班组长而传达到工人的。在这种企业里,工段长和班组长的责任是复杂的,需要相当的专门知识和各种天赋的才能,所以只有本来就具有非常素质并受过专门训练的人才能胜任。泰勒列举了在传统组织下作为一个工段长应具有的几种素质,即教育、专门知识或技术知识、机智、充沛的精力、毅力、诚实、判断力或常识、良好的健康情况等。但是每一个工长都不可能同时具备这几种素质。因此,为了使工长职能有效地发挥,就要进行更进一步细分,使每个工长只承担一种管理的职能。为此,泰勒设计出8种职能,工长分别承担工作命令卡、工时和成本、工作程序、纪律、工作分派、速度、修理、检验等职能。这8个工长4个在车间、4个在计划部门,在其职责范围内,每个工长都可以直接向工人发布命令。但是这样一来,一个工人要分别从8个工长那里接受命令,就违背了统一指挥的原则。

(8)例外原则。所谓例外原则,就是指企业的高级管理人员把一般日常事务授权给下属管理人员,而自己保留对例外的事项一般也是重要事项的决策权和控制权,如重大的企业战略问题和重要的人员更替问题等。这种例外原则至今仍然是管理中极为重要的原则之一。

在与泰勒最接近的追随者中还有很多杰出的管理学的先驱,他们中有卡尔·乔治·巴思、亨利·甘特、弗兰克与莉莲·吉尔布雷斯。

巴思被认为是泰勒最忠实和最正统的追随者,他曾在伯利恒钢厂与泰勒亲密共事,但在以后大部分时间里他则是一个独立的管理顾问工程师。巴思是一位有造诣的数学家,他研究出许多数学方法与公式,使泰勒的思想有可能付诸实施。

甘特,科学管理运动的先驱之一,人际关系理论的先驱之一,甘特图的发明者。1887年,甘特来到米德维尔钢铁厂任助理工程师,在这里,他结识了泰勒,并在后来和泰勒一起去了西蒙德公司和伯利恒公司。此后,甘特同泰勒密切合作,共同研究科学管理问题,直到离开伯利恒公司。1902 年以后，甘特离开了泰勒，独立从事咨询工程师工作。他在科学地选择工人和发展奖金制度方面做了不少咨询工作，同时他也强调发展一种主管人员与劳工之间共同的利害关系，一种"和睦协作"的必要性。为此他还强调教育工作、增进劳动与主管人员双方的了解、理解"在所有的管理问题中人是最为重要的因素"等问题的重要性。

　　泰勒的思想还得到一对夫妇合作者弗兰克与莉莲·吉尔布雷斯的坚决支持和发展。弗兰克在 1885 年 17 岁时放弃了上大学的机会而当了砌砖工人，10 年后擢升为一家建筑承包公司总管，以后不久又成了独立的建筑承包商。在这期间，他完全独立于泰勒的工作之外，开始注意到劳动中的多余动作，他把砌砖动作从 18 项减至 5 项，从而使一个砌砖工无需付出更大的努力就可能把生产率提高一倍。不久他放下了建筑承包的大部分工作而从事于提高劳动生产率咨询的工作。在 1907 年遇见泰勒后，他把他的想法和泰勒的想法结合起来，使科学管理见之于实效。弗兰克的事业得到了妻子莉莲的巨大帮助和支持。莉莲·吉尔布雷思是最早的一位产业心理学家，她被赞誉为"管理学第一夫人"。莉莲·吉尔布雷思关心工作中人的因素，而她的丈夫则关心效率，寻求为完成一项已知任务所需的最好方法，这就促使了这两位有才干的人难能可贵的结合，因此，弗兰克·吉尔布雷思长期以来一直强调我们在应用科学管理的原理时必须首先看到工人和了解他们的性格需要，这是不足为奇的。吉尔布雷思夫妇认为引起工人很大不满的并不是工作的单调乏味，而是主管部门对工人的不关心。

3.2　亨利·法约尔的一般管理理论

　　亨利·法约尔是欧洲一位杰出的经营管理思想家，被称为"现代经营管理之父"。他 1860 年从圣艾蒂安国立矿业学院毕业后进入一家采矿冶金公司，成为一名采矿工程师，1885 年起任矿冶公司总经理达 30 年。1916 年《工业管理与一般管理》问世，这是他一生管理经验与管理思想的总结，他认为他的管理理论虽

法约尔的一般管理理论

然是以大企业为研究对象，但除了可应用于工商业之外，还适用于政府、教会、慈善团体、军事组织以及其他各种事业。所以，人们一般认为法约尔是第一个概括和阐述一般管理理论的管理学家。

　　法约尔理论的主要内容有：

　　（1）企业经营有六项基本活动：技术、商业、财务、安全、会计和管理（核心）。技术活动即设计制造；商业活动是指进行采购销售和交换；财务活动指确定资金来源及使用计划；安全活动指确保员工劳动安全及设备使用安全；会计活动指编制财产目录、进行成本统计；管理活动，管理不是专家或经理独有的特权和责任，而是企业全体成员（包括工人）的共同职责，只是职位越高，管理责任越大。

　　（2）管理有五项职能：计划、组织、指挥、协调和控制。法约尔在这里把计划和预见作为一个相同的概念提出，而预见既表示对未来的估计，也表示为未来做准备，计划即预见是管理的首要因素，具有普遍的适用性，而且是一切组织活动的基础。组织即为企业的经营提供所有必要的原料、设备、资金、人员。指挥即让社会组织发挥作用，是一种以某些个人品质和对管理的一般原则的了解为基础的艺术。协调指企业的一切工作都要和谐地配合，以便于企业经营的顺利进行，并有利于企业取得成功，使各职能的社会组织机构和物资设备机构之间保持一定比例，在工作中做到先后有序，有条不紊。控制就是要证实各项工作是否都与已定计划相符合，与下达的计划相比较是否有偏差以及偏差的大小，以便加以纠正并避免重犯。

（3）十四条管理原则。法约尔在实践基础上总结出十四条管理原则，即劳动分工、权责对等、纪律、统一指挥、统一领导、个体服从整体利益、人员报酬、集中化、等级制度、秩序、公平、人员的稳定、首创精神、团队精神。

劳动分工原则：法约尔认为，劳动分工属于自然规律。劳动分工不只适用于技术工作，而且也适用于管理工作。应该通过分工来提高管理工作的效率。但是，法约尔又认为："劳动分工有一定的限度，经验与尺度感告诉我们不应超越这些限度。"

权责对等原则：管理者必须有命令下级的权力，职权赋予管理者的就是这种权力。但是，责任应当是权力的孪生物，凡行使职权的地方，就应当建立责任。这就是著名的权力与责任相符的原则。法约尔认为，要贯彻权力与责任相符的原则，就应该有有效的奖励和惩罚制度，即"应该鼓励有益的行动而制止与其相反的行动"。实际上，这就是现在我们讲的权、责、利相结合的原则。

纪律原则：法约尔认为纪律应包括两个方面，即企业与下属人员之间的协定和人们对这个协定的态度及其对协定遵守的情况。根据法约尔的观点，纪律有助于形成组织成员间的良好关系，能够反映出一个组织的领导质量和一位管理者公正、平等的行事能力。他认为制定和维持纪律最有效的办法是：①有好的领导；②尽可能明确而又公平的协定；③合理执行惩罚。因为"纪律是领导人造就的。……无论哪个社会组织，其纪律状况都主要取决于其领导人的道德状况"。

统一指挥原则：统一指挥是一个重要的管理原则，按照这个原则的要求，一个下级人员只能接受一个上级的命令。如果两个领导人同时对同一个人或同一件事行使他们的权力，就会出现混乱。双重命令会导致下级不知所措，有损命令和纪律的统一性；并会严重破坏正式的等级权威，在一个双重命令系统里，是很难评定管理者的权威和责任的；并且，被忽视的管理者会感到被轻视，并有可能在将来变得不合作。

统一领导原则：统一领导原则是指，"对于力求达到同一目的的全部活动，只能有一个领导人和一项计划。……人类社会和动物界一样，一个身体有两个脑袋，就是个怪物，就难以生存。"统一领导原则讲的是，一个下级只能有一个直接上级。它与统一指挥原则不同，统一指挥原则讲的是，一个下级只能接受一个上级的指令。这两个原则之间既有区别又有联系。统一领导原则讲的是组织机构设置的问题，即在设置组织机构的时候，一个下级不能有两个直接上级。而统一指挥原则讲的是组织机构设置以后运转的问题，即当组织机构建立起来以后，在运转的过程中，一个下级不能同时接受两个上级的指令。

个体服从整体利益原则：组织要想生存，组织整体利益就必须高于组织中任何个人和团体的利益。对于这个原则，法约尔认为这是人们都十分明白清楚的原则，但是，往往"无知、贪婪、自私、懒惰以及人类的一切冲动总是使人为了个人利益而忘掉整体利益"。为了能坚持这个原则，法约尔认为成功的办法是：①领导人的坚定性和好的榜样；②尽可能签订公平的协定；③认真的监督。人员的报酬原则：法约尔认为，人员报酬首先"取决于不受雇主的意愿和所属人员的才能影响的一些情况，如生活费用的高低、可雇人员的多少、业务的一般状况、企业的经济地位等，然后再看人员的才能，最后看采用的报酬方式"。人员的报酬首先要考虑的是维持职工的最低生活消费和企业的基本经营状况，这是确定人员报酬的一个基本出发点。在此基础上，再考虑根据职工的劳动贡献来决定采用适当的报酬方式。对于各种报酬方式，法约尔认为不管采用什么报酬方式，都应该能做到以下几点：①它能保证报酬公平；

②它能奖励有益的努力和激发热情；③它不应导致超过合理限度的过多的报酬。

集中化原则：指的是组织的权力的集中与分散的问题。法约尔认为，权力不应该集中于指挥链的高层。高层管理者所面对的一个突出问题是：应该将多少权力集中在组织的高层，应该将什么权力下放到处于组织低层的管理者和工人手中。这是一个重要的问题，因为它直接影响到组织中所有等级人们的行为。

等级制度原则：等级制度就是从最高权力机构直到低层管理人员的领导系列。而贯彻等级制度原则就是要在组织中建立一个不中断的等级链，这个等级链说明了两个方面的问题：一是它表明了组织中各个环节之间的权力关系，通过这个等级链，组织中的成员就可以明确谁可以对谁下指令，谁应该对谁负责；二是这个等级链表明了组织中信息传递的路线，即在一个正式组织中，信息是按照组织的等级系列来传递的。但是，如果遵循等级链会导致信息传递的延迟，则可以允许横向交流，条件是所有当事人同意和通知各自的上级。

秩序原则：指人员和物品应当在恰当的时候处在恰当的位置上。法约尔认为，每个人都有他的长处和短处，贯彻秩序原则就是要确定最适合每个人的能力发挥的工作岗位，然后使每个人都在最能使自己的能力得到发挥的岗位上工作。同时，每一件物品都有一个最适合它存放的地方，贯彻物品的秩序原则就是要使每件物品都在它应该放的位置上。

公平原则：管理者应当和蔼、公平地对待下级。法约尔把公平与公道区分开来。他说："公道是实现已订立的协定。但这些协定不能什么都预测到，要经常说明它，补充其不足之处。为了鼓励其所属人员能全心全意和无限忠诚地执行他的职责，应该以善意来对待他。公平就是由善意与公道产生的。"也就是说，贯彻公道原则就是要按已定的协定办。但是在未来的执行过程中可能会因为各种因素的变化使得原来制定的"公道"的协定变成"不公道"的协定，这样一来，即使严格地贯彻"公道"原则，也会使职工的努力得不到公平的体现，从而不能充分地调动职工的劳动积极性。因此，在管理中要贯彻"公平"原则。所谓"公平"原则就是"公道"原则加上善意地对待职工。也就是说在贯彻"公道"原则的基础上，还要根据实际情况对职工的劳动表现进行"善意"的评价。

人员的稳定原则：法约尔认为，一个人要适应他的新职位，并做到能很好地完成他的工作，这需要时间。这就是"人员的稳定原则"。按照"人员的稳定原则"，要使一个人的能力得到充分的发挥，就要使他在一个工作岗位上相对稳定地工作一段时间，使他能有一段时间来熟悉自己的工作，了解自己的工作环境，并取得别人对自己的信任。但是人员的稳定是相对的而不是绝对的，年老、疾病、退休、死亡等都会造成企业中人员的流动。雇员的高流动率是低效率的，管理当局应当提供有规则的人事计划，并保证有合适的人选接替职务的空缺。

首创精神：法约尔认为，"想出一个计划并保证其成功是一个聪明人最大的快乐之一，这也是人类活动最有力的刺激物之一。这种发明与执行的可能性就是人们所说的首创精神。建议与执行的自主性也都属于首创精神"。法约尔认为人的自我实现需求的满足是激励人们的工作热情和工作积极性的最有力的刺激因素。对于领导者来说，"需要极有分寸地，并要有某种勇气来激发和支持大家的首创精神"，允许雇员发起和实施他们的计划将会极大地调动他们的热情。

团队精神：人们往往由于管理能力的不足，或者由于自私自利，或者由于追求个人的利益等而忘记了组织的团结。团队精神是指一个团队成员之间对伙伴热情的共同情感，和对共同事业的共同热爱和投入。团队精神可以通过鼓励管理者与工人之间进行个人的、口头的交流，以及通过相互沟通来解决问题、实施决定而获得。法约尔认为管理者需要确保并提高劳动者在工作场所的士气，个人和集体都要有积极的工作态度。

尽管法约尔的专著在1949年以前的美国一直没有英译本可供大众阅读，在20世纪20年代以及以后的若干年间英国和美国的管理学者很少重视法约尔的著作，对他的著作缺乏了解，可是他的专著对主管人员的工作所进行的实际而明确的分析、对管理原理的普遍性概念等的研究，表明了他对现代管理的基本问题的不凡见解。他的管理职能理论对后来欧美管理学理论的发展产生了深远的影响。

法约尔的研究与泰勒的不同在于：泰勒的研究是从工厂管理的一端——"车床前的工人"开始实施的，从中归纳出科学的一般结论，重点内容是企业内部具体工作的效率；而法约尔则是从总经理的办公桌旁，以企业整体作为研究对象，创立了他的一般管理理论。他认为，管理理论是"指有关管理的、得到普遍承认的理论，是经过普遍经验检验并得到论证的一套有关原则、标准、方法、程序等内容的完整体系；有关管理的理论和方法不仅适用于公私企业，也适用于军政机关和社会团体"。这正是其一般管理理论的基石。

3.3 马克斯·韦伯的行政组织理论

马克斯·韦伯（Weber，1864—1920），德国著名社会学家，提出的通常称作"官僚制""科层制"或"理想的行政组织"理论，对工业化以来各种不同类型组织产生了广泛而深远的影响，成为现代大型组织广泛采用的一种组织管理方式，被尊称为"组织理论之父"。

3.3.1 韦伯理想行政组织理论的核心内容

1）理想的行政组织

行政组织体系又被称为官僚体制或官僚主义，但并无中文中通常带有的贬义，韦伯的原意是通过职务或职位而不是通过个人或世袭地位来管理。所谓"官僚体制"是指建立于法理型控制基础上的一种现代社会所特有的、具有专业化功能以及固定规章制度、设科分层的组织管理形式，它是一种理性地设计出来，以协调众多个体活动，从而有效地完成大规模管理工作，以实现组织目标为功能的合理等级组织。要使行政组织发挥作用，管理应以知识为依据进行控制，管理者应有胜任工作的能力，应该依据客观事实而不是凭主观意志来领导，因而这是一个有关集体活动理性化的社会学概念。

至于"理想的行政组织体系"中所谓"理想的"，并不是指最合乎需要的，而是指组织"纯粹"的形态。在实际生活中，可能出现各种组织形态的结合或混合，但韦伯为了进行理论分析，需要描绘出一种理想的形态。作为一种规范典型的理想的行政组织体系，有助于说明从小规模的创业性管理向大规模的职业性管理的过渡。

韦伯提出的理想的行政组织体系有如下主要特点：

（1）任何机构组织都应有确定的目标。机构是根据明文规定的规章制度组成的，并具有确定的组织目标。人员的一切活动，都必须遵守一定的程序，其目的是为了实现组织的目标。

（2）组织目标的实现，必须实行劳动分工。把每一个组织中为了实现其目标所需要的全部活动都划分为各种基本的作业，作为任务分配给组织中的各个成员。组织中的每一个职位都明文规定其权利和义务，这种权利和义务是合法化的，经过这样最大限度的分工，在组织的每一环节上，都会由拥有必要职权的专家来完成其任务。

（3）按等级制度形成的一个指挥链。各种职务和职位是按照职权的等级原则组织起来的，形成一个指挥体系或阶层体系。在这个体系中，每一个下级接受其上级的控制和监督，不仅要为其行动负责，还要为自己下属的行动负责。为了做到这点，他必须对自己的下级拥有权力，能发出下属必须服从的命令。

（4）组织中人员之间的关系是一种不受个人感情影响的关系，完全以理性准则为指导。他们之间是一种指挥和服从的关系，这种关系不是由个人决定，而是由职位所赋予的权力所决定的，个人之间的关系不能影响到工作关系。

（5）承担每一个职位的人都是以技术条件为依据经过挑选的，也就是说必须经过考试和培训，接受一定的教育获得一定的资格，由需要的职位来确定需要什么样的人来承担。人员必须是称职的，同时也是不能随便免职的。

（6）所有的管理人员都是委任的，而不是选举的，管理人员管理企业或其他组织，但其并不是所管理单位的所有者。管理人员有固定的薪金，是一种"职业的"管理人员，并且有明文规定的升迁制度，有严格的考核制度。管理人员的升迁是完全由他的上级来决定的，下级不得表示任何意见，以防止破坏上下级的指挥系统，通过这种制度，在组织的成员中培养集体精神，鼓励他们忠于组织。

（7）管理人员必须严格遵守组织中规定的规则和纪律。这些规则和纪律是不受个人情感影响而在任何情况下都适用的。组织要明确规定每一成员的职权范围和协作形式，以便各个成员正确行使职权，减少摩擦和冲突。

3.3.2　权力基础

韦伯指出，任何一种组织都必须以某种形式的权力为基础，才能实现其目标，只有权力才能使混乱变为有序。如果没有这种形式的权力，其组织的生存都是非常危险的，就更谈不上实现组织的目标了，权力可以消除组织的混乱，使组织的运行有秩序地进行。

韦伯把这种权力划分为三种类型：第一种是合法权利。指的是依法任命，并赋予行政命令的权力，对这种权力的服从是依法建立的一套等级制度，如一个企业、国家机构、军事单位或其他组织，这是对确认职务或职位的权力的服从。第二种是传统权力。它是以古老的、传统的、不可侵犯的和执行这种权力的人的地位的正统性为依据的。第三种是超凡权力。这种权力是建立在对个人特殊和超凡的神圣、英雄主义或模范品质的崇拜基础上的。

韦伯认为，这三种纯粹形态的权力中，"传统权力"的效率较差，因为其领导人不是按能力来挑选的，仅是单纯为了保存过去的传统而行事。"超凡权力"过于带感情色彩并且是非理性的，不是依据规章制度而是依据神秘或神圣的启示的，所以这两种权力都不宜作为行政组织体系的基础，只有"合法权利"才能作为行政组织的基础。因为理性的合法权利具有较多的优点，如有明确的职权领域；执行等级系列；可避免职权的滥用；权力行使的多样性等。这样就能保证经营管理的连续性和合理性，能按照人的才干来选拔人才，并按照法定的程序来行使权力，因而是保证组织健康发展的最好的权力形式。他指出："最纯粹的应用法定权力的形态是应用于一个行政组织管理机构的。只有这个组织的最高领导由于占有、被选或被指定而接任权力职位，才能真正发挥其领导作用。"

古典管理时期的这三个主要代表人物，为管理学奠定了坚实的基础。泰勒率先在管理研究中采用近代科学方法，开辟管理研究中采用科学方法之先河。法约尔明确管理是企业的一种基本活动，其过程或职能为计划、组织、指挥、协调、控制，为研究管理过程打下了坚实基础。韦伯的官僚制理论,提出最适合于企业组织发展需要的组织类型和基本管理精神,成为各类大型组织的"理想模型"。这一时期管理研究的实践,为管理思想与管理理论的发展打下了良好的基础。

3.4 行为科学理论

泰勒、法约尔和其他人在研究科学管理和主管人员的任务的同时,还有许多学者与实际工作者开始考虑如何利用有关的各种科学知识来研究人的行为。行为科学的研究,基本上可以分为两个时期:前期以人际关系学说(或人群关系学说)为主要内容,从20世纪30年代梅奥的霍桑试验开始,到1949年止,其后进入行为科学研究时期。1949年在美国芝加哥召开的一次跨学科会议上,首先提出"行为科学"这一概念,在1953年美国福特基金会召开的各大学科科学家参加的会议上,正式把这门综合性学科定名为"行为科学"。

3.4.1 人际关系学说

乔治·埃尔顿·梅奥(George Elton Mayo,1880—1949),美国管理学家,人际关系学说的创始人,20岁时在澳大利亚阿福雷德大学取得逻辑学和哲学硕士学位,应聘至昆士兰大学讲授逻辑学、伦理学和哲学,后赴苏格兰爱丁堡研究精神病理学,对精神上的不正常现象进行分析,从而成为澳大利亚心理疗法的创始人。在霍桑实验的基础上,梅奥分别于1933年和1945年出版了《工业文明中人的问题》和《工业文明的社会问题》两部名著。

1924—1932年,美国国家研究委员会和美国西方电气公司合作进行了有关工作条件、社会因素与生产效率之间关系的试验,由于该项研究是在西方电气公司的霍桑工厂进行的,因此,后人称之为霍桑试验。霍桑实验是一项以科学管理的逻辑为基础的实验。从1924年开始到1932年结束,在将近8年的时间内,前后共进行过两个回合:第一个回合是从1924年11月至1927年5月,在美国国家科学委员会赞助下进行的;第二个回合是从1927年至1932年。1927年冬,梅奥应邀参加了开始于1924年但中途遇到困难的霍桑实验。整个实验前后经过了四个阶段。

试验的四个阶段:

阶段一:车间照明实验——照明实验。

时间从1924年11月至1927年4月。照明实验的目的是为了弄明白照明的强度对生产效率所产生的影响。当时关于生产效率的理论占统治地位的是劳动医学的观点,认为也许影响工人生产效率的是疲劳和单调感等,于是当时的实验假设便是"提高照明度有助于减少疲劳,使生产效率提高"。可是经过两年多的实验发现,照明度的改变对生产效率并无影响。具体结果是:当实验组照明度增大时,实验组和控制组都增产;当实验组照明度减弱时,两组依然都增产,甚至实验组的照明度减至0.06烛光时,其产量亦无明显下降;直至照明减至如月光一般实在看不清时,产量才急剧降下来。照明实验进行得并不成功,其结果令人感到迷惑不解,因此有许多人都退出了实验。

阶段二:继电器装配实验——福利实验。

1927年梅奥接受了邀请,并组织了一批哈佛大学的教授成立了一个新的研究小组,开始了霍桑的第二阶段的"福利实验",时间是从1927年4月至1929年6月。梅奥选出6名女工在单独的房间里从事装配继电器的工作。在实验过程中逐步增加一些福利措施,如缩短工作日、延长休息时间、免费供应茶点等。实验者原来设想,这些福利措施会刺激生产积极性,一旦撤销这些福利措施,生产一定会下降,因此在实验进行了两个多月之后取消了各种福利

霍桑试验

措施。结果仍与实验者的设想相反，产量不仅没有下降，反而继续上升。

"福利实验"的目的是为了能够找到更有效地控制影响职工积极性的因素。梅奥他们对实验结果进行归纳，排除了四种假设：①在实验中改进物质条件和工作方法，可导致产量增加；②安排工间休息和缩短工作日，可以解除或减轻疲劳；③工间休息可减少工作的单调性；④个人计件工资能促进产量的增加。最后得出"改变监督与控制的方法能改善人际关系，能改进工人的工作态度，促进产量的提高"的结论。

阶段三：大规模的访谈计划——访谈实验。

前面实验表明管理方式与职工的士气和劳动生产率有密切的关系。为了解职工对现有的管理方式有什么意见，为改进管理方式提供依据，梅奥等人制定了一个征询职工意见的访谈计划，在1928年9月到1930年5月不到2年的时间内，研究人员与工厂中20000名左右的职工进行了访谈。

在访谈计划的执行过程中，研究人员对工人在交谈中的怨言进行分析，发现引起他们不满的事实与他们所埋怨的事实并不是一回事，工人所表述的自己的不满与隐藏在心理深层的不满情绪并不一致。例如，有位工人表现出对计件工资率过低不满意，但深入地了解以后发现，这位工人是在为支付妻子的医药费而担心。

根据这些分析，研究人员认识到，工人由于关心自己个人问题而会影响到工作的效率。所以管理人员应该了解工人的这些问题，为此需要对管理人员特别是要对基层的管理人员进行训练，使他们成为能够倾听并理解工人的访谈者，能够重视人的因素，在与工人相处时更为热情、更为关心他们，这样能够促进人际关系的改善和职工士气的提高。

阶段四：继电器绕线组的工作室实验——团体实验。

这是一项关于工人团体的实验，其目的是要证实在以上的实验中研究人员似乎感觉到在工人当中存在着一种非正式的组织，而且这种非正式的组织对工人的态度有着极其重要的影响。实验者为了系统地观察在实验团体中工人之间的相互影响，在车间中挑选了14名男职工，其中有9名是绕线工，9名是焊接工，2名是检验工，让他们在一个单独的房间内工作。实验开始时，研究人员向工人说明，他们可以尽力地工作，因为在这里实行的是计件工资制。研究人员原以为，实行了这一套办法会使得职工更为努力地工作，然而结果却是出乎意料的。事实上，工人实际完成的产量只是保持在中等水平上，而且每个工人的日产量都是差不多的。根据动作和时间分析，每个工人应该完成标准的定额为7312个焊接点，但是工人每天只完成了6000～6600个焊接点就不干了，即使离下班还有较为宽裕的时间，他们也自行停工不干了。

这是什么原因呢？研究者通过观察，了解到工人们自动限制产量的理由是：如果他们过分努力地工作，就可能造成其他同伴的失业，或者公司会制定出更高的生产定额来。研究者为了了解他们之间能力的差别，还对实验组的每个人进行了灵敏度和智力测验，发现3名生产最慢的绕线工在灵敏度的测验中得分是最高的。其中25名最慢的工人在智力测验上排行第一，灵敏度测验排行第三。测验的结果和实际产量之间的这种关系使研究者联想到团体对这些工人的重要性。141名工人可以因为提高他的产量而得到小组工资总额中较大的份额，而且减少失业的可能性，然而这些物质上的报酬却会带来团体的非难和惩罚，因此每天只要完成团体认可的工作量就可以相安无事了。即使在一些小的事情上也能发现工人之间有若干不同的派别。绕线工就一个窗户的开关问题常常发生争论，久而久之，就可以看出他们之间不同的派别了。

研究者认为，这种自然形成的非正式组织(团体)，它的职能，对内在于控制其成员的行为，对外则为了保护其成员，使之不受来自管理阶层的干预。这种非正式的组织一般都存在着自然形成的领袖人物。至于它形成的原因，并不完全取决于经济的发展，主要是与更大的社会组织相联系。

1933年梅奥出版《工业文明中人的问题》一书，公布了霍桑实验的结果，这同时标志着人际关系学说的形成。霍桑实验的研究结果否定了传统管理理论对于人的假设，表明了工人不是被动的、孤立的个体，他们的行为不仅仅受工资的刺激，影响生产效率的最重要因素不是待遇和工作条件，而是工作中的人际关系。据此，梅奥提出了自己的观点：

首先，人是"社会人"而不是"经济人"。梅奥认为，人们的行为并不单纯出自追求金钱的动机，还有社会方面的、心理方面的需要，即追求人与人之间的友情、安全感、归属感和受人尊敬等，而后者更为重要。每一个人都有自己的特点，个体的观点和个性都会影响个人对上级命令的反应和工作的表现。因此，应该把职工当作不同的个体来看待，当作社会人来对待，而不应将其视做无差别的机器或机器的一部分。因此，不能单纯从技术和物质条件着眼，而必须首先从社会心理方面考虑合理的组织与管理。

其次，企业中存在着非正式组织。企业中除了存在着为了实现企业目标而明确规定各成员相互关系和职责范围的正式组织之外，还存在着非正式组织。这种非正式组织的作用在于维护其成员的共同利益，使之免受其内部个别成员的疏忽或外部人员的干涉所造成的损失。为此非正式组织中有自己的核心人物和领袖，有大家共同遵循的观念、价值标准、行为准则和道德规范等。

非正式组织是与正式组织相对而言的。梅奥指出，非正式组织与正式组织有重大差别，在正式组织中，以效率逻辑为其行为规范，而在非正式组织中，则以感情逻辑为其行为规范。如果管理人员只是根据效率逻辑来管理，而忽略工人的感情逻辑，必然会引起冲突，影响企业生产率的提高和目标的实现。因此，管理者必须重视非正式组织的作用，注意在正式组织效率逻辑与非正式组织感情逻辑之间保持平衡，以便管理人员与工人之间能够充分协作。

最后梅奥认为新的领导能力在于提高工人的满意度。在决定劳动生产率的诸因素中，置于首位的因素是工人的满意度，而生产条件、工资报酬只是第二位的。职工的满意度越高，其士气就越高，从而生产效率就越高。高的满意度来源于工人个人需求的有效满足，不仅包括物质需求，还包括精神需求。

科学管理认为生产效率主要取决于作业方法、工作条件和工资制度。因此，只要采用恰当的工资制度、改善工作条件、制定科学的作业方法，就可以提高工人的劳动生产率。梅奥认为，生产效率的高低主要取决于工人的士气，而工人的士气则取决于他们感受到各种需要的满足程度。在这些需要中，金钱与物质方面的需要只占很少的一部分，更多的是获取友谊、得到尊重或保证安全等方面的社会需要。因此，要提高生产率，就要提高职工的士气，而提高职工士气就要努力提高职工的满足程度。所以，新型的管理人员应该认真地分析职工的需要，以便采取相应的措施。这样才能适时、充分地激励工人，达到提高劳动生产率的目的。

人际关系学说的出现，开辟了管理理论研究的新领域，纠正了古典管理理论忽视人的因素的不足。同时，人际关系学说也为以后的行为科学的发展奠定了基础。

3.4.2　行为科学

行为科学是指有关对工作环境中个人和团体的行为的一门综合性学科，进入20世纪60年代，又出现了"组织行为学"这一名称，专指管理学中的行为科学。组织行为学从它研究的对象和所涉及的范围来看，可分成三个层次，即个体行为、团体行为和组织行为。

1）个体行为理论

个体行为理论主要包括两大方面的内容：有关人的需要、动机和激励方面的理论和有关企业中的人性理论。

（1）有关人的需要、动机和激励方面的理论可分为三类：内容型激励理论，如需要层次论、双因素理论、ERG需要理论等；过程型激励理论，如期望理论、公平理论等；行为改造型激励理论等。

（2）有关企业中的人性理论主要包括X－Y理论、不成熟—成熟理论。

道格拉斯·麦格雷戈（Douglas M. Mc Gregor，1906—1964）在1957年11月的美国《管理评论》杂志上发表了《企业的人性方面》一文，提出了有名的"X－Y理论"。麦格雷戈认为，有关人的性质和人的行为的假设对于决定管理人员的工作方式来讲是极为重要的。各种管理人员以他们对人的性质的假设为依据，可用不同的方式来组织、控制和激励人们。基于这种思想，他提出了X－Y理论。麦格雷戈把传统管理学称为"X理论"，他自己的管理学说称为"Y理论"。

X理论认为：大多数人是懒惰的，他们尽可能地逃避工作；大多数人都没有什么雄心壮志，也不喜欢负什么责任，而宁可让别人领导；大多数人的个人目标与组织目标都是矛盾的，为了达到组织目标必须靠外力严加管制；大多数人都是缺乏理智的，不能克制自己，很容易受别人影响；大多数人都是为了满足基本的生理需要和安全需要，所以他们将选择那些在经济上获利最大的事去做；人群大致分为两类，多数人符合上述假设，少数人能克制自己，这部分人应当负起管理的责任。

Y理论则认为，一般人并不是天性就不喜欢工作的，工作中体力和脑力的消耗就像游戏和休息一样自然。工作可能是一种满足，因而自愿去执行；也可能是一种处罚，因而只要可能就想逃避。到底怎样，要依环境而定。外来的控制和惩罚，并不是促使人们为实现组织的目标而努力的唯一方法，它甚至对人是一种威胁和阻碍，并放慢了人成熟的脚步，人们愿意实行自我管理和自我控制来完成应当完成的目标；人的自我实现的要求和组织要求的行为之间是没有矛盾的，如果给人提供适当的机会，就能将个人目标和组织目标统一起来；一般人在适当条件下，不仅学会了接受职责，而且还学会了谋求职责、逃避责任、缺乏抱负以及强调安全感，通常是经验的结果，而不是人的本性；大多数人，而不是少数人，在解决组织的困难问题时，都能发挥较高的想像力、聪明才智和创造性；在现代工业生活的条件下，一般人的智慧潜能只是部分地得到了发挥。

根据X理论的假设，管理人员的职责和相应的管理方式是：①如何提高劳动生产率以完成任务，主要职能是计划、组织、经营、指引、监督；②应用职权，发号施令，使对方服从，让人适应工作和组织的要求，而不考虑在情感上和道义上如何给人以尊重；③强调严密的组织和制定具体的规范和工作制度，如工时定额、技术规程等；④应以金钱报酬来收买员工的效力和服从。

从上述内容可以看出，X理论下的管理方式是胡萝卜加大棒的方法，一方面靠金钱刺激，另一方面是严密的控制、监督和惩罚迫使其为组织目标努力。

根据 Y 理论假设，相应的管理措施为：①管理的重点。管理者的重要任务是创造一个使人得以发挥才能的工作环境，发挥出职工的潜力，并使职工在为实现组织的目标贡献力量时，也能达到自己的目标。此时的管理者已不是指挥者、调节者或监督者了，而是起辅助者的作用，从旁边给职工以支持和帮助。②激励方式。对人的激励主要是给予来自工作本身的内在激励，让他担当具有挑战性的工作，担负更多的责任，促使其工作做出成绩，满足其自我实现的需要。③在管理制度上给予工人更多的自主权，实行自我控制，让工人参与管理和决策，并共同分享权力。

麦格雷戈认为，人的行为表现并非固有的天性决定的，而是企业中的管理实践造成的。剥夺人的生理需要，会使人生病。同样，剥夺人的较高级的需要，如感情上的需要、地位的需要、自我实现的需要，也会使人产生病态的行为。人们之所以会产生消极的、敌对的和拒绝承担责任的态度，正是由于他们被剥夺了社会需要和自我实现的需要而产生的疾病的症状。因而迫切需要一种新的，建立在对人的特性和人的行为动机更为恰当的认识基础上的新理论。麦格雷戈强调，必须充分肯定作为企业生产主体的人，企业职工的积极性是处于主导地位的，他们乐于工作、勇于承担责任，并且多数人都具有解决问题的想像力、独创性和创造力，关键在于管理方面如何将职工的这种潜能和积极性充分发挥出来。

"不成熟—成熟"理论是克里斯·阿吉里斯（Chris Argyris，1923—1999）的论断，他是美国著名的行为学家，代表作有《个性与组织》《理解组织行为》《个性与组织的结合》《组织研究》等。1957 年 6 月，阿吉里斯将《个性与组织》中节选的短文在《管理科学季刊》第二卷中发表，这篇名为《个性与组织：互相协调的几个问题》的文章集中体现了阿吉里斯影响最为深远的"不成熟—成熟"理论。

阿吉里斯的"不成熟—成熟"理论认为：组织行为是由个人和正式组织融合而成的，组织中个人作为一个健康的有机体，不可避免地要经历从婴儿的不成熟状态到成人的成熟状态的成长过程。在这个成长过程中主要有以下七个方面的变化。阿古里斯认为：正式组织的劳动分工和组织控制等要求妨碍了人的成熟。个体的成长过程是一个连续发展的过程，也是一个从被动到主动，从依赖到独立，从缺乏自觉自制到自觉自制的过程。个体经历了这样一个成长过程之后，其进取心和迎接挑战的能力都会逐渐提高，人的成熟度越高，发挥的作用就越大。然而对于一个正式组织而言，其传统的原则是众所周知的专业化分工、等级层次结构、集中统一领导等完全理性的纯逻辑化的原则。这些原则希望能消除独立个人之间的性格差别给工作带来的影响（例如，专业化分工），希望个人能够循规蹈矩，严格遵从组织的规章制度行事。可见，正式组织的这些原则所要求的是员工一直处于依赖、被动、从属的地位。因此，管理者要设法消除这种人的成熟与组织限制之间的不协调状况。例如，扩大工作范围、增加责任、实行参与管理和自我管理等，以促进人的个性的充分发展与发挥，从而帮助人们从不成熟或依赖状态转变到成熟状态。

2）团体行为理论

团体行为理论主要是研究团体发展动向各种因素以及这些因素的相互作用和相互依存的关系。团体行为理论的研究成果很多，如团体动力学理论、团体规范和压力的理论、团体的内聚力和士气的理论、信息交流的理论等，这里介绍卢阔的"团体动力学理论"。

团体动力学理论是行为科学学派代表人之一库尔特·卢因（Kurt Lewin 又译为库尔特·

勒温，1890—1947）于 1944 年提出的。卢因认为个体行为变化是在某一时间与空间内，受内外两种因素交互作用的结果。卢因称个人在某时间所处的空间为场，"场"一词是他借用物理学上力场的概念，其基本要义是：在同一场内的各部分元素彼此影响；当某部分元素变动，所有其他部分的元素都会受到影响，此即卢因的场论（field theory）。或者说，在团体中，只要有别人在场，一个人的思想行为就同他单独一个人时有所不同，会受到其他人的影响。他用场论来解释人的心理与行为，并用以下公式表示个人与其环境的交互关系

$$B = F/(P * E)$$

B：Behavior 行为；P：Person 个人；E：Environment 环境；F：function 函数。

此公式的含义是，个人的一切行为（包括心理活动）是随其本身与所处环境条件的变化而改变的。

团体动力学研究的是非正式组织。卢因认为，除了正式组织的目标外，团体（非正式组织）还必须有它自己的目标的维护团体的存在，使团体持续地发挥作用。连续地过度地追求正式组织的工作目标有损于团体行为的内泵力。所以，团体领导人必须为促进一定程度的团体和谐而提供相当的时间和手段。在团体内把感情上的压力发泄出来，有利于正式组织工作目标的实现。相互依赖水平高的团体，在意见和感情的交流上比较好，团体成员的满意度、激励和内泵力都较高。

1939 年卢因及其同事在艾奥瓦大学从事的试验表明，对团体有三种不同的领导方式：专制的领导方式、民主的领导方式、自由放任的领导方式。由于领导方式不同，其效果也不一样。但这三种方式并不相互排斥，而是在不同的情况下可以选择不同的方式。同时卢因还发现，一个团体除了领导者之外，还有参与者。团体规模的大小是决定其成员参与的程度和人数的一个主要因素。此外，如果团体成员的权力和地位比较平等，则参与者的人数会显著增加。工作团体不是一群无组织的乌合之众，工作团体是有结构的，团体结构塑造团体成员的行为，使人们有可能解释和预测团体内大部分的个体行为以及团体本身的绩效。

因此，卢因进一步指出，由于非正式组织的实质在于人与人之间的相互关系和作用，所以，基本团体的规模小为好，以便成员相互间能经常交往。但是，在实践中，团体的规模大小要根据具体情况来定。卢因认为，当一个团体的主要任务是做出高质量的复杂决策时，最恰当的规模是 7 ~ 12 人，有一个正式的领导者；当一个团体的主要任务是解决矛盾和冲突，取得协议时，最好由 3 ~ 5 人组成，不要正式的领导者，这样能够保证每个成员充分发表意见和进行讨论；当一个团体既要做出高质量的决议，又要取得协议时，最好由 5 ~ 7 人组成。可以发现，这种社会惰化效应产生的原因也许是团体成员认为其他人没有尽到应尽的职责。如果你把别人看作是懒惰或无能的，你可能就会降低向己的努力程度，这样你才会觉得公平。另一种解释是团体责任的扩散。因为团体活动的结果不能归结为具体某个人的作用，个人投入与团体产出之间的关系就很模糊了。在这种情况下，个人就会降低团体的努力。换而言之，当个人认为自己的贡献无法衡量时，团体的效率就会降低。

3）组织行为理论

组织行为理论主要包括领导理论和组织变革理论等。

有关领导的理论很多，随着管理理论的发展，领导理论大致有四种理论学派：早期的特质理论和行为理论、近期的权变理论以及当前的领导风格理论。按照时间的顺序，在 20 世纪 40 年代末，也就是领导理论出现的初期，研究者主要从事的是领导的特制理论的研究，其核

心观点是：领导能力是天生的。从 20 世纪 40 年代末至 60 年代末，主要进行的是领导行为理论的研究，其核心观点是：领导效能与领导行为、领导风格有关。从 20 世纪 60 年代末至 80 年代初，出现领导权变理论，其核心观点是：有效的领导受不同情景的影响。从 20 世纪 80 年代初至今，大量地出现了领导风格理论的研究，其主要观点是：有效的领导需要提供愿景、鼓舞和注重行动。

组织变革是指运用行为科学和相关管理方法，对组织的权力结构、组织规模、沟通渠道、角色设定、组织与其他组织之间的关系，以及对组织成员的观念、态度和行为，成员之间的合作精神等进行有目的的、系统的调整和革新，以适应组织所处的内外环境、技术特征和组织任务等方面的变化，提高组织效能。企业的发展离不开组织变革，内外部环境的变化，企业资源的不断整合与变动，都给企业带来了机遇与挑战，这就要求企业关注组织变革。组织变革是一个复杂、动态的过程，需要有系统的理论指导。管理心理学对此提出了行之有效的理论模型，适合于不同类型的变革任务。其中影响最大的有：库尔特·卢因变革模型，弗里蒙特·卡斯特(Fremont E. Kast)和詹姆斯·罗森茨韦克(James E. Rosenzweig)的系统变革模型和约翰·科特(John P. Kotter)的变革模型。这在后面章节会详细叙述。

第三节　现代管理理论丛林及其发展

第二次世界大战后，社会经济发展中出现了许多新的变化：工业生产和科学技术迅速发展；企业的规模进一步扩大；企业生产过程自动化的程度空前提高；技术更新的周期大为缩短；市场竞争越来越激烈；生产社会化程度越来越高；许多复杂产品和现代化工程需要组织大规模的分工协作才能完成。这些都对企业经营管理提出了许多新的要求，企业经营管理原有的理论和方法有些不能适应新形势的需要。因此，在古典管理学派和早期行为学派的基础上，出现了许多新的管理理论和方法，形成许多新的学术派别。这些理论同古典管理学派和行为科学的理论，在历史渊源和理论内容上互相影响，盘根错节。

1961 年 12 月，哈罗德·孔茨(Harold Koontz, 1908—1984)在《管理学会杂志》上发表《管理理论的丛林》一文，他认为各种各样管理理论的存在犹如一个管理理论丛林，他把各种管理理论分成 6 个主要学派：管理过程学派、经验或案例学派、人类行为学派、社会系统学派、决策理论学派、数学学派。此文一出，立即在学界引起了极大反响。孔茨认为，由于各种各样的原因，管理学自从诞生以后，知识领域在不断扩展，不同学科在互相渗透，科学和技术的进步对管理带来了巨大影响，以及越来越多的心理学家、社会学家、人类学家、统计学家、经济学家、数学家、物理学家、生物学家、政治学家、工商管理学者以及实际管理人员进入这一领域。而管理学本身的趣味、隐含的利益、富于挑战性的刺激，犹如一块巨大的磁铁，散发出诱人的吸引力。内部困惑和外界因素的共同作用，使泰勒和法约尔奠基的管理学犹如热带雨林般成长起来。到 20 世纪 60 年代，各种管理理论已经枝节交错，这种理论丛林看起来很壮观，但要穿越则倍加困难。孔茨认为应该拿起一把锋利的砍刀，清理出一条穿越丛林的道路，只要这些问题得到解决，就有希望走出管理理论丛林。但孔茨发现，在他的文章砍过的地方，新的枝叶更快地生长出来，有的转眼之间就长成了参天大树。丛林生态一旦形成，就不会按照某个人的意志规规矩矩地发育。他试图统一管理理论的目的并未实现，反而引发了更多的争论。正如管理史学家雷恩所形容的那样，孔茨的文章，不像清理道路的砍刀，更像浇灌丛林的雨水，理论的砍刀已经钝了，而丛林更加茂密。对此，孔茨做出了回应，在1980年4月的《管理学会评论》上发表了《再论管理理论的丛林》一文，承认理论流派的增加和发展，并对自己原来的观点进行了补充和完善。他认为经过这段时间，管理理论丛林不但存在，而且更加茂密，现有的理论可概括为11个学派：经验或案例学派、人际关系行为学派、群体行为学派、社会协作系统学派、社会技术系统学派、决策理论学派、沟通中心信息学派、数学管理科学学派、权变管理理论学派、系统管理学派、管理过程学派。这些学派的差异，主要来自于不同的社会科学理论，包括自然科学理论向管理学领域的渗透。不同的理论背景，导致它们对管理活动关注的角度不同，所形成的研究重点不同，但是，它们最终都同管理学的核心概念和原理结合了起来。所以，孔茨认为，管理理论的丛林是有可能走向统一的。下面介绍丛林阶段10个主要的学派。

1.社会协作系统学派

这个学派是从社会学的角度来分析各类组织。它的特点是将组织看做是一种社会系统，是一种人的相互关系的协作体系，它是社会大系统中的一部分，受到社会环境各方面因素的影响。美国的切斯特·巴纳德是这一学派的创始人，他的著作《经理的职能》对该学派有很大的影响。这个学派认为人与人的相互关系就是一个社会系统，它是人们的意见、力量、愿望以及思想等方面的一种合作关系。管理人员的作用就是要围绕着物质的(材料与机器)、生物的(作为一个呼吸空气和需要空间的抽象存在的人)和社会的(群体的相互作用、态度和信息)因素去适应总的合作系统。总体来看，该学派的理论有以下一些要点：

(1)组织是一个社会协作系统。这个系统能否继续生存，取决于：①协作的效果，即能否顺利完成协作目标；②协作的效率，即在达到目标的过程中，是否使协作的成员损 失最小而心理满足较高；③协作目标能适应协作环境。

(2)指出正式组织存在的三个条件：①有一个统一的共同目标；②其中每一成员都能够自觉自愿地为组织目标的实现做出贡献；③组织内部有一个能够彼此沟通的信息联系系统。此外，在正式组织内部还存在着非正式组织。

(3)对经理人员的职能提出三点要求：①建立和维持一个信息联系的系统；②善于使组织成员能够提供为实现组织目标所不可缺少的贡献；③规定组织目标。

此外，美国的怀特·贝克(White Bake)也从社会学角度提出"组织结合力"的概念，对管理理论也有很大意义。贝克指出，企业中的组织结合力包括：①职能规范系统，即由于协作而划分和安排工作岗位所产生的合作系统；②职位系统，即直线的职权层次；③沟通联络系统；④奖惩制度；⑤组织规程，即使企业具有特征和个性的构想与手段。

这一学派主要以组织理论为研究重点，虽然组织理论并非全部的管理理论，但它对管理理论所作的贡献是巨大的，并对其他学派的形成(如社会技术系统学派、决策理论学派、系统理论学派)有很大影响。

2.经验或案例学派

这个学派主张通过分析经验来研究管理问题。最早提出这一见解的是美国的德鲁克、戴尔(E. Dale)、纽曼(W. Newman)、斯隆(A. P. Sloan)等人。他们认为应该从企业管理的实际出发，以大企业的管理经验为主要研究对象，通过研究各种各样成功和失败的管理案例，就可以了解怎样管理。这一学派的主要观点大致如下：

（1）作为企业主要领导的经理，其工作任务着重于两方面：①造成一个"生产的统一体"，有效调动企业各种资源，尤其是人力资源作用的发挥；②经理做出每一项决策或采取某一行动时，一定要把眼前利益与长远利益协调起来。

（2）对建立合理组织结构总是普遍重视。如德鲁克认为，当今世界上管理组织的新模式可以概括为以下5种：①集权的职能性结构；②分权的联邦式结构；③矩阵结构；④模拟性分散管理结构；⑤系统结构。他还强调，各类组织要根据自己的工作性质、特殊条件以及管理人员的特点，来确定本组织的管理结构，切忌照搬别人的模式。

（3）对科学管理和行为科学理论重新评价。这一学派中的许多人提出，科学管理和行为科学理论都不能完全适应企业实际需要，只有经验学派将这二者结合起来，才真正实用。

（4）提倡实行目标管理。德鲁克首先提出目标管理的建议，其后又有许多学者共同参与了研究。

总之，经验或案例学派并未形成完整的理论体系，其内容也比较庞杂，但其中的一些研究反映了当代社会化大生产的客观要求，是值得注意的。

3. 人际关系行为学派

这个学派的依据是，既然管理就是让别人或同别人一起去把事情办好，因此，就必须以人与人之间的关系为中心来研究管理问题。这个学派把社会科学方面已有的有关理论、方法和技术用来研究人与人之间以及个人的各种现象，从个人的个性特点到文化关系，范围广泛，无所不包。这个学派的学者大多数都受过心理学方面的训练，他们注重个人，注重人的行为动因，把行为动因看成是一种社会心理学现象。其中有些人强调，处理人的关系是管理者应该而且能够理解和掌握的一种技巧；有些人把"管理者"笼统地看成是"领导者"，甚至认为管理就是领导，结果把所有的领导工作都当成管理工作；还有不少人则着重研究人的行为与动机之间的关系，研究有关激励和领导问题。这些研究提出了一些对管理人员大有助益的见解，例如马斯洛的"需求层次理论"，赫茨伯格的"双因素理论"，布莱克和穆顿的"管理方格理论"。

4. 社会技术系统学派

创立这一学派的是英国的特里斯特及其同事。他们根据对煤矿中"长壁采煤法"研究的结果认为，要解决管理问题，只分析社会协作系统是不够的，还必须分析技术系统对社会的影响，以及对个人的心理影响。他们认为管理的绩效，乃至组织的绩效，不仅取决于人们的行为态度及其相互影响，而且取决于人们工作所处的技术环境。管理人员的主要任务之一就是确保社会协作系统与技术系统的相互协调。

这个学派的大部分著作都集中于研究科学技术对个人、对群体行为方式，以及对组织方式和管理方式等的影响，因此，特别注重于工业工程、人机工程等方面问题的研究。其代表著作有《长壁采煤法的某些社会学和心理学的意义》《社会技术系统的特性》等。这个学派虽然也没有研究到管理的全部理论，但却首次把组织作为一个社会系统和技术系统综合起来考虑，填补了管理理论的一个空白，对管理实践也是很有意义的。

5. 群体行为学派

这个学派同人际关系行为学派密切相关，以致常常被混同。但它关心的主要是一定群体中的人的行为，而不是一般的人际关系和个人行为；它以社会学、人类文化学、社会心理学为基础，而不是以个人心理学为基础。这个学派着重研究各种群体的行为方式，从小群体的文化和行为方式到大群体的行为特点，均在研究之列。有人把这个学派的研究内容称为"组织行为"（organizational behavior）研究，其中"组织"一词被用来表示公司、企业、政府机关、医院以及任何一种事业中一组群体关系的体系和类型。这个学派最早的代表人物和研究活动就是梅约和霍桑试验。20世纪50年代，美国管理学家克里斯·阿吉里斯（Chris Argyris）提出所谓"不成熟交替循环的模式"，指出："如果一个组织不为人们提供使他们成熟起来的机会，或不提供把他们作为已经成熟的个人来对待的机会，那么人们就会变得忧虑、沮丧，甚至还会按违背组织目标的方式行事。"

6. 决策理论学派

该学派的主要代表人物是曾获诺贝尔经济学奖的赫伯特·西蒙（Herbert Simon）。这一学派是在社会系统学派的基础上发展起来的，他们把第二次世界大战以后发展起来的系统理论、运筹学、计算机科学等综合运用于管理决策问题，形成了一门有关决策过程、准则、类型及方法的比较完整的理论体系。其理论要点如下：

（1）决策贯穿于管理的全过程，管理就是决策。

（2）决策过程包括4个阶段：①搜集情况阶段，即搜集组织所处环境中有关经济、技术、社会各方面的信息以及组织内部的有关情况。②拟订计划阶段，即在确定目标的基础上，依据所搜集到的信息，编制可能采取的行动方案。③选定计划阶段，即从可供选用的方案中选定一个行动方案。④评价计划阶段，即在决策执行过程中，对过去所做的抉择进行评价。这4个阶段中的每一个阶段本身都是一个复杂的决策过程。

（3）在决策标准上，用"令人满意"的准则代替"最优化"准则。以往的管理学家往往把人看成是以"绝对理性"为指导、按最优化准则行动的理性人。西蒙认为事实上这是做不到的，应该用"管理人"假设代替"理性人"假设。这种"管理人"不考虑一切可能的复杂情况，只考虑与问题有关的情况，采用"令人满意"的决策准则，从而可以做出令人满意的决策。

（4）一个组织的决策根据其活动是否反复出现，可分为程序化决策和非程序决策。此外，根据决策条件，决策还可以分为肯定型决策、风险型决策和非肯定型决策，每一种决策所采用的方法和技术都是不同的。

（5）一个组织中集权和分权的问题是和决策过程联系在一起的，有关整个组织的决策必须是集权的，而由于组织内决策过程本身的性质及个人认识能力的有限，分权也是必需的。

7. 沟通（信息）中心学派

这一学派同决策理论学派关系密切，它主张把管理人员看成是一个信息中心，并围绕这一概念来形成管理理论。这一学派认为，管理人员的作用就是接收、贮存与发出信息；每一位管理人员的岗位犹如一个电话交换台。这一学派强调计算机技术在管理活动和决策中的应用，强调计算机科学同管理思想和行为的结合。大多数计算机科学家和决策理论家都赞成这

31

个学派的观点。这个学派的代表人物有：美国的李维特，其代表作是《沟通联络类型对群体绩效的影响》；申农和韦弗，其代表作是《沟通联络的数理统计理论》。

8.数学（管理科学）学派

第二次世界大战时期，英国为解决国防需要而产生"运筹学"，发展了新的数学分析和计算技术，例如统计判断、线性规划、排队论、博弈论、统筹法、模拟法、系统分析等。这些成果应用于管理工作就产生了"管理科学理论"，其主要内容是一系列的现代管理方法和技术。提出这一理论的代表人物是美国研究现代生产管理方法的著名学者伯法（E. S. Buffa）等人。他们开拓了管理学的另一个广阔的研究领域，使管理从以往定性的描述走向了定量的预测阶段。

管理科学理论是指以现代自然科学和技术科学的最新成果为手段，如先进的数学方法、电子计算机技术以及系统论、信息论、控制论等，运用数学模型，对管理领域中的人力、物力、财力进行系统的定量分析，并做出最优规划和决策的理论。这一理论是在第二次世界大战之后，与行为科学平行发展起来的。从历史渊源来看，管理科学是泰罗科学管理的继续和发展，因为它的主要目标也是探求最有效的工作方法或最优方案，以最短的时间、最少的支出，取得最大的效果。但它的研究范围已远远不是泰罗时代的"操作方法"和"作业研究"，而是面向整个组织的所有活动，并且它所采用的现代科技手段也是泰罗时代所无法比拟的。管理科学理论主要包括以下三个方面：

1）运筹学

运筹学是管理科学理论的基础，是在第二次世界大战中，以杰出的物理学家布莱克特为首的一部分英国科学家为了解决雷达的合理布置问题而发展起来的数学分析和计算技术。就其内容讲，这是一种分析、实验和定量的科学方法，专门研究在既定的物质条件下，为达到一定的目的，运用科学的方法，主要是数学方法，进行数量分析，统筹兼顾研究对象的整个活动所有各个环节之间的关系，为选择出最优方案提供数量上的依据，以便做出综合性的合理安排，最经济最有效地使用人力、物力、财力，以达到最大的效果。运筹学后来被运用到管理领域。由于研究的不同，又形成了许多新的分支，这些分支主要有：

（1）规划论。用来研究如何充分利用企业的一切资源，包括人力、物资、设备、资金和时间，最大限度地完成各项计划任务，以获得最优的经济效益。规划论根据不同情况又可分为线性规划、非线性规划和动态规划。

（2）库存论。用来研究在什么时间、以什么数量、从什么地方供应，来补充零部件、器件、设备、资金等库存，既保证企业能有效运转，又使保持一定库存和补充采购的总费用最少。

（3）排队论。主要是用来研究在公用服务系统中，设置多少服务人员或设备最为合适，既不使顾客或使用者过长地排队等候，又不使服务人员及设备过久地闲置。

（4）对策论。又称博弈论，主要是用来研究在利益相互矛盾的各方竞争性活动中，如何使自己一方获得期望利益最大或期望损失最小，并求出制胜对方的最优策略。

（5）搜索论。用来研究在寻找某种对象（如石油、煤矿、铁矿以及产品中的废品）的过程中，如何合理使用搜索手段（包括人、物、资金和时间），以便取得最好的搜索效果。

（6）网络分析。是利用网络图对工程进行计划和控制的一种管理技术，常用的有"计划评审技术"(PERT)和"关键线路法"(CPM)。

2）系统分析

系统分析这一概念是由美国兰德公司于 1949 年首先提出的,意思是把系统的观点和思想引入管理的方法之中,认为事物是极其复杂的系统。运用科学和数学方法对系统中的事件进行研究和分析,就是系统分析。其特点就是在解决管理问题时要从全局出发进行分析和研究,制定出正确的决策。因此,系统分析一般有如下步骤:

(1)弄清并确定这一系统的最终目的,同时明确每个特定阶段的阶段性目标和任务。

(2)必须把研究对象看做是一个整体,是一个统一的系统,然后确定每个局部要解决的任务,研究它们之间以及它们与总体目标之间的相互关系和相互影响。

(3)寻求达到总体目标及与其相联系的各个局部任务和可供选择的方案。

(4)对可供选择的方案进行分析比较,选出最优方案。

(5)组织各项工作的实施。

系统分析和运筹学作为逻辑和计量方法,它们的共性很多。一般认为,系统分析研究的范围更广泛一些,多用于战略性质的高级决策研究,而运筹学研究的范围相对较窄一些,一般多用于战术性的分析论证。但在实际中,作为决策工具,往往是两种方法共同使用,互相补充。

3）决策科学化

这是指决策时要以充足的事实为依据,采取严密的逻辑思考方法。对大量的资料和数据按照事物的内在联系进行系统分析和计算,遵循科学程序,做出正确决策。上述管理科学理论的两项内容就是为决策科学化提供分析思路和分析技术的。同时,它所使用的先进工具电子计算机和管理信息系统也为决策科学化提供了可能和依据。

总而言之,管理科学理论的基本特征是,以系统的观点,运用数学、统计学的方法和电子计算机的技术,为现代管理的决策提供科学的依据,通过计划与控制以解决各项生产与经营问题。这一理论认为,管理就是应用各种数学模型和特征来表示计划、组织、控制、决策等合乎逻辑的程序,求出最优的解决方案,以达到企业的目标。

管理科学理论把现代科学方法运用到管理领域中,为现代管理决策提供了科学的方法。它使管理理论研究从定性到定量在科学的轨道上前进了一大步,同时它的应用对企业管理水平和效率的提高也起到了很大作用。但是,同其他理论一样,它也有自己的弱点:一是把管理中与决策有关的各种复杂因素全部数量化,是不可能也不现实的;二是这一理论忽略了人的因素,这不能不说是它的一大缺陷;三是管理问题的研究与实践,不可能也不应该完全只依靠定量分析,而忽视定性分析。尽管如此,它的科学性还是被人们普遍承认。

除以上八个学派外,还有一些学派,如管理过程学派以及近几年出现的还不太成熟的经理角色学派等,在管理理论丛林中都是比较活跃和有代表性的。总之,这些学派都是在已有的管理理论基础上,力图吸收和利用其他学科的成就,从不同角度来探索管理的原理和方法的,它们之间既有观点相同、继承发展的地方,也有许多观点不一致之处。因此,总体来看,这种"百花齐放、百家争鸣"的现象对构筑管理科学理论的大厦无疑是非常有益的。但是这种分散的管理理论,从理论上讲,经过一定阶段的发展需要走向统一,走向更高级的新的管理理论;从实践上看,在现代化管理工作中,分散的、各抒己见的理论应用起来也会有很大局限性,因而也需要有一套系统的、全面的管理理论来指导。

管理理论从泰罗的科学管理至今，已有一个世纪的历史了，其间经历了古典管理理论阶段（包括泰罗的科学管理和以法约尔、韦伯为代表的管理过程与管理组织理论）、行为科学理论和管理科学理论阶段，以后随着行为科学和管理科学理论的继续发展、分化，演变出了许多的管理学派，形成了众多风格各异的管理理论，进入了管理理论的"丛林"，即管理理论大发展时期。随着科学技术的不断进步，社会政治经济环境的复杂多变，管理所面临的问题也日益复杂，尽管管理理论"丛林"枝繁叶茂，但却难以适应现代管理实践的需要，因此不得不寻找新的出路，以图建立一套全面、系统的管理理论。

在管理理论逐渐互相融合渗透、走向统一的过程中，先后出现了两种有代表性的新的探索：一是系统管理理论，即把一般系统理论应用到组织管理之中，运用系统研究的方法，兼容并蓄各学派的优点，融为一体，建立通用的模式，以寻求普遍适用的模式和原则。二是权变管理理论，强调随机应变，灵活运用各派的学说，并根据内外环境的不同采取不同的组织管理模式或手段，进而建立起统一的管理理论。

9. 系统管理理论

系统管理理论是应用系统理论的范围、原理，全面分析和研究企业和其他组织的管理活动和管理过程，重视对组织结构和模式的分析，并建立起系统模型以便于分析。这一理论是美国管理学家卡斯特、罗森茨威克和约翰逊等在一般系统论的基础上建立起来的，其理论要点主要有：

（1）企业是由人、物资、机器和其他资源在一定的目标下组成的一体化系统，它的成长和发展同时受到这些组成要素的影响，在这些要素的相互关系中，人是主体，其他要素则是被动的。

（2）企业是一个由许多子系统组成的、开放的社会技术系统。企业是社会这个大系统中的一个子系统，它受到周围环境（顾客、竞争者、供货者、政府等）的影响，也同时影响环境。它只有在与环境的相互影响中才能达到动态平衡。在企业内部又包含着若干子系统，它们是：①目标和准则子系统，包括遵照社会的要求和准则，确定战略目标；②技术子系统，包括为完成任务必需的机器、工具、程序、方法和专业知识；③社会心理子系统，包括个人行为和动机、地位和作用关系、组织成员的智力开发、领导方式，以及正式组织系统与非正式组织系统等；④组织结构子系统，包括对组织及其任务进行合理划分和分配，协调他们的活动，并由组织图表、工作流程设计、职位和职责规定、章程与案例来说明，还涉及权力类型、信息沟通方式等问题；⑤外界因素子系统，包括各种市场信息、人力与物力资源的获得，以及外界环境的反映与影响等。此外，还有一些子系统，如经营子系统、生产子系统等。这些子系统还可以继续分为更小的子系统。

（3）运用系统观点来考察管理的基本职能，可以提高组织的整体效率，使管理人员不至于只重视某些与自己有关的特殊职能而忽视了大目标，也不至于忽视自己在组织中的地位与作用。

10. 权变管理理论

权变管理理论（contingency theory of management）是 20 世纪 70 年代在美国形成的一种管理理论。这一理论的核心就是力图研究组织的各子系统内部和各子系统之间的相互联系，以及组织和它所处的环境之间的联系，并确定各种变数的关系类型和结构类型。它强调在管理中要根据组织所处的内外部条件随机应变，针对不同的具体条件寻求不同的最合适的管理模式、方案或方法。美国尼布拉加斯大学教授卢桑斯在 1976 年出版的《管理导论：一种权变学》一书中系统地概括了权变管理理论。其内容主要包括：

（1）过去的管理理论可分为四种，即过程学说、计量学说、行为学说和系统学说，这些学说由于没有把管理和环境妥善地联系起来，其管理观念和技术在理论与实践上相脱节，所以都不能使管理有效地进行。而权变理论就是要把环境对管理的作用具体化，并使管理理论与管理实践紧密地联系起来。

（2）权变管理理论就是考虑到有关环境的变数同相应的管理观念和技术之间的关系，使采用的管理观念和技术能有效地达到目标。在通常情况下，环境是自变量，而管理的观念和技术是因变量。这就是说，如果存在某种环境条件，对于更快地达到目标来说，就要采用某种管理原理、方法和技术。比如，如果在经济衰退时期，企业在供过于求的市场中经营，采用集权的组织结构，就更适于达到组织目标；如果在经济繁荣时期，在供不应求的市场中经营，采用分权的组织结构可能会更好一些。

（3）环境变量与管理变量之间的函数关系就是权变关系，这是权变管理理论的核心内容。环境可分为外部环境和内部环境。外部环境又可以分为两种：一种是由社会、技术、经济和政治、法律等所组成；另一种是由供应者、顾客、竞争者、雇员、股东等组成。内部环境基本上是正式组织系统，它的各个变量与外部环境各变量之间是相互关联的。决策、交流和控制、技术状况等管理变量包括上面所列四种学说所主张的管理观念和技术。

总之，权变管理理论的最大特点是：第一，它强调根据不同的具体条件，采取相应的组织结构、领导方式、管理机制。第二，把一个组织看做是社会系统中的分系统，要求组织各方面的活动都要适应外部环境的要求。

综上所述，管理科学理论的一个不足之处是过分强调定量因素与数学模型，忽视了定性因素的重要性。"管理理论丛林"则从不同的角度探讨了管理中的一些问题，也未能很好地提出一套完整的方案。近年来，在一些管理学者中逐步酝酿形成了一种新的观念，即"现代管理理论"。这一理论主张，不仅要综合管理科学理论中的方法和技术，还要综合行为科学理论，而且要着眼于系统分析的观点和权变理论的观点，使现代管理理论朝着一个统一的系统理论发展。这是因为有些学者认为，管理过程学派、管理科学学派和行为学派只是系统管理学派的子系统，都应归属于系统管理学派之中。而且要使系统的管理理论能真正发挥作用，还必须依靠权变理论作为指导；只有随机地、灵活地应用系统管理理论，才能在管理实践中发挥管理理论的功能。

总之，现代管理理论是近代所有管理理论的综合，是一个知识体系，是一个学科群。它的基本目标就是要在不断急剧变化的现代社会面前，建立起一个充满创造活力的自适应系统。要使这一系统得到持续、高效和低消耗的输出功能，不仅要求有现代化的管理思想和管理组织，而且还要求有现代化的管理方法和手段来构成现代管理科学。

纵观管理学各学派，虽各有所长，各有不同，但不难寻求其共性。管理学的共性实质上也就是现代管理学的特点，可概括如下：

（1）强调系统化。这就是运用系统思想和系统分析方法来指导管理的实践活动，解决和处理管理的实际问题。系统化，就要求人们要认识到一个组织就是一个系统，同时也是另一个更大系统中的子系统。所以，应用系统分析的方法，就是从整体角度来认识问题，以防止片面性和受局部的影响。

（2）重视人的因素。由于管理的主要内容是管人，而人虽然在一个组织或部门中工作，但是他们在思想、行为等诸方面，可能与组织不一致。重视人的因素，就是要注意人的社会性，对人的需要予以研究和探索，在一定的环境条件下，尽最大可能满足人们的需要，以保证组织中全体成员齐心协力地为完成组织目标而自觉做出贡献。

（3）重视"非正式组织"的作用，即注意"非正式组织"在正式组织中的作用。非正式组织是人们以感情为基础而结成的集体，这个集体有约定俗成的信念，人们彼此感情融洽。利用非正式组织，就是在不违背组织原则的前提下，发挥非正式群体在组织中的积极作用，从而有助于组织目标的实现。

（4）广泛地运用先进的管理理论和方法。随着社会的发展、科学技术水平的迅速提高，先进的科学技术和方法在管理中的应用愈来愈重要。所以，各级主管人员必须利用现代的科学技术与方法，促进管理水平的提高。

（5）加强信息工作。由于普遍强调通信设备和控制系统在管理中的作用，因此对信息的采集、分析、反馈等的要求愈来愈高，即强调及时和准确。主管人员必须利用现代技术，建立信息系统，以便有效、及时、准确地传递信息和使用信息，促进管理的现代化。

（6）把"效率"和"效果"结合起来。作为一个组织，管理工作不仅仅是追求效率，更重要的是要从整个组织的角度来考虑组织的整体效果以及对社会的贡献。因此，要把效率和效果有机地结合起来，从而使管理的目的体现在效率和效果之中，也即通常所说的绩效。

（7）重视理论联系实际。重视管理学在理论上的研究和发展，进行管理实践，并善于把实践归纳总结，找出规律性的东西，所有这些是每个主管人员应尽的责任。主管人员要乐于接受新思想、新技术，并用于自己的管理实践中，把诸如质量管理、目标管理、价值分析、项目管理等新成果运用于实践，并在实践中创造出新的方法，形成新的理论，促进管理学的发展。

（8）强调"预见"能力。强调要有很强的"预见"能力来进行管理活动。社会是迅速发展的，客观环境在不断变化，这就要求人们要用科学的方法进行预测，以"一开始就不出差错"为基点，进行前馈控制，从而保证管理活动的顺利进行。

（9）强调不断创新。要积极促变，不断创新。管理意味着创新，就是在保证"惯性运行"的状态下，不满足现状，利用一切可能的机会进行变革，从而使组织更加适应社会条件的变化。

第四节　当代管理理论新思潮

当代管理理论的基本目标是要在不断急剧变化的社会中，保持一个充满活力的组织，使之能够持续地低消耗、高产出，完成组织的使命，履行其社会责任，因而要求管理理论不断发展和完善。经济全球化、信息化和知识化迅猛发展，使现代组织所面临的 经营环境日益复杂多变，竞争愈来愈烈。众多管理者，不断探索，提出了许多新的管理观念、原则和方法。

1.知识管理

卡尔·爱立克·斯威比(Karl Erik Sveiby)，知识管理基础理论的开拓者，被誉为知识管理的"奠基之父"，于1986年用瑞典文出版了《知识型企业》，使他成为知识管理理论与实践的"瑞典运动"的思想源泉。1987年，他和英国知识管理专家汤姆·劳埃德合著出版了《知识型企业的管理》一书，提出一整套知识型企业管理理论和实用方法，成为知识型企业管理的开山之作。1990年，斯威比出版了《知识管理》一书，是世界上第一部以"知识管理"为题的著作。

知识管理(knowledge management)是使信息转化为可被人们掌握的知识，并以此来提高特定组织的应变能力和创新能力的一种新型管理形式。斯威比从认识论的角度对知识管理进行定义：知识管理是利用组织的无形资产创造价值的艺术。APCQ(美国生产力和质量中心)对知识管理进行定义：知识管理应该是组织有意识采取的一种战略，它保证能够在最需要的时间将最需要的知识传送给最需要的人。这样可以帮助人们共享信息，并进而将之通过不同的方式付诸实践，最终达到提高组织业绩的目的。

利用知识资本获得真正的竞争优势正在成为一种全新的管理理念。因此，对知识的管理变得日益重要。知识管理重在培养集体的创造力，并推动组织的创新。而创新是知识经济的核心内容，是企业活力之源。技术创新、制度创新、管理创新、观念创新以及各种创新的相互结合、相互推动，将成为企业经济增长的引擎。

斯威比认为经理们往往有一种潜意识的和不言而喻的思想倾向，浸染着工业时代价值观和常识性认识的浓厚色彩。要理解新的世界，他们就需从知识的角度看问题，要努力运用一种新的思想方法，如"知识分析"观点。他提出：工业时代管理观与知识时代管理观之间存在着较大的差别。

(1)用知识的观点看组织，会把员工看作是收益的最重要的创造者，企业的人力资源花费是投资行为。而在工业时代的组织内，员工时常是被更为简单地看作生产成本和生产要素之一。

(2)在知识组织内部，学习的目的是创造新的知识，即新的知识资产；而不仅仅是运用新的工具和技术。

(3)在知识组织内部，生产流程是由观念驱动，并且有时是混沌不明的，这与工业时代生产流程中严格的前后次序和机器驱动形成鲜明的对比，体现了提供服务和生产产品的显著不同。

(4)工业时代的收益递减规律让位于知识递增规律，工业组织中的规模经济让位于知识组织中的范围经济。

(5)管理的权力基础取决于他们知识的相对水平，而不是他们在组织中的等级职位。信息流的传递是通过可以分享信息的网络，而不是通过组织的等级机构。

2.学习型组织——第五项修炼

彼得·圣吉(Peter M. Senge)于1990年出版了名为《第五项修炼——学习型组织的艺术与实务》的著作，著作一出版就引起了轰动。建立学习型组织、进行五项修炼成为管理的热点。世界变化太快，企业只有主动学习，才能适应变化的环境。面对全球性的竞争，最成功的企业将会是"学习型组织"，因为未来唯一持久的竞争优势，就是要有能力比竞争对手学习得更快。

彼得·圣吉用全新的视野来考察人类团体危机最根本的症结所在，认为人们片面和局部的思考方式及由此所产生的行动，造成了目前切割而破碎的世界，为此需要突破线性思考的方式，排除个人及团体的学习障碍，重新就管理的价值观念、管理的方式方法进行革新。

彼得·圣吉提出了学习型组织的5项修炼，认为这5项修炼是学习型组织的技能。第一项修炼：自我超越。"自我超越"的修炼是深刻了解自我的真正愿望，并客观地观察现实，对客观现实正确的判断。通过学习型组织不断学习激发实现自己内心深处最想实现的愿望，并全心投入工作、实现创造和超越。此项修炼兼容并蓄了东方和西方的精神传统，修炼需要培养耐心、集中精力，对于学习如同对待自己的生命一般全身心地投入进学习型组织。它是学习型组织的精神基础。自我超越需要不断认识自己，认识外界的变化，不断地赋予自己新的奋斗目标，并由此超越过去，超越自己，迎接未来。

第二项修炼：改善心智模式。心智模式是指根深蒂固于每个人或组织之中的思想方式和行为模式，它影响人或组织如何了解这个世界，以及如何采取行动的许多假设、成见，甚或是图像、印象。我们通常不易察觉，通常在瞬间决定什么可以做或不可以做，这就是心智模式在发挥着作用。我们把自己工作组织看成学习的场所，把自己工作组织看作是转向自己的镜子，这是心智模式修炼的起步，我们学习发掘内心世界的潜在能力，使这些能力浮在表面，并严加审视。心智模式修炼还包括进行一种有学习效果的、兼顾质疑与表达的交谈能力——有效地表达自己的想法，并以开放的心灵容纳别人的想法。

第三项修炼：建立共同愿景。共同愿景指的是一个组织中各个成员发自内心的共同目标，在一个团体内整合共同愿景，并有衷心渴望实现目标的内在动力，将自己与全体衷心共有的目标、价值观与使命的组织联系在一起，主动而真诚地奉献和投入。组织都在设法以共同的愿景把大家凝聚在一起，作为个人要建立善于将领导的理念融入到自己心里，在组织中为实现共同的愿望而努力，通过努力学习，产生追求卓越的想法，转化为能够鼓舞组织的共同愿景。激发自己追求更高目标的热情，并在组织中获得鼓舞，使组织拥有一种能够凝聚并坚持实现共同的 愿望的能力。

第四项修炼：团体学习。团体学习的有效性不仅在于团体整体会产生出色的成果，而且其个别成员学习的速度也比其他人的学习速度快。团体学习的修炼从"深度会谈"开始。"深度会谈"要求团体的所有成员，摊出心中的假设，做到真正的一起思考，让想法自由交流，以发现远较个人更深入的见解。以创造性的方式察觉别人的智慧，并使其浮现，学习的速度便能大增。在现代组织中，学习的基本单位是团体而不是个人，这显得非常重要。团体的智慧总是高于个人的智慧。当团体真正在学习的时候，不仅团体能产生出色的效果，其个别成员的成长速度也比其他的学习方式更快。通过深度会谈，人们可以相互帮助，觉察彼此思维中不一致的地方，弥补个人思维的局限性，充分发挥集体思维的威力。

第五项修炼：系统思考。组织与人类其他活动一样是一个系统，受到各种细微且息息相关的行动的牵连而彼此影响，这种影响往往要经年累月才完全展现出来。我们作为团体的一部分，置身其中而想要看清整体的变化非常困难。因此第五项修炼，是要让人与组织形成系统观察、系统思考的能力，并以此来观察世界，从而决定我们正确的行动。

3. 企业再造

企业再造理论是在20世纪六七十年代，尤其从20世纪80年代初到90年代以来，信息技术革命使企业的经营环境和运作方式发生了很大的变化，而西方国家经济的长期低增长又使得市场竞争日益激烈，企业面临着严峻挑战，这些挑战主要来自三个方面：①顾客（customer）——买卖双方关系中的主导权转到了顾客一方。竞争使顾客对商品有了更大的选择余地；随着生活水平的不断提高，顾客对各种产品和服务也有了更高的要求。②竞争（competition）——技术进步使竞争的方式和手段不断发展，发生了根本性的变化。越来越多的跨国公司越出国界，在逐渐走向一体化的全球市场上展开各种形式的竞争。③变化（change）——市场需求日趋多变，产品寿命周期的单位已由"年"趋于"月"，技术进步使企业的生产、服务系统经常变化，这种变化已经成为持续不断的事情。

另一方面企业规模越来越大，组织结构臃肿，生产经营过程复杂，最终导致"大企业病"产生并日益严重。因此在大量生产、大量消费的环境下发展起来的企业经营管理模式已无法适应快速变化的市场。面对这些挑战，企业只有在更高水平上进行一场根本性的改革与创新，才能在低速增长时代增强自身的竞争力。

1993年美国的迈克尔·海默（Michael Hammer）和詹姆斯·钱皮（James Champy）提出了"企业再造"理论，并出版了《企业再造》一书，该书一出版便引起管理学界和企业界的高度重视。所谓企业再造（business process re-engineering）是指"为了飞越性地改善成本、质量、服务、速度等重大的现代企业的运营基准，对工作流程进行根本性重新思考并彻底改革"，也就是说，"从头改变，重新设计"。企业再造理论认为，由英国经济学家亚当·斯密在其著作《国富论》中创立的劳动分工论是建立在大量生产基础上的，而现在是"后工商业"时代，市场需求多变，企业不能再以量求胜，而是以质、以品种求胜，按劳动分工论组建起来的公司无法发挥高度的弹性和灵活性以及市场应变能力，因为社会大生产的发展，使劳动分工越来越精细、协作越来越紧密，相应地企业行政管理结构和生产经营组织结构也越来越复杂，这样管理及生产经营成本不断上升，管理效率不断下降，企业应付市场挑战的能力越来越呆滞。所以要求"彻底抛弃亚当·斯密的劳动分工论，而面对市场需要，在拥有科技力量的状况下，去重新组织工作流程和组织机构"。在重组中，强调将过去分割开的工作按工作流程的内在规律，并在良好的企业文化基础上重新整合和恢复起来，通过水平和垂直压缩，合并工作、扁平组织、简化流程、提高效率、节约开支，从而达到企业减肥和增强竞争能力的作用。所谓企业再造是指针对企业业务流程的基本问题进行反思，并对它进行彻底的重新设计，以便在成本、质量、服务和速度等当前衡量企业业绩的这些重要的尺度上取得显著的进展。企业再造有四个关键词："基本的""彻底的""显著的""流程"。"基本的"指企业人员在着手再造前，必须先就企业的运作提出一些最基本的问题。"彻底的"重新设计是指要从事物的根本着手，不是对现有的事物作表面的变动，而是把旧的一套抛掉。"显著的"指企业再造不是要在业绩上取得点滴的改善或逐渐的提高，而是要在经营业绩上取得显著的改进。"流程"指一系列业务活动，通过这些活动创造出对顾客有价值的产品。

企业再造

4. 波特的竞争战略理论

波特的竞争战略理论主要包含五个方面的内容：五力模型、三大战略、价值链、钻石体系、产业集群。

4.1 五力模型

迈克尔·波特在其经典著作《竞争战略》中，他提出了行业结构分析模型，即所谓的"五力模型"，认为决定企业获利能力的首要因素是"产业吸引力"，企业在拟定竞争战略时，必须深入了解决定产业吸引力的竞争法则。竞争法则可以用五种竞争力来具体分析：行业现有的竞争状况、供应商的议价能力、客户的议价能力、替代产品或服务的威胁、新进入者的威胁。这五大竞争驱动力，决定了企业的盈利能力，并指出公司战略的核心应在于选择正确的行业，以及行业中最具有吸引力的竞争位置。

波特认为，这五种力量通过影响价格、成本和企业所需要的投资直接决定了产业的盈利能力，而决定竞争的因素包括产业增长、周期性生产过剩、产品差异、商标专有、信息的复杂性、公司风险、退出壁垒以及竞争者的多样性。其中任何一种力量都由产业结构或产业基本的经济和技术特征决定，对于潜在进入者来说。存在规模经济、专卖产品差别、商标专有性、转换成本、资本需求、分销渠道以及绝对成本优势等进入壁垒，而购买者要受到买方的集中程度相对企业的集中程度、买方信息、后向整合能力等因素的限制，供应商则会受投入差异、替代品投入的现状、批量大小对供方的重要性、与产业总购买量相关的成本等因素的制约，威胁替代品的因素是替代品的相对价格表现、转换成本和客户对替代品的使用倾向。在市场供给与需求不断变化和相互调整的过程中，产业的结构决定了竞争者以何种速度增加新的供给，而入侵壁垒则决定新的入侵者是否行动。

4.2 三大战略

根据迈克尔·波特教授的竞争战略理论，企业的利润将取决于：同行业之间的竞争，行业与替代行业的竞争，供应方与客户的讨价还价以及潜在竞争者共同作用的结果。

波特的竞争战略理论

竞争战略就是一个企业在同一使用价值的竞争上采取进攻或防守行为。流行的战略是降价，既打倒对方，也损害自己，形成负效应，进入恶性循环。正确的竞争战略为：

（1）总成本领先战略（overall cost leadership）。

（2）差异化战略，又称别具一格战略（differentiation）。

（3）集中化战略，又称目标集中战略、目标聚集战略、专一化战略（focus）。

第一种战略就是最大努力降低成本，通过低成本降低商品价格，维持竞争优势。要做到成本领先，就必须在管理方面对成本严格控制，尽可能将降低费用的指标落实在人头上，处于低成本地位的公司可以获得高于产业平均水平的利润。在与竞争对手进行竞争时，由于你的成本低，对手已没有利润可图时，你还可以获得利润。你就主动，你就是胜利者。

第二种战略是公司提供的产品或服务别具一格，或功能多，或款式新，或更加美观。如果别具一格战略可以实现，它就成为在行业中赢得超常收益的可行战略，因为它能建立起对付五种竞争作用力的防御地位，利用客户对品牌的忠诚而处于竞争优势。

最后一种战略是主攻某个特定的客户群、某产品系列的一个细分区段或某一个地区市场。其前提是：公司能够以更高的效率、更好的效果为某一狭窄的战略对象服务，从而超过在更广阔范围内竞争对手，可知该战略具有赢得超过行业平均水平收益的潜力。

4.3　价值链

波特的竞争战略研究开创了企业经营战略的崭新领域，对全球企业发展和管理理论研究的进步，做出了重要的贡献。以竞争优势为中心将战略制定与战略实施二者有机地统一起来是波特企业竞争战略理论的又一创新。在他看来，竞争优势是任何战略的核心所在，每一基本战略都涉及通向竞争优势的迥然不同的途径以及为建立竞争优势而采用战略目标景框来框定竞争类型。竞争优势源自企业内部的产品设计、生产、营销、销售、运输等多项独立的活动。这些活动对企业的相对成本地位都有贡献，同时也是构成差异化的基础，实施竞争战略的过程实质上就是企业寻求、维持、创造竞争优势的过程。因此，分析竞争优势的来源时，必须要有一套系统化的方法，来检视企业内部的所有活动及活动间的相互关系。为了系统识别和分析企业竞争优势的来源，波特提出了"价值链"这一重要的理论概念。

波特价值链分析模型

价值链就是一套分析优势来源的基本工具。它可将企业的各种活动以价值传递的方式分解开来，借以了解企业的成本特性，以及现有与潜在的差异化来源。企业的各种活动既是独立的，也是互相联结的。企业应该根据竞争优势的来源，并透过了解组织结构与价值链、价值链内部的联结，以及它与供应商或营销渠道间的联结关系，制定一套适当的协调方式，而根据价值链需要设计的组织结构，有助于形成企业创造并保持竞争优势的能力。公司的价值链进一步可与上游的供应商、下游的买主的价值链相连，构成一个产业的价值链。

波特认为："每一个企业的价值链都是由以独特方式联结在一起的九种基本的活动类别构成的。"具体是指内部后勤、生产作业、外部后勤、市场和销售、服务五种基本活动和采购、技术开发、人力资源管理、企业基础设施四种辅助活动。一个企业与其竞争对手的价值链差异就代表着竞争优势的一种潜在来源。对此，波特强调指出："企业正是通过比其竞争对手更廉价或更出色地开展这些重要的战略活动来赢得竞争优势的。"显而易见，波特的"价值链"理论对于我们全面加强企业管理，大幅提高企业竞争优势具有现实的启发意义。

4.4　钻石体系

在企业竞争的成功上，国家扮演了重要的角色。因此，波特将他的研究更延伸到了国家竞争力上。针对这个主题，波特提出"钻石体系"（又称菱形理论）的分析架构。他认为可能会加强本国企业创造竞争优势的速度。包括：

波特钻石理论模型

（1）生产要素：是指一个国家将基本条件（如天然资源、教育、基础建设）转换成特殊优势的能力，如高度的专业技巧和应用科技。例如，荷兰的花卉业很发达，它并不是因为位居热带而有了首屈一指的花卉业，而是因为它在花卉的培育、包装和运送上具有高度专精的研究机构。

（2）需求状况：是指本国市场对该项产业所提供或服务的需求数量和成熟度。例如，日本家庭因为地狭人稠，其家电都朝小型、可携带的方向发展。正是因为日本国内市场拥有一群最挑剔的消费者，这使得日本拥有全球最精致、最高价值的家电产业。

（3）企业的战略、结构和竞争对手。企业的组织方式、管理方式、竞争方式都取决于所在地的环境和历史。若是一个企业所在地鼓励创新，有政策和规则刺激企业往训练技术、提升能力和固定资产投资的方向去努力，企业就会有竞争力。另外，当地若有很强的竞争对手，也会刺激企业不断地提升和改进。

（4）相关产业和支持产业表现：一个产业想要登峰造极，就必须有世界一流的供货商，并且从相关产业的企业竞争中获益，这些制造商和供货商形成了一个能促进创新的产业"族群"。例如，意大利具有领导世界的金银首饰业，就是因为意大利的机械业已经占领了全球珠宝生产机械60%的市场，而且意大利回收有价金属的机械也领先全球。

钻石体系是一个动态的体系，它内部的每个因素都会相互拉推影响到其他因素的表现，同时，政府政策、文化因素和领导魅力等都会对各项因素产生很大的影响，如果掌握这些影响因素，将能形成国家的竞争优势。

4.5 产业集群

区域的竞争力对企业的竞争力有很大的影响，波特通过对10个工业化国家的考察发现，产业集群是工业化过程中的普遍现象，在所有发达的经济体中，都可以明显看到各种产业集群。产业集群是指在特定区域中，具有竞争与合作关系，且在地理上集中，有交互关联性的企业、专业化供应商、服务供应商、金融机构、相关产业的厂商及其他相关机构等组成的群体。不同产业集群的纵深程度和复杂性相异。

许多产业集群还包括由于延伸而涉及的销售渠道、顾客、辅助产品制造商、专业化基础设施供应商等，政府和其他提供专业化培训、信息、研究开发、标准制定等的机构，以及同业公会和其他相关的民间团体。因此，产业集群超越了一般产业范围，形成特定地理范围内多个产业相互融合、众多类型机构相互联结的共生体，构成这一区域特色的竞争优势。产业集群发展状况已经成为考察一个经济体，或其中某个区域和地区发展水平的重要指标。

产业集群的概念提供了一个思考、分析国家和区域经济发展并制定相应政策的新视角。产业集群无论对经济增长，企业、政府和其他机构的角色定位，乃至构建企业和政府、企业和其他机构的关系方面，都提供了一种新的思考方法。

产业集群从整体出发挖掘特定区域的竞争优势。产业集群突破了企业和单一产业的边界，着眼于一个特定区域中，具有竞争和合作关系的企业、相关机构、政府、民间组织等的互动。这样使他们能够从一个区域整体来系统思考经济、社会的协调发展，来考察可能构成特定区域竞争优势的产业集群，考虑邻近地区间的竞争与合作，而不仅仅局限于考虑一些个别产业和狭小地理空间的利益。

产业集群要求政府重新思考自己的角色定位。产业集群观点更贴近竞争的本质，要求政府专注于消除妨碍生产力成长的障碍，强调通过竞争来促进集群产业的效率和创新，从而推动市场的不断拓展、繁荣区域和地方经济。

概括起来，波特的竞争战略理论的基本逻辑是：

（1）产业结构是决定企业盈利能力的关键因素。

（2）企业可以通过选择和执行一种基本战略影响产业中的五种作用力量（即产业结构），以改善和加强企业的相对竞争地位，获取市场竞争优势（低成本或差异化）。

（3）价值链活动是竞争优势的来源，企业可以通过价值链活动和价值链关系的调整来实施其基本战略。

5. 商业生态系统理论

美国学者詹姆士·穆尔（James F. Moore）1996年出版的《竞争的衰亡》一书，标志着竞争战略理论的指导思想发生了重大突破，在书中作者以生物学中的生态系统这一独特的视角来描述当今市场中的企业活动。但这种观念又不同于将生物学的原理运用于商业研究的狭隘观念，狭隘的"适者生存"观念认为，在市场经济中，达尔文的自然选择似乎仅仅表现为最合适的公司或产品才能生存，经济运行的过程就是驱逐弱者。1993年，穆尔在《哈佛商业评论》上首次提出了"商业生态系统"（business ecosystem）概念，这一全新的概念，打破传统的以行业划分为前提的竞争战略理论的限制，力求"共同进化"。这个理论改变了原先人们心目中的企业与企业之间、企业的部门之间，乃至顾客之间、销售商之间都存在着一系列的冲突的观念。

所谓商业生态系统，是指以组织和个人（商业世界中的有机体）的相互作用为基础的经济联合体，是以供应商、生产商、销售商、市场中介、投资商、政府、消费者等为中心组成的群体，它们在一个商业生态系统中担当着不同的功能，各司其职，但又形成互赖、互依、共生的生态系统。在这一商业生态系统中，虽有不同的利益驱动，但身在其中的组织和个人互利共存，资源共享，注重社会、经济、环境综合效益，共同维持系统的延续和发展。商业生态系统在作者理论中的组成部分是非常丰富的，他建议高层经理人员经常从顾客、市场、产品、过程、组织、风险承担者、政府与社会七个方面来考虑商业生态系统和自身所处的位置；系统内的公司通过竞争可以将毫不相关的贡献者联系起来，创造一种崭新的商业模式。在这种全新的模式下，作者认为制定战略应着眼于创造新的微观经济和财富，即以发展新的循环来代替狭隘的以行业为基础的战略设计。

商业生态系统作为一种新型的企业网络，不仅具有企业网络的一般特征，同时它还具有以下几个重要特征：

（1）商业生态系统建立在企业生态位分离的基础之上。

所谓生态位，是一个生物单位对资源的利用和对环境适应性的总和。当两个生物利用同一资源或共同占有某环境变化时，就会出现生态位重叠，由此，竞争就出现了，其结果是这两个生物不能占领相同的生态位，即产生生态位分离。商业世界也一样，企业对资源的需求越相似，产品和市场基础越相近，它们之间生态位的重叠程度就越大，竞争就越激烈。因此，企业必须发展与其他企业不尽相同的生存能力和技巧，找到最能发挥自己作用的位置，实现企业生态位的分离。企业生态位的分离不仅减少了竞争，更重要的是为企业间功能耦合形成超循环提供了条件。

（2）商业生态系统强调系统成员的多样性。

多样性概念来源于生态学，生态系统中的各类生物在环境中各自扮演着重要的角色，通过物种与物种之间、生物与环境之间的摄食依存关系，自然界形成了多条完整的食物链并构成了复杂的食物网，进行着生态圈内物质流动与能量传输的良性循环，食物链的断裂将极大地影响系统功能的发挥。多样性对于商业生态系统也是非常重要的：多样性对于企业应对不确定性环境扮演着缓冲的作用；多样性有利于商业生态系统价值的创造；多样性是商业生态系统实现自组织的先决条件。

（3）商业生态系统的关键成员对于保持系统的健康起着非常重要的作用。

自然生态系统中，可以根据各个种的作用划分为：优势种、亚优势种、伴生种和偶见种。其中，优势种对整个群落具有控制性影响，如果把群落中的优势种去除，必然导致群落性质和环境的变化。同样的道理，在商业生态系统中，关键企业对于系统抵抗外界的干扰起着非常重要的作用，因为它所支持的多样性在遇到外界干扰时充当了缓冲器的作用，从而保护了系统的结构、生产力和多样性。

（4）商业生态系统认为系统的运作或动力不是来自系统外部或系统的最上层，而是来自系统内部各个要素或各个子系统之间的相互作用。

自主地、自发地通过子系统相互作用而产生系统规则，这是协同学最根本的思想和方法。这种思想告诉我们，复杂性模式的出现实际上是通过底层（或低层次）子系统的竞争和协同作用产生的，而非外部指令。系统内部各个子系统通过竞争而协同，从而使竞争中的一种或几种趋势优势化，并因此支配整个系统从无序走向有序。商业生态系统是一个复杂适应系统，在一定的规则下，不同种类的、自我管理的个体的低层次相互作用推动着系统向高层次有序进化。

（5）商业生态系统。

尤其是虚拟商业生态系统具有模糊的边界，呈现网络状结构。商业生态系统具有模糊的边界，主要体现在两个方面，首先是每一个商业生态系统内部均包含着众多的小商业生态系统，同时它本身又是一个更大的商业生态系统的一部分，也就是说，其边界根据实际需要而定；其次是某一企业可同时在多个商业生态系统中生存，例如飞利浦不仅和美国电话电报公司合作取得先进的光电技术，也同德国西门子公司合作，设计统一的电话系统。

（6）商业生态系统具有自组织的特征，并通过自组织不断进化。

商业环境不断地在改变。对于商业生态系统来说，只要条件满足，自组织就不会停息，也就是说随环境不断进化。站在企业生态系统均衡演化的层面上，穆尔认为，一个商业生态系统的建立需要四个独立的阶段：开拓、扩展、领导、更新。

第一阶段是开拓生态系统，汇集各种能力，创造关键的产品。

第二阶段是生态系统的扩展阶段，从协作关系的核心开始，在不断增长的规模和范围中投资，并在所开发的市场中建立核心团体。

第三阶段是对生态系统的领导，组织和个人必须为生态系统整体发展做出贡献，这样才能保证在所建立起来的商业生态系统中具有权威。

第四阶段是生态系统的自我更新或死亡。当建立起自己的商业生态系统后，必须要寻找新的方法，为旧的秩序注入新的观念，以保持系统的旺盛生命力，避免死亡。

建立商业生态系统的整个过程，需要迎接四个方面的挑战：建立系统和有序的共生关系，创建真正有价值的东西；建立核心团体，在可利用的顾客、市场、同盟和供应商中扩展生态系统；在精心锻造的生态系统中保持权威；确保商业生态系统持续不断地改进性能，防止衰退。所有生态系统在进化过程中所面临的考验是无时不在的。因此，组织和个人必须考虑所在商业生态系统目前处于进化中的哪个阶段，以及如何利用所在的商业生态系统来勾画自己的商业生态系统。

6. 质量管理理论

爱德华·戴明博士是世界著名的质量管理专家，他对世界质量管理发展作出的卓越贡献闻名世界。戴明在其早期的工作生涯中，发展了运用统计方法来提高组织效率的思想。虽然在20世纪50年代他在美国不太出名，可是在日本，他很快成了国家英雄。1960年由日本天皇授予他杰出人才奖，这是一个他所欣赏的奖励，也表明了对他的高度承认。他日后在美国和日本传播的思想均得益于他在日本的经历。直到20世纪80年代初，西方世界才认真地对待戴明。

作为质量管理的先驱者，戴明对国际质量管理理论和方法始终产生着异常重要的影响。其主要观点为"14要点"，成为20世纪全面质量管理(TQM)的重要理论基础。

(1)创造产品与服务改善的恒久目的。

最高管理层必须从短期目标的迷途中归返，转回到长远建设的正确方向。也就是把改进产品和服务作为恒久的目的，坚持经营，这需要在所有领域加以改革和创新。

(2)采纳新的哲学。

必须绝对不容忍粗劣的原料，不良的操作，有瑕疵的产品和松散的服务。

(3)停止依靠大批量的检验来达到质量标准。

检验其实是等于准备有次品，检验出来已经是太迟，且成本高而效益低。正确的做法，是改良生产过程。

(4)废除价低者得的做法。

价格本身并无意义，只是相对于质量才有意义。因此，只有管理当局重新界定原则，采购工作才会改变。公司一定要与供应商建立长远的关系，并减少供应商的数目。采购部门必须采用统计工具来判断供应商及其产品的质量。

(5)不断地及永不间断地改进生产及服务系统。

在每一活动中，必须降低浪费和提高质量，无论是采购、运输、工程、方法、维修、销售、分销、会计、人事、顾客服务及生产制造。

(6)建立现代的岗位培训方法。

培训必须是有计划的，且必须是建立于可接受的工作标准上。必须使用统计方法来衡量培训工作是否奏效。

(7)建立现代的督导方法。

督导人员必须要让高层管理知道需要改善的地方。当知道之后，管理当局必须采取行动。

(8)驱走恐惧心理。

所有同事必须有胆量去发问，提出问题，或表达意见。

(9)打破部门之间的围墙。

每一部门都不应只顾独善其身，而需要发挥团队精神。跨部门的质量圈活动有助于改善设计、服务、质量及成本。

(10)取消对员工发也计量化的目标。

激发员工提高生产率的指标、口号、图像、海报都必须废除。很多配合的改变往往是在一般员工控制范围之外，因此这些宣传品只会导致反感。虽然无须为员工订下可计量的目标，但公司本身却要有这样一个目标：永不间歇地改进。

(11)取消工作标准及数量化的定额。

定额把焦点放在数量，而非质量。计件工作制更不好，因为它鼓励制造次品。

(12)消除妨碍基层员工工作顺畅的因素。

任何导致员工失去工作尊严的因素都必须消除，包括不明何为好的工作表现。

(13)建立严谨的教育及培训计划。

由于质量和生产的改善会导致部分工作岗位数目的改变，因此所有员工都要不断接受训练及再培训。一切训练都应包括基本统计技巧的运用。

（14）创造一个每天都推动以上13项的高层管理结构。

十四要点的核心是：目标不变、持续改善和知识渊博。质量是一种以最经济的手段，制造出市场上最有用的产品。质量无须惊人之举。

还有一位朱兰博士，对质量管理也做出了贡献。朱兰博士所提出的"突破历程"，综合了他的基本学说，以下是此历程的七个环节：

（1）突破的势态。管理层必须证明突破的急切性，然后创造环境使这个突破能实现。要去证明此需要，必须搜集资料说明问题的严重性，而最具说服力的资料莫如质量成本。为了获得充足资源去推行改革，必须把预期的效果用货币形式表达出来，以投资回报率的方式来展示。

（2）突出关键的少数项目。在纷纭众多的问题中，找出关键性的少数。利用帕累托法分析，突出关键的少数，再集中力量优先处理。

（3）寻求知识上的突破。成立两个不同的组织去领导和推动变革——其一可称之为"指导委员会"，另一个可称为"诊断小组"。指导委员会由来自不同部门的高层人员组成，负责制订变革计划、指出问题原因所在、授权作试点改革、协助克服抗拒的阻力及贯彻执行解决方法。诊断小组则由质量管理专业人士及部门经理组成，负责寻根问底、分析问题。

（4）进行分析。诊断小组研究问题的表征、提出假设，以及通过试验来找出真正原因。另一个重要任务是决定不良产品的出现是操作人员的责任或者是管理人员的责任。若说是操作人员的责任，必须是同时满足以下三项条件：操作人员清楚知道他们要做的是什么，有足够的资料数据明了他们所做的效果，以及有能力改变他们的工作表现。

（5）决定如何克服变革的抗拒。变革中的关键任务必须明了变革对他们的重要性。单是靠逻辑性的论据是绝对不够的，必须让他们参与决策及制定变革的内容。

（6）进行变革。所有要变革的部门必须要通力合作，这是需要说服功夫的。每一个部门都要清楚知道问题的严重性、不同的解决方案、变革的成本、预期的效果，以及估计变革对员工的冲击及影响。必须给予足够时间去酝酿及反省，并提出适当的训练。

（7）建立监督系统。变革推行过程中，必须有适当的监督系统定期反映进度及有关的突发情况。正规的跟进工作异常重要，足以监察整个过程及解决突发问题。

7. 当代管理思想总结

20世纪80年代以后，整个世界处于一种极度动荡的过程中，国际政治动荡起伏，世界经济变幻莫测，科学技术日新月异，各种文化相互渗透、相互融合，市场竞争日益白热化。西方管理学者对全球新的竞争条件下的企业的生存和发展进行了深入思考，形成了一些新的思想。同时，企业管理的理论和实践也有了很大的发展。涌现出了大量的新理论和新模式，为管理实践提供了丰富的理论指导和可供使用的工具。总的来说，当代管理思想呈现出以下五大趋势。

（1）从过程管理向战略管理转变。

因为企业的生存发展环境已经从国内市场转向国际市场，或者说企业的成功主要取决于全球战略的实施情况。管理由内向管理往外向管理转变，其原因在于企业生存环境的变化日益剧烈和苛刻，企业必须不断地调整自己的发展方向，不断地设立自己发展的有效途径，以适应环境的剧烈变化。

（2）从产品的市场管理向价值管理转变。

即企业管理的每一个过程、每一个环节都必须使企业向市场提供的产品和服务升值，从而提高企业的管理效率。

进入21世纪，企业面对着的是复杂多变的经营环境，因而只有整体优化配置企业的全部资源，特别是人力、智力、物力和财力资源，让企业中的各个层次、各个部门和各个岗位，以及总公司与分、子公司、产品供应商与推销服务商和相关的合作伙伴协调起来，统一意志，协同行动，才能发挥企业竞争优势，实现企业的经营目标。因此，更加重视管理的整体优化将是企业管理的一大发展趋势。现代信息技术的集成化趋势，也为整体管理思想的实现提供了技术保证。核心能力理论，学习型组织理论，以及各种基于信息技术而产生的各种管理模式都印证了这一点。

（3）人本管理思想的深入（基本理念）。

人本管理是指，以人为本的管理，即把人视为管理的主要对象及企业的最重要的资源，通过激励、调动和发挥员工的积极性和创造性，引导员工去实现预定的目标。

20世纪中，管理学对人性的认识是一个逐步深化的过程。先后有经济人、社会人、复杂人等假设。"社会人"的相关理论及其发展，成为人本管理的立论基础。在此基础上，包含人本管理思想的实践也发展起来了，如企业文化。

随着信息技术在企业中的应用，以及企业员工行为的变化。人本管理的思想将深入各项管理工作之中。人们已经充分认识到，知识经济时代最核心的资源是人力资源。人本管理的实践将会进一步深入。

建立学习型组织的每一项修炼，对于员工来说都是主动的、积极的、富有创造性的，而不是被动的接受管理者的指挥。学习型组织充分体现了以人为本的管理思想。通过五项修炼，创造出有利于组织成员自我激励、自我管理和自我评价的组织环境；造就整体搭配、互相配合的团队精神；形成"输出资源而不贫，派出间谍而不判"的群体整合功能；达到人性化和制度化之间的平衡，以及员工个人事业发展与组织发展之间的协调一致。这些都充分实践了人本管理的思想。

哈默与钱皮认为流程再造应当坚持"以员工为中心"的指导思想，把员工的期望与组织的目标统一起来，而不仅仅是裁员、缩编。流程再造之后，员工的工作目标、工作绩效衡量标准、工作目标、地位以及管理者的角色都将发生变化。

（4）以不断地创新追求经营绩效的持续改善。

在全球化和信息化的时代，经营环境持续动荡，技术变革加速，企业生存所面临的不确定性大大增加了。而且，许多变化是在企业没有察觉的情况下发生的，等到矛盾集中爆发时，企业往往已经没有挽回的余地了。不确定性的增加，使企业长寿越来越不容易了，于是持续成长成为当代企业的追求。没有一种管理模式是一劳永逸的，管理绩效的维持也不是一蹴而就的。企业必须不断地创新，不断地寻求绩效改善的途径，甚至需要不断地超越自我，才能不断地保持高的绩效。20世纪90年代以来，新兴的一些管理方法和管理模式充分体现了这一点，如全面质量管理，流程再造，六西格玛管理，等等。

建立学习型组织所进行的五项修炼也是一个持续创新的过程——自我超越，改善心智模式，建立共同愿景，团队学习和系统思考。建立学习型组织的过程是一个组织与环境互动的过程。正是在这种互动互应过程中，组织不断试探、学习和自我评价，寻找新的模式，接受环境的评价和选择。从这个意义上讲，学习型组织具有自组织的特征。

（5）从行为管理向文化管理转变。

企业文化的理论起源于美国，而实践则是在日本。在以往的管理理论研究和管理实践中，美国已经认识到技术的价值，但忽略了人的作用。而生产力在日本人看来，完全是人的献身精神和忠诚的心。需要什么样的手段才能让员工为企业献身，对企业忠诚呢？美国人认为他们需要的，同时也是日本人的成功经验，那就是——企业文化。

管理的客体是含有文化因素的，而文化是渗透到人类文明的任何一个地方和环节。这些都影响着企业的生存和发展。在21世纪全球性的知识经济时代，企业文化将成为最重要的企业竞争战略。

综上所述，当代管理思想的新发展为管理实践提供了丰富的理论指导和可供使用的工具，但很多学说或思想来源于实践，但并未形成完善的理论体系，也仍等待着历史的进一步检验。但也有它的局限性。

第一，当代管理思想对管理加强了对环境、社会和经济各种因素结合的研究，使企业能更快速地反应，也为企业提供了如何提升潜力和预测未来发展趋势的新思路和新工具。当代管理思想兴起的十几年间，企业管理经历着前所未有的，类似脱胎换骨的变革。

第二，各学说的划分并非泾渭分明、非此即彼。事实上，无论是战略管理，还是企业再造都是我们今天管理界的热门话题。

第三，无论哪一种理论或思想，都是围绕管理的核心问题"效果"（做正确的事）或"效率"（如何正确地做事）而展开，对于今天的企业，没有哪一种理论过时或无用。

影响管理思想发展的主要因素是生产力发展的程度。而且主要取决于科学技术的进步和发展、人类各种文化的发展和相互渗透的程度，这是因为由于科学技术的发展，人类已经形成了"地球村"、"宇宙岛"概念，人类的思维已经是站在全球角度来看待人类所遇到的问题了。生产组织的形式是形成新管理思想的主要来源：农业经济的生产方式，决定着传统的管理思想，并以此支配着当时的管理过程；工业经济大生产的生产方式，决定着古典的管理思想和现代管理思想，以及相应的经济规律。当生产力的发展使人类社会进入到知识经济时代时，首先表现出来的是生产和生活方式的巨大转变，从而形成了适应于知识经济时代的管理思想和经济规律。人本身的发展也是管理思想的主要因素之一。因为人无论是管理客体还是管理主体，都是决定因素。而人的本身随着社会的发展，受教育程度的提高，文化交流的普及和信息沟通手段的迅速发展，也在不断发展变化着，其个性化程度成为人类社会发展的主要特征之一。这样对于管理思想的形成就成为一个多因素的关系，因此管理思想发展本身就是一个动态的、不断发展的过程。

第五节　管理的基本问题与方法

人、组织与管理是不可分割的有机整体，正是如此，管理的基本问题就是如何在特定的环境中，运用个中管理方式与方法，将组织稀缺的资源进行优化配置，以达成组织既定的目标。

1．资源有限与资源配置

资源有很多类型。资源可以是无形的，例如团队精神，专业知识。但是也可以是很具体的，例如技术、人力、资金等。除此以外还有其他类型的资源。

（1）人力资本。人力资本是指组织成员的技能、能力、知识以及他们的潜能和协作精神。管理者是企业最昂贵的资源。

（2）金融资产。金融资产是指资本和现金。一个组织拥有的金融资产反映了组织拥有资源的多少。

（3）物质设施。物质设施是指组织存续所需要的诸如土地、办公室、机器设备等物质。

（4）信息资源。

（5）关系资源。组织与其他各方如政府、银行、企业、学校、网络、名人、群众等方面的合作及亲善的程度与广度。

（6）数据资源。搜索引擎、电子商务、社交网络，都聚合了大量的数据，这些数据是企业提高竞争力和发展的重要资源。

而资源是有限的。一方面，全球资源紧缺是一个不争的事实。而我国经济在很大程度上是靠物质资源的高消耗来实现的。另一方面，每一个组织所拥有的资源尽管在数量、质量、种类上都不尽相同，但一定是有限的。因此要做好资源配置的工作。

所谓资源配置是指对不同类型的资源，根据组织目标和产出物内在结构要求，在量、质等方面进行不同配比，并使之在产出过程中始终保持相应的比例，从而使产出物成功产出。管理作为对组织内有限资源有效整合的活动，贯穿于组织资源配置的全过程。就企业资源的配置而言，主要是利用企业的行政机构，通过命令、执行、检查监督等手段来保证资源配置的有效性。

就全社会资源的配置而言，主要寻找市场这只"看不见的手"与政府这只"看得见的手"的黄金平衡点。这样做的主要好处在于：作为市场经济基本规律的价值规律，能够通过市场价格自动调节供给和需求，在全社会形成分工和协调机制；能够通过市场主体之间的竞争，形成激励先进、鞭策落后和优胜劣汰的机制；能够引导资源配置以最小投入取得最大产出。因此，使市场在资源配置中起决定性作用，其实质就是让价值规律、竞争规律和供求规律在资源配置中起决定性作用。同时也要看到，市场调节有某些自发性、盲目性、局限性和事后性等特点，不能把资源配置统统交给市场。而在资源配置中发挥政府作用的长处在于：政府可以根据全局和公益性需求，依靠行政权力和体制进行重要资源配置，调节重要利益关系。但政府也有信息掌握和认知能力的局限性，也会有偏颇、僵滞甚至决策失误的毛病，以至于束缚经济社会的活力。所以，正确认识和处理政府和市场的关系，找到"有形之手"和"无形之手"的黄金平衡点，必须立足于"使市场在资源配置中起决定性作用和更好发挥政府作用"这一条方向性原则。

效益是管理永恒的主题。任何组织的管理都是为了获得某种效益。效益的高低直接影响着组织的生存和发展。管理效益，本质上是资源优化配置的效益。而资源配置取决于四个因素：

1.1　效率

效率是指在保证质量的前提下，企业一定时期内投入和产出的比率。用公式表示，即为：生产率=产出量/投入量（一定时期内；在保证质量的前提下）。

该公式表明，企业可以通过以下方式来"正确地做事"：

（1）投入虽不变而增加产出量。

（2）减少投入量，但保持产出量不变。

（3）在增加产出量的同时减少投入量以提高生产率。

企业的投入包括劳动力、原材料和资金。总要素生产率将各投入要素组合在一起形成综合投入量。以往提高生产率的方法大多是针对工人的，但是，正如彼得·德鲁克教授所言："提高生产率的最大契机来自于知识工作，特别是管理本身。"

1.2 效果

效果通常是指"做正确的事"，即所从事的工作和活动有助于组织达到目标。其目标包括在管理者和雇员之间开放式的沟通以及削减成本。

1.3 效益

效益是有效产出与投入之间的一种比例关系，可从社会和经济这两个不同角度去考察，即社会效益和经济效益。经济效益是讲求社会效益的基础，而讲求社会效益又是促进经济效益提高的重要条件。两者的区别主要表现在：经济效益较社会效益直接、明显；经济效益可以运用若干个经济指标来计算和考核，而社会效益则难以计量，必须借助于其他形式来间接考核；管理应把讲求经济效益和社会效益有机结合起来。

1.4 管理成本

衡量管理效益，必须计算管理成本。根据一般经济学原理，管理成本是实现组织资源有效整合的成本，是组织获得和使用稀缺性的管理资源的代价。管理成本不同于直接的生产成本，是一种体制性成本。主要涵盖以下三个方向：

（1）内部组织成本。主要由构建一个组织框架的组织构建成本和使组织内部的顺利运作的组织运行成本构成，是管理成本的原始内涵。

（2）委托—代理成本。因为股东和管理者之间的委托—代理关系而不可避免产生的费用，具体表现为监督、激励成本、保证成本和"剩余损失"。

（3）外部交易成本。指交易双方可能用于寻找交易对象、签约及履约等方面的一种真实资源的消耗，由搜集成本、谈判成本和履约成本三个基本部分组成。

2. 管理的基本原理

管理是一门科学，有其自身的客观规律，管理的基本原理和方法就是在对这些客观规律总结归纳的基础上形成的。认识和掌握管理的基本原理和方法可以更好地指导管理、活动，解决在管理过程中遇到的实际问题，是做好管理工作的基础。

2.1 系统原理

系统就是若干相互联系、相互作用、相互依赖的要素结合而成的，具有一定的结构和功能，并处在一定环境下的有机整体。系统在自然界和人类社会是普遍存在的小到班组、学校、部门、企业，大到国家、世界都是以系统的形式存在的。作为管理载体的任何组织也都可以视为一个个的系统或子系统。系统原理是现代管理科学的一个最基本的原理。它是从系统论的角度来认识和处理企业管理中出现的问题，运用系统的观点、理论和方法对管理活动进行充分的系统分析，以达到管理的优化目标。

系统具有整体性。系统是一个有机的整体，组成系统的各要素之间、要素与系统之间应当以整体为主进行协调，局部服从整体，以达到整体效果最优。我们通常所说的"整体大于部分之和"，也就是说系统的功能不是各要素功能的简单相加，而是往往大于各部分功能的总和。

系统也具有层次性。在自然界中，从整个宇宙系统到微小的粒子系统；在人类社会中，从世界到家庭，中间存在着若干个层次，各层次之间相互作用、相互联系。一个复杂的大系统可能划分为许多不同层次的子系统以及子系统以下的子子系统，一些小系统也可能综合起来形成一个大系统。因此，在我们面对一个庞大复杂的系统时，可以把它划分为不同的层次进行研究，然后再把这些要素、部分联系起来，考察系统的整体结构和功能。

系统还具有目的性。任何系统的存在都有其目的，若干要素集合在一起，相互作用、相互影响就是为了实现该目的。因此，人们首先应该确定系统的目的，以便依据这个目的进行系统要素的选择、确定要素的联系方式及系统的运行方向。

系统有适应性。系统不是孤立存在的，任何系统都存在于一定的环境中，系统会和周围环境产生各种联系。系统不仅要能被动地适应环境的变化，还要能主动地改变环境，使之适合于自身发展的需要。

系统有相关性。系统中的各组成要素之间存在着相互依存、相互制约的关系，它们相互作用形成完整的系统，使系统具备整体的功能，其中某一要素的变化会影响其他要素和系统整体的变化。

2.2　人本原理

一切管理活动都离不开人，人既是管理的主体，又是管理的客体，人本原理本质上是一种以人为中心的管理思想。它要求将组织内的人际关系放在首位，将管理工作的重点放在激发被管理者的积极性和创造性方面。

人本管理就是以人作为管理的主体。人是管理活动的执行者，管理目标都是作为管理主体的人通过计划、组织、领导、控制、创新等职能来实现的。一个组织中最重要的资源是人，其他资源都需要人来协调，离开人就无所谓管理。因此，人是管理的主体，管理的中心工作就是调动人的积极性，发挥人的主观能动性，激发人的创造性，从而推动组织目标的实现。

人本管理中有效管理的关键是员工参与。每个人都希望在工作中得到尊重和重视，企业提供一个平台，通过各种形式让员工可以在不同程度上参与到企业的各项管理和决策中来，发表自己的意见和看法。员工在参与过程中会觉得自己与管理者处于平等的地位，拉近两者之间的距离，有利于促进两者之间的交流沟通；员工参与管理可以集思广益，同时让企业的决策在企业各层级的员工中得到认同和顺利实施；员工参与管理还有助于提高员工能力，提升员工素质。企业的发展依靠员工，员工在参与企业管理的过程中会增强自身对企业的主人翁意识，激发他们的工作动力和工作热情。

现代管理的核心是使人性得到最完美的发展。管理者在管理过程中应当有意识地引导、塑造下属正面、积极的生活和工作态度，使人性向好的方面发展。管理也是为人服务的。哲学家康德曾说过，"人是目的"。一切管理活动都离不开人。同时管理的根本目的也是服务于人。以人为本，这个"人"不仅包括组织内部成员，还包括与组织有联系的外部人员。服务于人，一方面是指组织应该服务于内部员工，激励员工，发展员工；另一方面是指服务于顾客，满足顾客要求。

2.3　效益原理

追求效益是企业永恒的主题，管理活动自然也以实现高效益为目标。效益是指劳动消耗与获得的劳动成果之间的比较，即产出与投入之间的一种比例关系。产出多于投入即为正效益，反之则为负效益。效益原理就是希望能通过管理者的努力，用尽可能少的劳动占用、劳动消耗获得尽可能多的劳动成果，用低投入获得高产出。

要理解效益原理需要弄清效益是与效果、效率三者之间的关系。这三者之间相互联系又相互区别的概念，效果是劳动投入产出的结果，这种结果不一定能带来效益，只有符合组织目标的效果才能带来效益。效率是单位时间内所取得效果的数量，或者获得单位效果所耗费的劳动投入。单位时间内耗费的劳动投入越少，而取得的效果越大，则意味着效率越高；反之，如果耗费的劳动投入越多，而取得的效果越小，则意味着效率越低。显然，多的效果和高的效率不见得能带来满意的效益；但良好的效益通常是以多的效果和高的效率为前提的。

追求效益是没有错误的，但是企业不能为了追求效益而不择手段。效益原理要求管理者坚持社会效益和经济效益相统一的观点。效益可分为经济效益与社会效益。管理者应当确立可持续发展的效益观，即企业在追求经济效益的同时，应当保持生态环境和社会环境的协调发展。还有追求局部效益与追求全局效益协调一致。局部效益和全局效益是统一的，如果全局效益很差，局部效益一般难以持久。局部效益的提高也会带动全局效益的提高。但局部效益和全局效益有时又会产生冲突，这时必须将全局效益放在首位，部分服从整体。长远效益与当前效益相结合。管理者应该有高瞻远瞩的眼光，不要以牺牲长远利益为代价来换取眼前的蝇头小利。管理者应当保持创新，追求长期稳定的高效益。最后要讲求实效。正确理解效果、效率与效益的关系，不能单纯追求好效果或高效率，而要看它们是否能带来真正的效益。

2.4　责任原理

责任原理是指在合理分工的基础上明确组织各部门和个人必须完成的工作任务和必须承担的相应责任，从而保证和提高组织的效益。要通过合理的职位设计、权限授权实现。基本原则是一定的人对所管的一定的工作完全负责。责任良好履行的前提取决于职位设计和权限授权是否合理，也就是责任、权限、利益和能力是否相互适应。权限的意思是为了保证职责的有效履行，任职者必须具备相应的权力，它决定了对某事项进行决策的范围和程度。实行真正的管理必须借助于一定的权力。利益指的是物质与精神两方面的利益。管理能力由科学知识、组织才能和实践经验三者构成。管理者能够承担多大的责任，取决于他有多大的能力。

管理过程就是追求责、权、利统一的过程。因此，管理中责、权、利三者之间的关系，责任对实现管理目的的影响，以及实现责任原理要求的途径，就是责任原理所研究的问题。职责和权限、利益、能力之间的关系遵循等边三角形定理，职责、权限、利益三者对等，负有什么样的责任，就应该具有相应的权力，同时应该取得相对称的利益。

奖惩要分明、公正而及时。奖罚分明才能体现激励的作用，公正才能对整个组织具有约束作用，及时才能取得奖和罚应有的导向作用。组织应该建立规范健全的奖惩制度，监督责任的履行。

2.5　反馈原理

所谓反馈，是指控制系统把信息传送出去，把其作用结果返送回来，并对信息的再输出发生影响，从而起到控制作用，达到预定的目标。反馈原理就是在管理活动中利用反馈作用，进行协调和控制，以保证有效地实现管理的目标。

反馈分正反馈和负反馈两种，前者使系统的输入对输出的影响增大，后者则使其影响减小。运用反馈原理，会显著改善组织管理系统的功能，提高效率，增强内部的凝聚力、驱动力和竞争力，并使系统本身产生激励发展功能。

及时有效地收集和接收组织系统内外信息，是开展反馈活动的前提，是有效应用反馈原则的基本要求。为此，组织要努力加强信息的接收活动，一方面建立高度灵敏的信息接收部门；另一方面通过加强人员培训、提高接收设备先进性等手段，加强信息接收的科学性，为反馈活动的有效进行提供可靠的保证。

管理者必须对反馈信息作出科学的分析和处理，其中包括去伪存真、对照比较、分门别类等措施，分析其原因，以提供可供决策参考的信息资料。

欲使反馈有效，必须做到以下几点：及时发出反馈信息；给反馈人员以相应的权力和条件，使全体有关人员理解反馈的意见和必要性；确定有效的反馈方法、途径、步骤等。对于组织来讲，应该根据组织自身的客观条件建立起有效的经营活动监控系统；作为管理者，则要善于利用反馈系统提供的信息作出正确的决策。

2.6　弹性原理

弹性具有两方面的含义：一是组织内部应具有适应外界环境变化的应变能力，注意管理活动的动态性。能及时对管理目标作出相应调整；二是当组织外部发生某种不平衡现象时具有自我调整的能力，即保证能在系统内外条件变化时，随时对过程进行调节和控制，以实现最佳的管理效果。

在对系统外部环境和内部情况的不确定性给予事先考虑并对发展变化的诸种可能性及其概率分布，作较充分认识、推断的基础上，在制定目标、计划、策略等方面相适应地留有余地，有所准备以增强组织系统的可靠性和管理对未来态势的应变能力，这就是管理的弹性原理。因此，管理者必须树立全面的积极弹性观念，充分考虑到未来可能出现的多种情况和风险因素，多准备几套备用方案，不要等到真的发生不利的局面时措手不及，只能被动地适应环境变化，失去管理活动的主动性。卓有成效的管理追求的是积极弹性，它是在对变化的未来作科学预测的基础上，留有灵活余地。

组织系统的弹性必须通过增强组织内各组成部分的局部弹性或者通过调整组织系统内各组成部分的相互关系来增强组织系统的应变能力。提高关键环节的弹性，首先，要对某一问题、对象在未来将产生多少不同方向的变化以及变化的概率作出判断；其次，要根据判断采取种种防范措施，防患于未然；再次，在势态处于萌芽状态时，采取措施消除不利因素，促使局面向有利方向发展。通过局部弹性的提高，可以增强整体弹性，但现代管理更多的是从整体入手来解决管理弹性问题。

要增强积极弹性，还必须让计划要留有余地。在制订计划时，既充分考虑到各种有利条件，又充分考虑到各种不利因素，指标既不过高，又不过低，充分留有余地，同时根据外部环境及内部条件的变化，适时、适当地加以调整。组织系统的目标和方案的制定也要留有充分的余地，计划和决策的制定要充分考虑需要与可能。

3.管理的一般方法

管理方法是指用来实现管理目的、保证管理活动顺利进行而运用的手段、方式、途径和措施等的总称。我们利用管理原理指导管理活动，要想将抽象的管理理论转化为具体的实施方案，就要借助于一定的管理方法。管理方法具体包括法律方法、行政方法、经济方法和教育方法。

3.1 法律方法

法律方法是指借助国家法规和组织制度，严格约束管理对象为实现组织目标而工作的一种方法。法律方法实质上是通过国家的强制力量来影响和改变管理活动的。

法律方法的具体形式包括国家的法律法规、组织内部的规章制度、司法和仲裁等。这种方法是严肃的、规范的、强制性的，且广泛适用于管理的各个领域。管理者应该加强法制宣传，强化组织成员的法律意识，加强法律方法的使用效果。

法律方法不能解决所有的管理问题，比如有些行为没有触犯法律却给组织带来了不良的后果，这时候就需要借助于其他管理方法。所以法律方法要和其他的管理方法综合使用，才能达到最佳的管理效果。

3.2 行政方法

行政方法是指依靠行政权威，借助行政手段，直接指挥和协调管理对象的方法，具体形式包括命令、指示、规定、条例、规章、制度及计划、监督等。行政方法具有权威性、强制性、无偿性和垂直性的特点，是组织管理非常行之有效的一种重要方法。

每个组织都有其行政结构，规范组织成员的职责和权限，行政方法实质上是通过组织中的行政职责和职权来进行管理的。在实际的管理过程中，行政方法容易引起被管理者的心理抵抗，单独使用就比较难以维持持久的管理效果。

3.3 经济方法

经济方法是指依靠利益驱动，运用经济手段，通过调节和影响被管理者物质需要而促进管理目标实现的方法，具体形式主要包括价格、信贷、税收、利润、工资、奖罚等。经济方法具有利益性、关联性、灵活性、平等性等特点。物质利益是人们普遍关心的问题，因此经济方法可以在最大程度上调动员工的积极性、主动性和责任感，让员工自觉自发地完成自己的工作。

运用经济方法要注意一些负面作用，容易滋生一切向钱看的不良倾向。人们除了物质需要以外，还有精神层面的需要，经济方法要结合教育方法共同使用。

3.4 教育方法

教育方法是指借助于社会学和心理学原理，运用教育、激励、向通等手段。对被管理者施加影响的方法，具体形式包括宣传教育、思想沟通、激励等。这种方法能够提高组织成员的素质，加强其对组织的价值观念、文化思想的认同感，从而向着组织期望的方向转化。教育方法具有自觉自愿和作用持久的特点，但发挥效果需要一个相对比较长的时期。

教育方法相比其他方法较为灵活，管理者要善于针对不同的管理对象，具体情况具体对待，采用不同的形式解决实际问题。在进行教育时不要使用粗暴的批评和简单的惩罚，要注意沟通方式，做到批评与表扬相结合。

思考题

1. 如何理解管理这一概念？
2. 为什么不同层次的管理还需要具有不同的技能？
3. 科学管理理论的主要内容是什么？对目前的中国企业有什么意义？
4. 法约尔的管理过程理论都包含了什么内容？
5. 韦伯的官僚组织体系是什么样的？如何理解理性化、人性化、随意化？
6. 什么是霍桑试验？霍桑试验的内容有哪些？
7. 行为科学理论的核心内容有哪些？比科学管理理论进步在什么地方？

第二章 决策、计划与目标

【学习目标】

1.理解和掌握决策的概念与类型；
2.掌握决策过程所包括的各阶段的工作内容；
3.掌握影响组织决策的因素；
4.了解选择活动方案的确定型、风险型和非确定型评价方法；
5.掌握计划的概念以及决策概念的辨析；
6.了解计划工作的程序及编制过程各阶段的具体内容。

第一节　决策过程与影响因素

美国著名的管理学家赫伯特·A·西蒙在《管理决策新科学》中，他特别强调："决策几乎与管理是同义的。"在《管理行为》第一版前言里，他说："除了几个假设的结论以外，我没有任何管理原理。如果一定要说本书包含了什么'理论'的话，那就只有：决策行为是管理的核心；管理理论的词汇必须从人类抉择的逻辑学和心理学中导出。"在《管理行为》的第四版导言中，他又说："决策制定过程是理解组织的关键所在。"这些论述，在众多的管理学著作中演化为一句名言："管理就是决策。"西蒙认为："为了解决决策的含义，就是将决策一词从广义上予以理解，这样，它和管理一词几乎同义。"由此可见，决策在管理中的地位非常重要。可以说整个管理过程都是围绕着决策的制定和组织实施而展开的。对于企业的主管人员来说，决策是最困难、最花费精力和最冒风险的事情。因此，近年来决策活动引起了管理学家、心理学家、社会学家以至数学家和计算机科学家们的极大关注，形成一个独立的研究领域，称为决策科学。

1.决策的概念与构成要素

1.1　决策的基本概念

关于决策的定义，不同的学者理解也不尽一致。

美国学者亨利·艾伯斯认为，决策有狭义和广义之分。狭义地说，决策是在几种行为方针中作出选择；广义地说，决策还包括在作出选择之前必须进行的一切活动。

管理学教授里基·格里芬在《管理学》中指出，"决策是从两个以上的备选方案中选择一个的过程"。

美国学者詹姆斯·斯通纳、爱德华·弗雷曼、丹尼尔·小吉尔伯特在《管理学教程》中把决策理解为选择一系列的行动去处理某个问题或利用某个机会，它是管理工作中最重要的组成部分。

西蒙对决策的解释较为宽泛，他的名言是"管理就是决策"。

当代系统管理学家卡特物认为，决策就是进行判断和作出决定，即对两个以上的方案进行的考虑、权衡与选择；行为是实现决策目标的过程，人们逼近目标靠的是不断进行决策和实现它们。

尽管观点众多，但基本内涵大致相同，区别主要在于对决策概念作狭义的理解还是广义的理解。所以，决策就是指组织或个人为了实现某种目标而对未来一定时期内有关活动的方向、内容及方式的选择和调整过程。这个概念说明了决策的主体既可以是组织，也可以是组织中的个人；决策要解决的问题，既可以是组织或个人活动的选择，亦可以是对这种活动的调整；决策选择或调整的对象，既可以是活动的方向和内容，亦可以是在特定方向下从事某种活动的方式；决策涉及的时限，既可以是未来较长的时期，亦可仅仅是某个较短的时段。在管理学研究中，决策是作为"决策制定过程"来理解的，而不仅仅指选择、决定和抉择的那一刻的行为。

1.2　决策的构成要素

虽然决策活动形形色色，但不论哪种决策，都有几项共同的构成要素。第一要有决策者，他可以是单独的个人或组织群体的机构。第二要有决策目标，也就是说要有决策行动所期望达到的成果和价值。第三客观状态，不以决策者主观意志为转移的情况和条件。第四要有备选方案，并且是可供选择的各种可行方案。第五要有决策准则，表现为选择方案所依据的原则和对待风险的态度。第六决策后果，即决策行动所引起的变化或结果。

决策的上述 6 个构成要素之间是密切关联的。例如，决策准则会影响到决策者对决策后果的评价，而决策后果又与自然状态和备选方案之间是对应的关系。

1.3　决策的有效性标准

一项决策质量是好是坏，效果如何，必须得到及时准确的评价，以便于改进决策工作。

（1）决策的质量或合理性，即所做出的决策在多大程度上有益于实现组织的目标。辨明问题的性质，是一再发生的常规性问题，还是偶然事件。前一类问题的发生一般有较为固定的原因，可根据已有的规则进行决策；偶然事件则应根据实际情况作个别处理。

（2）确定决策的目标，最低要达到的目的，或主要目的。在确定目标时要抓住主要矛盾。切忌被一些琐碎的事务所缠绕，头绪不清，致使偏离正确决策的方向。

（3）决策的可接受性，即所做出的决策在多大程度上是下属能够接受并付诸实施的；当然也不要以"能否被人接受"来影响决策过程。讨论决策时，只要别人的意见不妨碍达到最低的目标，就可以采用折中的决策。但如果不以实现目标为核心，而以能否被人接受为宗旨，这样的决策必然是无效的。

（4）决策的经济性，即做出与执行决策所需要的投入在经济上考虑是否合理。决策的时效性，即做出与执行决策所需要的时间和周期长短；在决策执行过程中，要跟踪收集反馈信息，以检验决策的适用性和有效性，并对决策进行必要的调整和修改。

以上四个方面的要求必须在决策效果评价中得到综合考虑，才会取得好的效果。

2.决策的类型

决策根据它所要决策的问题的性质和内容，可以分成许多不同的类型。管理者在决策前，首先要了解所要解决问题的特征，以便按不同的决策类型，采取不同的决策方法。

2.1 群体决策与个体决策

案例导入

近年来北京的高中低各档商场以多种不同的经营形式与风格出现在首都人的面前。由于商业网络密布致使许多零售企业的盈利下降。而此时的巴巴拉零售联盟组织的利润却大幅度上升。

巴巴拉零售联盟组织的高级管理人员将这一盈利成绩归功于其相对新型的管理方法。这种方法是从日本同行那里学来的——以"集体决策"的方式作为企业管理的中心。

现任董事长王勃先生行使协商一致的管理方法使管理人员有足够的机会参与企业的主要决策。这样做的最大好处是可以帮助管理人员了解公司组织各个层次的工作状况。同时集体管理的方法有利于培养管理人员。例如某委员会的工作涉及诸如策略问题等政策领域，通过集体参与，使许多年轻的管理人员逐渐熟悉了公司所面临的关键问题。

尽管巴巴拉零售联盟组织的大多数管理人员认为集体管理方法很成功但也有少数人持反对态度，马骏就是其中态度最坚决的一位。他认为管理人员参加委员会会议是浪费时间，集体决策是妥协的产物，而且最终产生的可能不是最佳决策。

然而他的同事们却指出集体管理方法打破了一些部门之间的壁垒，促进了部门之间的协调。他们承认集体制定计划可能是费时的，但计划的实施却很迅速。再者他们认为集体管理方法鼓励管理人员去探索比个人决策更多的可供选择的方案，有年龄不同、观点不同的人参加，是一种极佳的投入。

马骏不同意这些意见。他指出"巴巴拉"集体管理之所以行得通只是由于现任董事长的管理风格在很大程度上影响着大家。一旦他退休了新的董事长是否会保持这一管理风格并不能肯定，到那时"巴巴拉"管理人员之间的合作也就结束了。(根据网络资料整理)

2.1.1 群体决策与个体决策的优缺点

从决策主体来看，可将决策分成群体决策和个体决策。个人决策是决策权限集中于个人的决策，受个人知识、经验、心理、能力、价值观等个人因素的影响较大，决策过程带有强烈的个性色彩。通常，个人决策的质量和效果低于群体决策，但个人决策一般比群体决策的速度要快。

群体决策是决策权由集体共同掌握的决策，是民主参与管理或全员参与制度的体现。群体决策是为充分发挥集体的智慧，由多人共同参与决策分析并制定决策的整体过程。在群体决策中，参与者的互动既可能导致优势互补，也可能导致弱势叠加。群体决策的优点主要体现在：由于是集思广益，所以能提高决策质量；同时由于是集体参与决策，所以增加了组织成员对决策的接受性。群体决策的主要缺点是决策的效率相对较低，决策所用的时间较长。

综上所述，比较而言，个体决策和群体决策都各具优缺点，但两者都不能适用于所有情况。群体决策相对于个体决策的优点是：

(1)可以提高决策的科学性。"三个臭皮匠胜过一个诸葛亮"是一句常用的格言。一个组织将带来个人单独行动所不具备的多种经验和不同的决策观点。具有不同背景、经验的不同成员在收集信息、要解决问题的类型和解决问题的思路上往往都有很大差异，他们的广泛参与有利于提高决策的全面性，提高决策的科学性。

（2）能够产生更多的方案。因为组织拥有更多数量和种类的信息，能比个人制订出更多的方案。当组织成员来自不同专业领域时，这一点就更为明显。由于决策群体的成员来自不同部门，从事不同的工作，熟悉不同的知识，掌握不同的信息，因此容易形成互补性，进而挖掘出更多令人满意的行动方案。

（3）容易得到普遍的认同，有助于决策的顺利实施。许多决策在做出最终选择后却以失败告终，这是因为人们没有主动接受方案，只是被动的服从。但是如果让人们参与了决策的制定，他们更可能接受决策，并鼓励他人也接受它。

（4）提高合法性。群体决策制定过程是民主的，因此人们觉得组织制定的决策比个人制定的决策更合法。拥有全权的个人决策者不与他人磋商，这会使人感到决策是出自于独裁和武断。

群体决策也有缺点，例如耗时长，速度、效率可能低下。因为群体里的成员有不同领域的专家，都力争以民主方式拟订最满意的行动方案显然要花时间。因为其成员之间的相互影响有可能导致陷入盲目讨论的误区，既浪费了时间，又降低了速度和决策效率。还有很可能出现以个人或小群体为主发表意见、进行决策的情况。因为组织职位、经验、语言技巧、自信心等因素不同而成为单个或少数成员驾驭组织中其他人的机会。另外群体思维也可能抑制不同观点、少数派和标新立异以取得一致。群体思维削弱了组织中的批判精神，损害了最后决策的质量。最后在组织决策中，任何一个成员的责任都被冲淡了，有可能导致责任不清。

为了达到更有效的群体决策，群体不宜过大，小到5人，大到15人即可。有证据表明，5人或7人的组织在一定程度上是最有效的。因为5和7都是奇数，可避免不愉快的僵局。

为了有效地利用群体决策的优点，可以采取以下办法：

（1）采用设定最后期限的办法来控制时间和费用。

（2）对于个性特别强的成员，或者从名单中排除，或者可以将几位同样性格的成员放在一起，以避免决策被某一个人所主导。

（3）为避免产生"群体思维"，每一个成员都应该以一种批评的态度评价所提出的方案。

（4）组织的领导者应当避免过早暴露自己的观点，在达成最终决策之前给每一个成员提出不同意见的机会。

组织决策中的群体决策与个体决策从决策行为的目的来看都是"为了组织的决策"，即使这种决策只是由组织中的某一人或某些人来做出的。因为，同组织中的其他活动一样，组织决策也需要进行工作分工，并将决策权落实到有关的个体或群体，但是为了保证这些个体或群体能真正从组织目标角度做出决策，就必须采取相应的影响和控制措施。

个人决策与群体决策的优劣是相对而言的，不是绝对的。所以具体使用时，应根据实际情况和条件，决定到底是适合采用个人决策还是群体决策。

2.1.2 群体决策的形式

最常用的群体决策的形式有四种，即头脑风暴法、德尔菲法、名义群体法和电子会议。

1）头脑风暴法

头脑风暴法（brain storming），又称智力激励法、BS法。它是由美国创造学家A. F. 奥斯本于1939年首次提出、1953年正式发表的一种激发创造性思维的方法。它是一种通过小型会议的组织形式，让所有参加者在自由愉快、畅所欲言的气氛中，自由交换想法或点子，并以此激发与会者创意及灵感，使各种设想在相互碰撞中激起脑海的创造性"风暴"。它适合于解决那些比较简单、严格确定的问题，比如研究产品名称、广告口号、销售方法、产品的多样化研究等，以及需要大量的构思、创意的行业，如广告业。

头脑风暴的原理在于，在群体决策中，由于群体成员心理相互作用影响，易屈于权威或大多数人意见，形成所谓的"群体思维"。群体思维削弱了群体的批判精神和创造力，损害了决策的质量。为了保证群体决策的创造性，提高决策质量，管理上发展了一系列改善群体决策的方法，头脑风暴法是较为典型的一个。头脑风暴法又可分为直接头脑风暴法（通常简称为头脑风暴法）和质疑头脑风暴法（也称反头脑风暴法）。前者是在专家群体决策尽可能激发创造性，产生尽可能多的设想的方法，后者则是对前者提出的设想、方案逐一质疑，分析其现实可行性的方法。采用头脑风暴法组织群体决策时，要集中有关专家召开专题会议，主持者以明确的方式向所有参与者阐明问题，说明会议的规则，尽力创造出融洽轻松的会议气氛。主持者一般不发表意见，以免影响会议的自由气氛，由专家们"自由"提出尽可能多的方案。

头脑风暴法的操作程序为：

（1）准备阶段。

负责人应事先对所议问题进行一定的研究，弄清问题的实质，找到问题的关键，设定解决问题所要达到的目标。同时选定参加会议人员，一般以5~10人为宜，不宜太多。然后将会议的时间、地点、所要解决的问题、可供参考的资料和设想、需要达到的目标等事宜一并提前通知与会人员，让大家做好充分的准备。

（2）热身阶段。

这个阶段的目的是创造一种自由、宽松、祥和的氛围，使大家得以放松，进入一种无拘无束的状态。主持人宣布开会后，先说明会议的规则，然后随便谈点有趣的话题或问题，让大家的思维处于轻松和活跃的境界。

（3）明确问题。

主持人扼要地介绍有待解决的问题。介绍时须简洁、明确，不可过分周全，否则，过多的信息会限制人的思维，干扰思维创新的想像力。

（4）重新表述问题。

经过一段讨论后，大家对问题已经有了较深程度的理解。这时，为了使大家对问题的表述能够具有新角度、新思维，主持人或书记员要记录大家的发言，并对发言记录进行整理。通过记录的整理和归纳，找出富有创意的见解，以及具有启发性的表述，供下一步畅谈时参考。

（5）畅谈阶段。

畅谈是头脑风暴法的创意阶段。为了使大家能够畅所欲言，需要注意的问题是：第一，不要私下交谈，以免分散注意力。第二，不妨碍及评论他人发言，每人只谈自己的想法。第三，发表见解时要简单明了，一次发言只谈一种见解。主持人首先要向大家宣布这些规则，随后引导大家自由发言，自由想像，自由发挥，使彼此相互启发，相互补充，真正做到知无不言、言无不尽，畅所欲言，然后将会议发言记录进行整理。

（6）筛选阶段。

会议结束后的一两天内，主持人应向与会者了解大家会后的新想法和新思路，以此补充会议记录。然后将大家的想法整理成若干方案，再根据可识别性、创新性、可实施性等标准进行筛选。经过多次反复比较和优中择优，最后确定 1～3 个最佳方案。这些最佳方案往往是多种创意的优势组合，是大家集体智慧综合作用的结果。

2）德尔菲法

德尔菲法是在 20 世纪 40 年代由 O·赫尔姆和 N·达尔克首创，经过 T·J·戈尔登和兰德公司进一步发展而成的。德尔菲这一名称起源于古希腊有关太阳神阿波罗的神话。传说中阿波罗具有预见未来的能力。因此，这种预测方法被命名为德尔菲法。1946 年，兰德公司首次用这种方法用来进行预测，后来该方法被迅速广泛采用。

德尔菲法也称专家调查法，是一种采用通讯方式分别将所需解决的问题单独发送到各个专家手中，征询意见，然后回收汇总全部专家的意见，并整理出综合意见。随后将该综合意见和预测问题再分别反馈给专家，再次征询意见，各专家依据综合意见修改自己原有的意见，然后再汇总。这样多次反复，逐步取得比较一致的预测结果的决策方法。

德尔菲法依据系统的程序，采用匿名发表意见的方式，即专家之间不得互相讨论，不发生横向联系，只能与调查人员发生关系，通过多轮次调查专家对问卷所提问题的看法，经过反复征询、归纳、修改，最后汇总成专家基本一致的看法，作为预测的结果。这种方法具有广泛的代表性，较为可靠。

德尔菲法最初产生于科技领域，后来逐渐被应用于任何领域的预测，如军事预测、人口预测、医疗保健预测、经营和需求预测、教育预测等。此外，还用来进行评价、决策、管理沟通和规划工作。

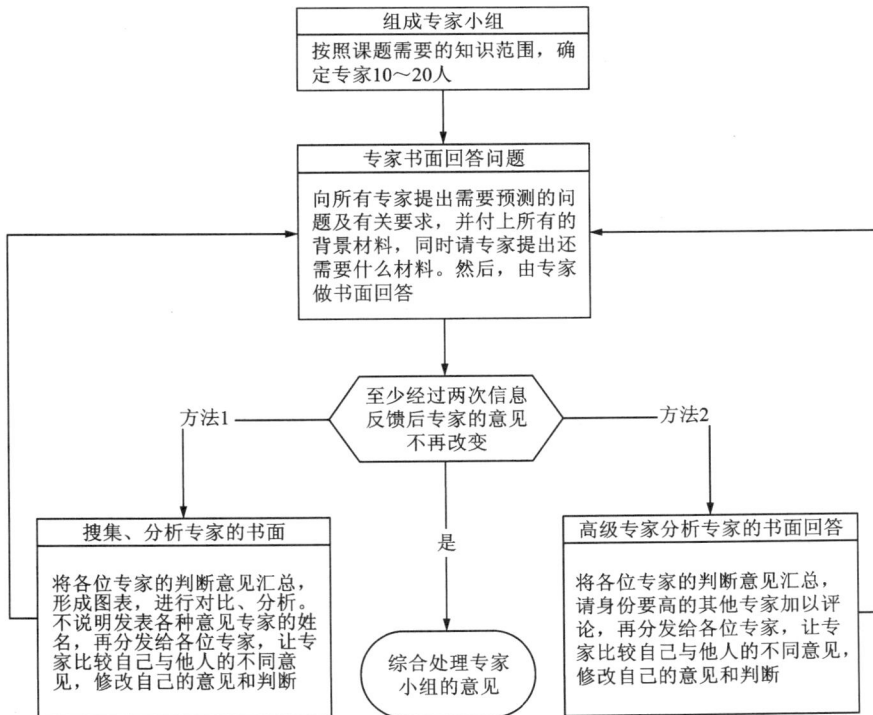

图 2-1　德尔菲法的实施步骤

德尔菲法的具体实施步骤(图 2 - 1)如下:

(1)组成专家小组。按照课题所需要的知识范围,确定专家。专家人数的多少,可根据预测课题的大小和涉及面的宽窄而定,一般不超过 20 人。

(2)向所有专家提出所要预测的问题及有关要求,并附上有关这个问题的所有背景材料,同时请专家提出还需要什么材料。然后,由专家做书面答复,各个专家根据他们所收到的材料,提出自己的预测意见,并说明自己是怎样利用这些材料并提出预测值的。

(3)将各位专家第一次判断意见汇总,列成图表,进行对比,再分发给各位专家,让专家比较自己同他人的不同意见,修改自己的意见和判断。也可以把各位专家的意见加以整理,或请身份更高的其他专家加以评论,然后把这些意见再分送给各位专家,以便他们参考后修改自己的意见。

(4)将所有专家的修改意见收集起来,汇总,再次分发给各位专家,以便做第二次修改。逐轮收集意见并为专家反馈信息是德尔菲法的主要环节。收集意见和信息反馈一般要经过三四轮。在向专家进行反馈的时候,只给出各种意见,但并不说明发表各种意见的专家的具体姓名。这一过程重复进行,直到每一个专家不再改变自己的意见为止。

(5)对专家的意见进行综合处理。

由于专家组成成员之间存在身份和地位上的差别以及其他社会原因,有可能使其中一些人因不愿批评或否定其他人的观点而放弃自己的合理主张。要防止这类问题的出现,必须避免专家们面对面的集体讨论,而是由专家单独提出意见。

另外对专家的挑选应基于其对企业内外部情况的了解程度。专家可以是第一线的管理人员,也可以是企业高层管理人员和外请专家。例如,在估计未来企业对劳动力需求时,企业可以挑选人事、计划、市场、生产及销售部门的经理作为专家。

这种方法一般不用于日常事务的决策,但在许多重大问题的预测和决策中被认为具有显著的效果。

3)名义群体法

所谓名义群体法,是指群体成员在决策过程中虽然也要坐在一起,如参加传统委员会会议一样,群体成员必须出席,但他们是独立思考的。这种方法的主要优点在于,使群体成员正式开会但不限制每个人的独立思考,主要用于提出新颖并富于创造性的方案和主意。而传统的会议方式往往做不到这一点。

具体来说,它遵循以下步骤:

成员集合成一个群体;但在进行任何讨论之前,每个成员独立地写下他对问题的看法。

经过一段沉默后,每个成员将自己的想法提交给群体。然后一个接一个地向大家说明自己的想法,直到每个人的想法都表述完并记录下来为止(通常记在一张活动挂图或黑板上)。在所有的想法都记录下来之前不进行讨论。

群体现在开始讨论,以便把每个想法搞清楚,并作出评价。

接下来每一个群体成员独立地把各种想法排出次序,最后的决策是综合得分排序最高的想法。

4)电子会议

电子会议分析法(electronicmeetings)是群体预测与计算机技术相结合的预测方法。在使用这种方法时,先将群体成员集中起来,每人面前有一个与中心计算机相连接的终端。群体成员将自己有关解决政策问题的方案输入计算机终端，然后再将它投影在大型屏幕上。这是一种最新的群体决策方法。专家们认为，电子会议法比传统的面对面的会议快55%。例如，佛尔普斯·道奇采矿公司(Phelps Dodge Mining)运用这种方法，使它们的年度计划会议从几天缩短到12小时。

电子会议的主要优点是匿名、诚实和快速。它使决策参与者能不透露姓名地表达出自己所要表达的任何信息，一敲键盘即刻显示在屏幕上，使所有的人都能看到。它消除了闲聊和讨论跑题，且不必担心打断别人的"讲话"。但电子会议也有缺点，那些打字快的人使得那些口才虽好但打字慢的人相形见绌；再有，这一过程缺乏面对面沟通所能传递的丰富信息。二是在运用这种预测方法时，由于是匿名，因而无法对提出好的政策建议的人进行奖励。但可以预计，随着此项技术的发展，未来的组织决策很可能会广泛地使用电子会议技术。

2.2 初始决策与追踪决策

从决策需要解决的问题看，可将组织决策分成初始决策和追踪决策。

初始决策是指组织对从事某种活动或从事该种活动的方案所进行的初次选择；追踪决策则是在初始决策的基础上对组织活动方向、内容或方式进行的重新调整。组织中的大部分决策都属于追踪决策。

初始决策的实施对环境的影响表现在两个方面：

第一，随着初始决策的实施，组织与外部的协作单位已经发生了一定关系，比如，企业为了开发某种产品，已经组织了资源供货渠道，已经向有关厂家订购了生产这种产品必需的某些设备等。

第二，随着初始决策的实施，组织内部的有关部门和人员已经投入相应活动。随着这种活动的不断进行，这些部门和人员不仅对自己的劳动成果(或初步成果)以及这种劳动本身产生了一定的感情，而且他们在组织中的未来也可能在很大程度上与这种活动的继续命运相系。

因此，如果改变原先的决策，会在不同程度上遭到外部协作单位以及内部执行部门的反对。由于这种反对，这些单位和部门可能在追踪决策时提供并非客观的信息和情报。

与初始决策相比，追踪决策具有如下的特征：

1)回溯分析

回溯分析，就是对初始决策的形成机制与环境进行客观分析，列出须改变决策的原因，以便有针对性地采取调整措施。当然，追踪决策是一个扬弃的过程，对初始决策的"合理内核"还应保留。因此，回溯分析还应挖掘初始决策中的合理因素，以其作为调整或改变的基础。

2)非零起点

初始决策是在有关活动尚未进行、对环境尚未产生任何影响的前提下进行的。追踪决策则不然，它所面临的条件与对象，已经不是处于初始状态，而是初始决策已经实施，因而受到了某种程度的改造、干扰与影响。也就是说，随着初始决策的实施，组织已经消耗了一定的人、财、物资源，环境状况因此而发生了变化。

3)双重优化

初始决策是在已知的备选方案中择优，而追踪决策则需双重优化，也就是说，追踪决策所选的方案，不仅要优于初始决策——因为只有在原有的基础上有所改善，追踪决策才有意义，而且要在能够改善初始决策实施效果的各种可行方案中，选择最优或最满意者。第一重优化是追踪决策的最低要求，后一重优化是追踪决策力求实现的根本目标。

2.3 战略决策与战术决策

从决策调整的对象和涉及的时限来看，组织的决策可分为战略决策和战术决策。

战略决策，指的是对全局、长远、整体性的重大问题进行的决策，这种决策通常都由高层管理者来加以引导。它多是复杂的、不确定性的决策，涉及组织与外部环境的关系，常常依赖于决策者的直觉、经验和判断能力。比如，企业使命目标的确定，企业发展战略与竞争战略，收购与兼并，产品转向，技术引进和技术改造，厂长、经理人选确定，组织结构改革等。战略决策要求抓住问题的关键，而不是注重细枝末节的面面俱到。

与战略决策相对应的战术决策，通常包括管理决策和业务决策均属于执行战略决策过程的具体决策。战术决策的标准，来自于战略决策所规定的目标。战术是为战略服务的，是实现战略的手段和环节。其中，管理决策是对企业人、财、物等有限资源进行调动或改变其结构的决策，涉及信息流、组织结构、设施等。

战略决策与战术决策的区别可概括为以下三点：

（1）从调整对象看，战略决策调整组织的活动方向和内容，战术决策调整在既定方向和内容下的活动方式。战略决策解决的是"做什么"的问题，战术决策解决的是"如何 做"的问题。前者是根本性决策，后者是执行性决策。

（2）从涉及的时间范围来看，战略决策面对的是组织整体在未来较长一段时间内的活动，战术决策需要解决的是组织的某个或某些具体部门在未来各个较短时间内的行动方案。组织整体的长期活动目标需要靠具体部门在作业的各阶段中通过实施战术决策而实现。因此，战略决策是战术决策的依据，战术决策是在战略决策的指导下制定的，是战略决策的落实。

（3）从作用和影响上看，战略决策的实施是组织活动能力的形成与创造过程，战术决策的实施则是对已形成能力的应用。因此，战略决策的实施效果影响组织的效益与发展，战术决策的实施效果则主要影响组织的效率与生存。

战略决策和战术决策是相互依存和相互补充的，战术决策是实现战略决策的必需的步骤和环节，没有战术决策，再好的战略决策也只是空想；反之，战略决策是战术决策的前提，没有战略决策，战术决策也就失去了意义，因而对组织的存在与发展也是无益的。

2.4 程序化决策与非程序化决策

按问题的重复程度和有无先例可循，决策可以分为程序化决策和非程序化决策。

程序化决策是指那些例行的、按照一定的频率或间隔重复进行的决策。程序化决策处理的主要是常规性、重复性的问题。处理这些问题的特点，就是要预先建立相应的制度、规则、程序等，当问题再次发生时，只需根据已有的规定加以处理即可。现实中有许多问题都是经常重复出现的，如学生请假、日常任务安排、常用办公用品的采购等。因为这些问题反复多次出现，人们可以制定出一套例行程序来，所以，每当这些问题出现时就可以依例处理。

程序化决策虽然在一定程度上限制了决策者的自由，但这种方式大大减少了决策者的决策时间，在日常事务管理中更能显示其优越性：决策者把日常事务制度化、程序化，把权力下放给下属依程序办事，从而节约时间。例如决策者根据市场需求并结合本企业的实际情况，设立合理的组织机构，聘请专家、顾问，按照一定的程序处理信息，最后由决策者结合自己的经验作出决策。

程序化决策有两种形式。第一，内在程序化。这是指决策的制定，从信息收集到最后拍板，全都由一个人完成。这种决策也并不是没有程序限制，而是程序化所要求的决策制定过程中各个环节上的活动，都由一个人承担完成。其程序主要是体现在决策制定人个人的思维过程之中，是他在大脑中思考和分析相关决策问题也依一定的程序进行。这种程序化所强调的是，决策制定人必须在深思熟虑的基础上做出选择。第二，外在程序化。这是把决策制定过程中所必须完成的多个阶段、多个方面、多个环节的工作，交由不同的人分别承担完成，并且相互制衡，以保证决策的制定免受个人情绪、情感、思维方式和个人偏好的影响。

无论哪种形式的程序化，在决策的制定过程中，都必须深入思考，思考以下几个方面的问题：

(1)决策究竟要达到什么目标？这一目标真的是企业的发展所必需的吗？

(2)服务于这一目标达成的现有资源状况如何？这种资源约束是否还有突破的途径？

(3)有多少条途径可以达成这一目标？每一条途径所需要的资源和条件又各有什么不同？

(4)企业现有的资源能支持哪几条途径？

(5)哪条途径对资源限制最小？哪条途径所需要的资源投入最少？

(6)还有没有更有效的途径可供选择？

非程序化决策是指那些非例行的、很少重复出现的决策。在这种决策中，变量更多的是人的意志因素。所以，这种决策就不是一种可以在数理基础上完成的逻辑选择。这类决策主要处理的是那些非常规性的问题。这种决策的贯彻实施还会引起决策所影响对象的有意识反应，比如竞争对手采取与之相对应的措施，这就导致决策与决策实施结果之间关系的进一步复杂化。这种决策，是无法通过建立数学模型来为决策人制定决策提供优化方案的，在这种决策中，变量更多的是人的意志因素。

进行科学的非程序决策，应该遵循以下四条原则：

(1)掌握决策对象的有关资料，紧紧抓住决策的关键要素。

决策的两个客观要素是目标与环境，决策过程就是通过对环境的不断分析和识别，确定具体的目标。全部的环境要素，按照它们同目标之间的关系可以分两大类：一类是对目标起关键作用的要素即关键要素；另一类因素对目标有影响但不起关键作用即辅助要素。非程序决策要从大量的有关决策对象的情报资料中把握关键要素，关键要素把握得越准，决策的质量就越高。把握关键要素要适当，太多或太少都会影响决策的质量。我们应该注意的是，关键要素随目标和环境的变化而变化，准确地把握关键要素，是有效决策的必要条件，领导者一定要根据实际情况，及时准确地抓住关键要素。

(2)听取不同意见，让下级参与决策。

严格的科学程序决策要求充分重视和发展智囊专家的作用，然而在非程序化决策中，一般说来都没有智囊专家参与，许多规模较小的单位或时间紧迫的决策场合也根本找不到智囊专家，许多日常决策也不一定非要智囊专家参加。在这种情况下为了保证决策的可靠性和准确性，领导者应该重视听取各方面的意见，尽可能让下级参与决策。对于需要保密的事情，可在做好保密工作的前提下征求意见。决策的效果最终是由决策的质量和人们认同的程序这两个方面的因素决定的，听取不同意见，让下级参与决策，除了提高决策的质量外，还有利于提高下级对决策的认同程序，得到下级的支持。当然，听取下级意见并不是被下级的意见所左右，对下级的意见要注意分析，领导者永远都是决策的主人。

（3）实事求是，解放思想的创造性原则。

非程序化决策解决的是实践过程中，不断涌现出来的新情况，新问题，没有现成的经验和办法可循，需要发挥创造性思维。没有创造性思维，非程序化决策就是一句空话。要提高自己的创造性决策能力，就必须解放思想，敢于打破僵化的陈规陋习，敢于向传统挑战；同时要加强培养自己的逻辑思维、联想和想像能力，以及直觉和顿悟灵感能力。

（4）只作属于自己职责范围内的决策。

美国总统罗斯福有一句名言："一位最佳的领导者，是一位知人善任者，在下级甘心从事于其职守时，领导要有自我约束力量，不要随意插手干涉他们。"如果领导者代替自己的下级做决策，既浪费了自己宝贵的时间和精力，又会造就一批没有主见没有责任感的下级。一个人的精力和能力是有限的，事必躬亲的领导者肯定无法作出高质量的非程序决策。

程序化决策与非程序化决策的划分不是绝对的，二者之间并没有严格的界限，在特定的条件下，二者还可以相互转化。例如，一项关于定价的程序化决策，可能会因为原料与产品供应情况、生产需求情况、竞争对手定价策略等方面的变化而转化为非程序化决策。同样，有关某项资源分配的非程序化决策也可能会因为信息的充分性而向程序化决策转化。完全的程序化决策与完全的非程序化决策仅仅代表着事情存在的两个极端状态，在它们之间还存在着许多其他类型的决策状态。正如西蒙曾经论述的："它们并非真是截然不同的两类决策，而是一个像光谱一样的连续统一体，其一端为高度程序化的决策，另一端为高度非程序化的决策。我们沿着这个光谱式的统一体可以找到不同灰色梯度的各种决策，而我采用程序化和非程序化两个词也只是用来作为光谱的黑色频段和白色频段的标志而已。"

2.5　经验决策与科学决策

根据决策者是基于经验还是基于科学分析做出决策，可以将决策方法区分为经验决策和科学决策。所谓经验决策，是指决策者主要根据其个人或群体的阅历、知识、智慧、洞察力和直觉判断等人的素质因素而做出决策。这是领导者经常用的决策类型，也是最传统、最常见的决策类型。

这种决策方法的主要缺陷表现为：决策优劣过于依赖决策者的个人因素，组织兴衰成败都与少数决策者紧密相连。"其人存，则其政举；其人亡，则其政息。"在决策问题愈来愈复杂、愈来愈不确定，决策影响愈来愈深远和广大的今天，单凭个人经验办事已经很不适用，于是科学决策法便应运而生。

所谓科学决策，是指以科学预测、科学思考和科学计算为根据来做出决策。科学决策离不开定量分析方法的开发和应用，但过分地追求决策问题的数字化、模型化和计算机化这些"硬"的决策技术，将使科学决策走向"死胡同"。在决策问题存在不确定性因素的条件下，依靠"软"专家的直觉判断和定性分析，可能比定量方法更有助于形成正确的决策。前面我们介绍过的德尔菲法就被广泛地应用于复杂问题的决策过程中。西方国家近年来正致力于将电子计算机技术应用于建立"专家系统"，以提高直觉判断的准确程度。现代意义上的定性决策方法已不再是传统的一般经验决策。

经验决策与科学决策的本质区别在于方式方法的不同。经验决策的主体一般表现为个体，而科学决策是集体智慧的产物；经验决策主要凭借决策者的主体素质，科学决策则尽可能采用先进的技术和方法；经验决策带有直观性，而科学决策不排斥经验，但注重在理论的指导下处理决策问题。因此，应该把经验决策与科学决策结合起来，实现决策的科学化。

2.6　确定型决策、风险型决策和不确定型决策

按决策的问题的条件分类为确定型决策、风险型决策和不确定型决策。

确定型决策是指决策过程的结果完全由决策者所采取的行动决定的一类问题，它可采用最优化、动态规划等方法解决。确定型决策应具备的条件：

（1）存在着决策人希望达到的一个明确目标。

（2）只存在一个确定的自然状态。

（3）存在着可供选择的两个或两个以上的行动方案。

（4）不同的行动方案在确定状态下的损失或利益值可以计算出来。

风险型决策是指决策者对决策对象的自然状态和客观条件比较清楚，也有比较明确的决策目标，但是实现决策目标必须冒一定风险。由于每个备选方案都会遇到几种不同的可能情况，而且已知出现每一种情况的可能性有多大，即发生的概率有多大，因此在依据不同概率所拟订的多个决策方案中，不论选择哪一种方案，都要承担一定的风险。常用的方法有以期望值为标准的决策方法、以等概率（合理性）为标准的决策方法、以最大可能性为标准的决策方法等。

不确定型决策是指决策人无法确定未来各种自然状态发生概率的决策。不确定型决策的主要方法有等可能性法、保守法、冒险法、乐观系数法和最小最大后悔值法。

2.7　激进型决策与保守型决策（根据后来决策与先前决策的一致性程度划分）

激进型决策是对先前决策目标、手段有突破性改变和创新性作为的决策，它要求决策者敢于变革，勇于进取。保守型决策是对前决策或维护保持或进行微调的决策，它要求决策者保持承诺，推进变革。

3.决策的特点

导入阅读

一群老鼠吃尽了猫的苦头，他们召开全体大会，号召大家贡献智慧，商量对付那些猫的万全之策，争取一劳永逸地解决事关大家生死存亡的大问题。

众老鼠冥思苦想。有的提议培养猫吃鱼吃鸡的新习惯，有的建议加紧研制毒猫药。最后还是一只老奸巨猾的老鼠出的主意让大家佩服得五体投地，连呼高明：那就是给猫的脖子上挂上个铃铛，只要猫一动，就有响声，大家就可事先得到警报，躲起来。

这一决议终于被一致通过，但决策的执行者却始终产生不出来。高薪奖励，颁发荣誉证书等办法都用上了，但无论什么高招，都没有老鼠站出来去执行这一决策。至今，老鼠们还在自己的各种媒体上争论不休。

这个故事告诉我们一个道理，那就是再好的决策，如果不能够去行动，那么任何决策都是没有意义的。决策与想法不在于多么英明，而在于能否实行。管理者不仅是个决策者，还是个不折不扣的行动者。在一个团队里，执行很重要，但是决策更重要。错误的决策加上超级的执行，反而会让团队更深地误入歧途。

选择或调整组织在未来一定时间内活动方向、内容或方式的组织决策具有以下主要特点：

1）目标性

决策是为了实现特定目标的活动，没有目标就无从决策。任何组织或者个人决策都有一个确定的组织活动目标。目标是组织在未来特定时限内完成任务程度的标志。

2）可行性

决策方案的拟订和选择，不仅要考察采取某种行动的必要性，而且要注意实施条件的限制。组织的任何活动都需要利用一定的资源。缺少必要的人力、物力和技术条件，理论上完善的方案也无法付诸实施。

3）可选择性

决策的基本含义是抉择。如果只有一种方案，无选择余地，也就无所谓决策。没有比较就没有鉴别，更谈不到所谓"最佳"。在制订可行方案时，应满足整体完整性和相互排斥性要求。

4）满意性

决策的原则是满意原则，而非最优原则。最优原则往往只是理论上幻想，因为它要求决策者了解与团队活动有关的全部信息；要求决策者能正确地辨识全部信息的有用性，了解其价值，并能根据此制定出没有任何疏漏的行动方案；要求决策者能够准确地计算每个方案在未来的执行结果。

然而，在管理过程中，这些条件是难以具备的。首先，决策是面向未来的，而未来不可避免地包含着不确定性。其次，人们也很难识别出所有可能实现目标的备选方案。另外，由于信息、时间和其他因素局限也使管理者难以做到最佳。"没有最好，只有更好"，管理者通常采纳一个令人满意的，即在目前环境中是足够好的行动方案就可以了。

5）过程性

决策是一个过程，而非瞬间行动。决策是为达到一定目标，从两个或多个可行方案中选择一个合理方案的分析判断和抉择的过程。一般认为，决策过程可以划分为四个主要阶段，即：

（1）找出制定决策的理由；

（2）找到可能的行动方案；

（3）对诸行动方案进行评价和抉择；

（4）对于付诸实施的抉择进行评价。

因此，决策实际上是一个"决策—实施—再决策—再实施"的连续不断的循环过程。

6）动态性

决策具有显著的动态性。决策目标的制定以过去的经验和组织当前的状况为基础，决策的实施将使组织步入不断发展变化的未来。在此过程中，任何可能对决策条件产生影响的因素的变化都要求在一定程度上修正决策，甚至重新决策以适应变化了的决策条件。此外，决策活动的相互关联性也要求决策者必须根据对其决策结果产生重大影响的其他人的决策，灵活调整自己的决策方案。

4．决策过程

决策是解决问题的过程。决策过程是指从问题提出到定案所经历的过程。决策是一项复杂的活动，有其自身的工作规律性，需要遵循一定的科学程序。在现实工作中，导致决策失败的原因之一就是没有严格科学的程序进行决策，因此，明确和掌握科学的决策过程，是管理者提高决策成功率的一个重要方面。决策过程的研究就是为了达到这种目的。典型的决策过程包括以下六个阶段。

4.1 研究现状，发现问题

决策是针对所要解决的问题而进行的，因此发现和确定需要解决的问题就成为决策的起点。如果什么问题都不存在，那就没有必要作决策。

识别问题的第一步是对事物进行分析找到问题所在。问题就是事物的实际状况与事物的理想状况之间的差距。例如，管理者要解决工期落后的问题，就必须知道实际的生产进度和计划进度之间的差距。用实际状况与理想状况之间的差距表示问题有助于克服对问题的模糊认识。问题的识别过程要求管理者必须准确及时地掌握工作完成情况，从而在需要时随时可以得到可靠的数据和信息。

识别问题的第二步是确定引起问题的可能原因。找到问题所在之后，还不能马上确定决策目标，因为还没有找到问题产生的原因。管理者在确定决策目标之前，也应透过问题的表面，深入问题的核心，这样才能找到解决问题的最佳方案。在识别问题的过程中，不应当过多地去追究责任者，打他们的板子，而首先应该去探究产生问题的原因，而不是去追究谁是责任者。

产生问题的原因并非总是单一的，因此需要通过分析确定。寻找问题的原因可以采用连续追问的办法，要不断地追问"这个问题的原因是什么？"、"这个原因的原因又是什么？"，一步一步地追问下去，直到找出根本原因止。

识别问题的精确程度有赖于信息的精确程度，所以管理者要尽力获取精确的、可信赖的信息。低质量的或不精确的信息不仅浪费时间还会使管理者无从发现导致某种情况出现的潜在原因。即使收集到的信息是高质量的，在解释的过程中，也可能发生扭曲。有时，随着信息持续地被误解或有问题的事件一直未被发现，信息的扭曲程度会加重。更糟的是，即使管理者拥有精确的信息并正确地解释它，处在他们控制之外的因素也会对机会和问题的识别产生影响。但是，管理者只要坚持获取高质量的信息并仔细地解释它，就会提高作出正确决策的可能性。

4.2 确定目标

在问题明确以后，还要指出这个问题能不能解决。有时由于客观环境条件的限制，管理者尽管知道存在着某些问题，也无能为力，这时决策过程就到此结束。如果问题在管理人员的有效控制范围之内，问题是能够加以解决的，则要确定应当解决到什么程度，明确预期的结果是什么，也就是要明确决策目标。

决策目标是指在一定的环境和条件下，根据预测，所能希望得到的结果。目标的确定十分重要，同样的问题，由于目标不同，可采用的决策方案也会大不相同。目标的确定，要经过调查和研究，掌握系统准确的统计数据和事实，然后进行由表及里、去伪存真的整理分析，根据对组织总目标及各种目标的综合平衡，结合组织的价值准则进行确定。决策目标的内容应当明确、具体，不能含糊不清。

在研究了现状，取得了相关信息资料和确定了决策目标之后，接下来的步骤是寻找解决问题的可供选择的方案。决策者应该尽可能多地考察可供选择的方案，可供选择的方案越多，解决办法越完善。过去的经验、创造性和管理方面的最新实践都有助于拟订备选方案。

寻求解决问题的备选方案的过程是一个具有创造性的过程。在这一阶段，决策者必须开拓思维，充分发挥自由想像力。寻求更多备选方案的方法有"头脑风暴法"。在头脑风暴法中，一群具有解决问题所需知识和专长的人聚集在一起，讨论出尽可能多的潜在解决方案。由这种方法激起的热情常常创造出新的具有价值的想法。还有一种方法是"集思广益法"。这种方法是使几个具有不同背景和受过不同训练的人聚集在一起，直到他们得出一个新的备选方案。为了使基于拟订方案而进行的选择具有实质意义，这些备选的不同方案必须是能够相互替代、相互排斥的，而不能是相互包容的。

　　备选方案产生的过程大致可分为以下步骤：首先，在研究环境和发现不平衡的基础上，根据组织的宗旨、使命、任务和消除不平衡的目标，提出改变的初步设想；其次，对提出的各种改进设想加以集中、整理和归类，形成内容比较具体的若干个可以考虑的初步方案；最后，在对这些初步方案进行筛选、修改和补充以后，对留下的可行方案作进一步完善处理，并预计其执行的各种结果，如此便形成了有一定数量的可替代的决策方案。

　　在拟订备选方案阶段，组织要广泛发动群众，充分利用组织内外的专家，发动他们献计献策，以产生尽可能多的设想和形成尽可能多的可行方案。可供选择的替代方案数量越多，备选方案的相对满意程度就越高，决策质量就越有保障。

4.3　备选方案的比较与选择

　　决策过程的第四步是对每一行动方案进行评价。为此，首先要建立一套有助于指导和检验判断正确性的决策准则。决策准则表明了决策者关心的主要是哪几方面，一般包括目标达到成度、成本（代价）、可行性等。然后，根据组织的方针和所掌握的资源来衡量每一个方案的可行性，并据此列出各方案的限制因素。第三是确定每一个方案对于解决问题或实现目标所能达到的程度，及采用这些方案后可能带来的后果。要对各方案是否满足决策所处条件下的各种要求及所能带来的效益和可能产生的各种后果进行分析。最后根据可行性、满意程度和可能产生的后果，比较哪一个方案更有利。可通过罗列各方案对各个希望目标的满足程度、各方案的利弊，来比较各方案的优劣。如果所有的备选方案都不令人满意，决策者还必须进一步寻找新的备选方案。

　　选择最佳方案时有用的规则是：使执行该方案过程中可能出现的问题的数量减少到最小，而执行该方案对实现组织目标的贡献达到最大。在选择方案时可以考虑以下因素：

　　（1）经验。在许多情况下，各种备选方案利弊兼具，各有长短，很难简单地区分优劣。在选择最佳方案时，将过去的经验作为一个指南。

　　（2）直觉。韦氏辞典将直觉定义为"一种知觉的力量……一种快速或胸有成竹的领悟"。著名的心理学家卡尔·荣格发现，善于利用直觉的管理者通常也拥有一般人缺乏的处理特殊决策的能力，即拥有高不确定性环境下的决策方法。

　　（3）他人的建议。决策者必须从同事、上级和下级那里寻求帮助和指导。

　　（4）试验。如果可能的话，采用这种方法来检验备选方案不应过多地耗费成本和时间。

　　在选择最佳方案时，考虑上面的一个或多个因素将会提高决策的效果。这些因素的相对重要程度取决于所要解决的问题的性质、受问题影响的人员、为解决问题需要的时间等。此外，在方案的比选过程中，决策者要注意：①统筹兼顾，尽可能保持组织与外部结合方式的连续性，充分利用组织现有的结构和人员条件。②注意反对意见，因为反对意见不仅可以帮助决策者从多种角度去考虑问题，促进方案的进一步完善，而且可以提醒决策者防范一些可能会出现的弊病。一种观点或一种方案要想取得完全一致的意见几乎是不可能的，再好的方案也可能有反对意见。决策过程中只有一种声音往往是非常可怕的。③要有决断的魄力，决策者要在充分听取各种意见的基础上，根据自己对组织任务的理解和对形势的判断，权衡各方利弊，从众多声音中做出决断。剧烈的、无休止的争论会错过行动的最好时机，且完全的思想统一也是不现实的。所以，决策者要能妥善地掌握"议"与"断"的度，该"议"时不要独裁专断，该"断"时切忌迟疑不决、优柔寡断。

4.4　执行方案

选择出最佳方案，决策过程还没有结束。决策者还必须使方案付诸实施。决策者必须设计所选方案的实施方法。方案的实施是决策过程中至关重要的一步。在方案选定以后，管理者就要制定实施方案的具体措施和步骤。实施过程中通常要注意做好以下工作：

（1）制定相应的具体措施，保证方案的正确实施。

（2）确保与方案有关的各种指令能被所有有关人员充分接受和彻底了解。向决策方案执行人员传达实施要求，落实各项行动。包括有计划地组织调配人力、物力、财力等经济资源；建立和调整有关组织机构并分配任务项目；将决策目标及行动方案细分化并下达任务指标和工作规范等。

（3）应用目标管理方法把决策目标层层分解，落实到每一个执行单位和个人。

（4）建立重要的工作报告制度，以便及时了解方案进展情况，及时进行调整。

4.5　评估决策的效果

决策制定过程的最后一个步骤是评估该项决策的后果或结果，以检查问题是否得到解决。决策者应按照决策目标以及实施计划的要求和标准，对决策方案的执行进展情况进行检查，以便于及时发现新问题、新情况，发现执行情况与预计情况之间是否存在偏差，并找出原因，保证和促进决策方案的顺利实施。

决策是一种技术，而且和所有的技术一样，它也是可以提高的。决策者可以通过实践以及反复的决策实践来提高决策水平。为了提高决策质量，一些信息的反馈是必需的。比如对以前决策效果的检查，就可以提供所需要的一些反馈。通过检查，决策者可以从中知道决策的错误是什么，出在什么地方以及如何改善。

总之，组织决策不是一项决策，而是一系列决策的总和，只有这一系列的具体决策已经确定、相互协调，并与组织目标相一致时，才能认为组织的决策已经形成。同时，这一列决策中的每一项决策，本身就是一个包含了许多工作、由众多人员参与的过程，从决策目标的确定，到决策方案的拟订、评价和选择，再到决策方案执行结果的评价，这些步骤才构成了一项完整的决策，这是一个"全过程"的概念。

4.6　影响决策的因素

组织决策受到以下因素的影响。

1）环境

任何组织都是在一定的环境下运行的，所以首先受到环境的影响。环境对组织决策的影响是双重的。环境从两个方面对决策施加影响：

一是环境的特点影响着组织的活动选择。例如，就企业而言，如果市场相对稳定，企业的决策相对简单，大多数决策都可以在过去决策的基础上作出；如果市场环境复杂，变化频繁，那么企业就可能要经常面对许多非程序性的、过去所没有遇到过的问题，甚至需要经常对经营方向和内容进行调整。

又如，处在垄断市场上的企业，通常将经营重点放在内部生产条件的改善、生产规模的扩大以及生产成本的降低上；而处在竞争市场上的企业，需要密切关注竞争对手的动向，不断推出新产品，努力改善营销宣传，建立健全销售网络。

二是对环境的习惯反应模式也影响着组织的活动选择。对于相同的环境，不同的组织可能作出不同的反应。而这种调整组织与环境关系的模式一旦形成，就会趋于稳固，限制着决策者对行动方案的选择。

当今时代许多行业中，环境变化速度之快令人难以置信，这种情形通常被称为处于混沌状态。当今的管理者需要有冲破这种混沌的能力。此外，随着企业的成长，它的内外环境的复杂性不断增大，因此，管理者要具有创造未来并控制它们对自己的影响的能力，对待威胁，要学会积极预防而不仅仅是准备；对待机会，则要努力创造而不仅仅是利用。

2）过去决策的影响

在大多数情况下，组织决策不是在一张白纸上进行初始决策，而是对初始决策的完善、调整或改革。组织过去的决策是目前决策过程的起点；过去选择的方案的实施，不仅伴随着人力、物力、财力等资源的消耗，而且伴随着内部状况的改变，带来了对外部环境的影响。

3）决策者对风险的态度

决策是确定未来活动的方向、内容和行动的目标，由于人们对未来的认识能力有限，目前预测的未来状况与未来的实际情况不可能完全相符，因此任何决策都存在一定的风险。人们对待风险的态度是不同的，有人喜欢冒险，在多种选择中趋向于选择风险大的方案；而另一些人则不太愿意冒险，在多种选择中趋向于选择风险小的方案。因此决策者的风险偏好对决策的选择会产生直接的影响。

对不同的行动方案估计概率并没有什么经验法则可以遵循。一些人可能完全会运用定量方法，如期望值分析，采用数学手段来对预期结果加以确定。无论用哪一种方法，在风险条件下进行决策时，决策者所持的态度是一个关键因素。一些决策者是勇于冒风险者，而另外一些决策者却是风险回避者。具有一定承担风险的能力是成功的管理必不可少的，因为人们不是对过去的事作决策，决策必然是为将来而作，而将来总是包含着不肯定因素，所以，那种有百分之百把握、不冒任何风险的决策，不但因为它过于保守不符合管理的需要，而且客观上也是很少有的。一般来说，那些看上去越是可能获得高收益的方案，包含的风险因素也往往越大，这已成为一种常识。因此，对于决策者来说，一方面，基本的要求是要敢于冒风险，敢于承担责任，也就是说，要求决策者有胆识，有勇气；另一方面，管理决策不是赌博，敢于冒风险不等于蛮干。决策者必须清醒地估计到各项决策方案的风险承担；估计到最坏的可能性并拟订出相应的对策，使风险损失不至于引起灾难性的不可挽回的后果；必须尽量收集与决策的未来环境有关的必要信息，以便做出正确的判断；同时还应考虑到是不是到了非冒更大风险不可的地步。最后，决策者还应当对决策的时机是否成熟有准确的判断。这些都有助于决策者将决策方案的风险减至最小。

4）组织文化

文化通常指人民群众在社会历史实践过程中所创造的物质和精神财富的总和。它是一种历史现象，每一个社会都有与其相适应的文化，并随着社会物质生产的发展而发展。在管理领域，组织文化主要指组织的指导思想、经营理念和工作作风，包括价值观念、行业标准、道德规范、文化传统、风俗习惯、典礼仪式、管理制度及企业形象。它不单包括思想和精神方面的内容，也包括社会心理、技能、方法和组织自我成长的特殊方式等各种因素。组织文化是理解组织运行的途径。

一个组织的文化由若干要素构成，并在不同程度上受到每个要素的影响。组织的高层管理就是要开发与培育组织的文化，按照所期望的方式影响组织成员的行为。其中，对组织文化影响较大的要素有共同的价值观、行为规范、形象与形象性活动。共同价值观是指组织成员分享着同一价值观念。行为规范是指组织所确立的行为标准。它们可以由组织正式规定，也可以是非正式形成的。组织为了做到独具特色，需要规范自己的行为，影响组织的决策与行动。为此，有的人认为组织文化是"一种非正式规则的体系，指示人们在大部分时间内应如何行动"。还有人认为组织文化是"组织成员共享的信念与期望的模式……从而有力地形成了组织中个人与群体行为的规范"。如果一个组织的文化比较激进，那么这个组织的决策群体的成员受到这种激进的文化的影响，就会使他们对组织的未来的判断也会比较激进，虽然在一定条件下会激发组织发展的活力，但是如果过于激进就会脱离组织发展的客观实际，从而偏离组织发展的正确方向，造成组织的畸形发展。相反，如果一个组织的文化偏向于保守，那么决策群体的成员也就会比较保守，在这种组织文化的影响下，他们确定的组织决策目标也就会比较偏向于保守，虽然这样可以避免组织的发展出现偏差，但是，如果过于保守，就会限制组织的发展，甚至会造成组织的发展停滞。

5）时间

美国学者威廉·金和大卫·克里兰把决策分为时间敏感型决策和知识敏感型决策。时间敏感型决策是指那些必须迅速而准确做出的决策。危机事件处理、紧急问题解决，则属于时间敏感型决策，强调决策效率和时效性，要求在较短时间内，迅速决策。枪都指到后脑勺上了，任何迟疑都是对生命的扼杀。然而，群体决策的参与者众多，各有想法，需要"反复交战，不断磨合"，往往耗时较长，一旦用于时间敏感型决策，难免贻误战机。相比较而言，知识敏感型决策对时间的要求则不是非常严格。这类决策的效果主要取决于决策质量，而非决策的速度。战略重点选择、重大投资决定属于知识敏感型决策，强调决策的质量和科学性，稍有失误，后果不堪设想，因此宁愿多花些时间反复论证，也要保证决策的科学性。

6）伦理

个人伦理是就某一行为、行动或决定做出是非判断的个人信念。伦理行为通常指符合一般可接受的社会规范的行为，不合伦理的行为是不符合一般可接受的社会规范的行为。管理伦理是组织中的伦理，包括组织如何对待员工、员工如何对待组织以及员工和组织如何对待其他组织。目前企业经营管理决策方法以财务决策为主，还应在决策过程中考虑伦理因素评价，从而对经济事项采取法律决策、财务决策和伦理决策相结合的方法进行综合判断后再做决定。以此为基准可看到，一项不能直接提升利润的方案，实施仍然可能是企业理智的选择。当然，企业伦理决策问题有时不容易解决。在现实世界里，企业的决策涉及大范围的利益相关者，从海外子公司到本国的职员、股东、社区、政府和顾客都要综合考虑。伦理决策的要点不是简单化和公式化地阐释各种伦理问题，而是提供一个框架使企业领导者或员工更加重视伦理，并能恰当运用伦理原则来解决相关问题。

第二节 决策方法

为了保证组织制定出来的决策尽可能正确、有效,必须运用科学的决策方法。现代决策的方法有很多,总的来说可以分为两大类:定性决策方法和定量决策方法。但很多情况下将这两种方法结合运用。定性决策方法又称主观决策法,是指采取有效的组织形式,依靠专家们的知识和经验,根据已掌握的情况和资料,提出决策目标及实现目标的方法,并做出评价和选择。定性决策方法简便易行,容易被一般管理者接受,而且特别适用于非常规决策。同时还有利于调动专家的积极性,提高他们的工作能力。但因其缺乏严格论证,易产生主观性,容易受决策组织者个人倾向的影响。

1. 定性的分析方法

常用的定性决策方法有头脑风暴法、德尔菲法、名义小组法等。本节还介绍 SWOT 分析法、经营业务组合分析法、政策指导矩阵等。这类方法可以帮助企业根据自己和企业的特点,选择企业或某个部门的活动方向。

SWOT(strengths weakness opportunity threats)分析法,是一种战略分析方法,又称态势分析法或优劣势分析法,用来确定企业自身的竞争优势(strength)、竞争劣势(weakness)、机会(opportunity)和威胁(threat),从而将公司的战略与公司内部资源、外部环境有机地结合起来(图2-2)。通过对被分析对象的优势、劣势、机会和威胁等加以综合评估与分析得出结论,通过内部资源、外部环境有机结合来清晰地确定被分析对象的资源优势和缺陷,了解所面临的机会和挑战,从而在战略与战术两个层面加以调整方法、资源以保障被分析对象的实行以达到所要实现的目标。运用各种调查研究方法,分析出公司所处的各种环境因素,即外部环境因素和内部能力因素。外部环境因素包括机会因素和威胁因素,它们是外部环境对公司的发展直接有影响的有利和不利因素,属于客观因素,内部环境因素包括优势因素和弱点因素,它们是公司在其发展中自身存在的积极和消极因素,属主动因素,在调查分析这些因素时,不仅要考虑到历史与现状,而且更要考虑未来发展问题。

SWOT模型	
优势	劣势
机会	威胁

图2-2 SWOT 模型

优势,是组织机构的内部因素,具体包括:有利的竞争态势;充足的财政来源;良好的企业形象;技术力量;规模经济;产品质量;市场份额;成本优势;广告攻势等。

劣势,也是组织机构的内部因素,具体包括:设备老化;管理混乱;缺少关键技术;研究开发落后;资金短缺;经营不善;产品积压;竞争力差等。

机会,是组织机构的外部因素,具体包括:新产品;新市场;新需求;外国市场壁垒解除；竞争对手失误等。

威胁，也是组织机构的外部因素，具体包括：新的竞争对手；替代产品增多；市场紧缩；行业政策变化；经济衰退；客户偏好改变；突发事件等。

SWOT 方法的优点在于考虑问题全面，是一种系统思维，而且可以把对问题的"诊断"和"开处方"紧密结合在一起，条理清楚，便于检验。

2. 构建模型步骤

2.1　首先分析环境因素

（1）罗列企业的优势和劣势，可能的机会与威胁。

（2）优势、劣势与机会、威胁相组合，形成 SO、ST、WO、WT 策略。

（3）对 SO、ST、WO、WT 策略进行甄别和选择，确定企业目前应该采取的具体战略与策略。

具体来说竞争优势（S）是指一个企业超越其竞争对手的能力，或者指公司所特有的能提高公司竞争力的东西。例如，当两个企业处在同一市场或者说它们都有能力向同一顾客群体提供产品和服务时，如果其中一个企业有更高的盈利率或盈利潜力，那么，我们就认为这个企业比另外一个企业更具有竞争优势。

竞争优势可以是以下几个方面：

技术技能优势：独特的生产技术，低成本生产方法，领先的革新能力，雄厚的技术实力，完善的质量控制体系，丰富的营销经验，上乘的客户服务，卓越的大规模采购技能。

有形资产优势：先进的生产流水线，现代化车间和设备，拥有丰富的自然资源储存，吸引人的不动产地点，充足的资金，完备的资料信息。

无形资产优势：优秀的品牌形象，良好的商业信用，积极进取的公司文化。

人力资源优势：关键领域拥有专长的职员，积极上进的职员，很强的组织学习能力，丰富的经验。

组织体系优势：高质量的控制体系，完善的信息管理系统，忠诚的客户群，强大的融资能力。

竞争能力优势：产品开发周期短，强大的经销商网络，与供应商良好的伙伴关系，对市场环境变化的灵敏反应，市场份额的领导地位。

竞争劣势（W）是指某种公司缺少或做得不好的东西，或指某种会使公司处于劣势的条件。可能导致内部弱势的因素有：缺乏具有竞争意义的技能技术；缺乏有竞争力的有形资产、无形资产、人力资源、组织资产；关键领域里的竞争能力正在丧失。

公司面临的潜在机会是影响公司战略的重大因素。公司管理者应当确认每一个机会，评价每一个机会的成长和利润前景，选取那些可与公司财务和组织资源匹配、使公司获得的竞争优势的潜力最大的最佳机会。潜在的发展机会可能是：客户群的扩大趋势或产品细分市场；技能技术向新产品新业务转移，为更大客户群服务；前向或后向整合；市场进入壁垒降低；获得购并竞争对手的能力；市场需求增长强劲，可快速扩张；出现向其他地理区域扩张，扩大市场份额的机会。

危及公司的外部威胁（T）指的是在公司的外部环境中，总是存在某些对公司的盈利能力和市场地位构成威胁的因素。公司管理者应当及时确认危及公司未来利益的威胁，做出评价并采取相应的战略行动来抵消或减轻它们所产生的影响。公司的外部威胁可能是：出现将进入市场的强大的新竞争对手；替代品抢占公司销售额；主要产品市场增长率下降；汇率和外贸政策的不利变动；人口特征，社会消费方式的不利变动；客户或供应商的谈判能力提高；市场需求减少；容易受到经济萧条和业务周期的冲击。

2.2 构造 SWOT 矩阵

将调查得出的各种因素根据轻重缓急或影响程度等排序方式，构造 SWOT 矩阵。在此过程中，将那些对公司发展有直接的、重要的、大量的、迫切的、久远的影响因素优先排列出来，而将那些间接的、次要的、少许的、不急的、短暂的影响因素排列在后面（图 2 - 3）。

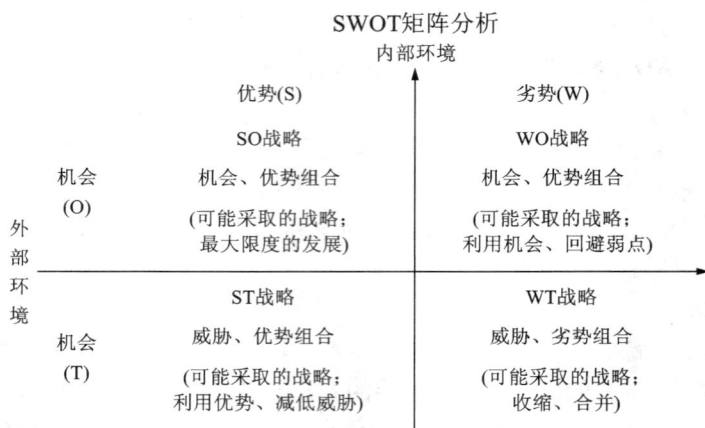

图 2 - 3　SWOT 矩阵分析

2.3 制定行动计划

在完成环境因素分析和 SWOT 矩阵的构造后，便可以制定出相应的行动计划。制定计划的基本思路是：发挥优势因素，克服弱点因素，利用机会因素，化解威胁因素；考虑过去，立足当前，着眼未来。运用系统分析的综合分析方法，将排列与考虑的各种环境因素相互匹配起来加以组合，得出一系列公司未来发展的可选择对策。

2.4 波士顿矩阵

波士顿矩阵（BCG Matrix），又称市场增长率—相对市场份额矩阵、波士顿咨询集团法、四象限分析法、产品系列结构管理法等，是由美国著名的管理学家、波士顿咨询公司创始人布鲁斯·亨德森于 1970 年首创的一种用来分析和规划企业产品组合的方法。这种方法的核心在于，要解决如何使企业的产品品种及其结构适合市场需求的变化，只有这样，企业的生产才有意义。同时，如何将企业有限的资源有效地分配到合理的产品结构中去，以保证企业收益，是企业在激烈竞争中能否取胜的关键。

波士顿矩阵认为一般决定产品结构的基本因素有两个，即市场引力与企业实力。市场引力包括企业销售量（额）增长率、目标市场容量、竞争对手强弱及利润高低等。其中最主要的是反映市场引力的综合指标——销售增长率，这是决定企业产品结构是否合理的外在因素。企业实力包括市场占有率，技术、设备、资金利用能力等，其中市场占有率是决定企业产品结构的内在要素，它直接显示出企业竞争实力。销售增长率与市场占有率既相互影响，又互为条件：市场引力大，销售增长率高，可以显示产品发展的良好前景，企业也具备相应的适应能力，实力较强；如果仅有市场引力大，而没有相应的高销售增长率，则说明企业尚无足够实力，则该种产品也无法顺利发展。相反，企业实力强，而市场引力小的产品也预示了该产品的市场前景不佳。通过以上两个因素相互作用，会出现四种不同性质的产品类型，形成不同的产品发展前景：①销售增长率和市场占有率"双高"的产品群(明星类产品)；②销售增长率和市场占有率"双低"的产品群(瘦狗类产品)；③销售增长率高、市场占有率低的产品群(问号类产品)；④销售增长率低、市场占有率高的产品群(现金牛类产品)。

波士顿矩阵的基本原理与基本步骤如下：

(1)基本原理。本法将企业所有产品从销售增长率和市场占有率角度进行再组合。在坐标图上，以纵轴表示企业销售增长率，横轴表示市场占有率，各以10%和20%作为区分高、低的中点，将坐标图划分为四个象限，依次为"问号(?)"、"明星(★)"、"现金牛(¥)"、"瘦狗(×)"。在使用中，企业可将产品按各自的销售增长率和市场占有率归入不同象限，使企业现有产品组合一目了然，同时便于对处于不同象限的产品作出不同的发展决策。其目的在于通过产品所处不同象限的划分，使企业采取不同决策，以保证其不断地淘汰无发展前景的产品，保持"问号"、"明星"、"现金牛"产品的合理组合，实现产品及资源分配结构的良性循环。

(2)基本步骤。主要包括：①核算企业各种产品的销售增长率和市场占有率。销售增长率可以用本企业的产品销售额或销售量增长率。时间可以是一年或是三年以至更长时间。市场占有率，可以用相对市场占有率或绝对市场占有率，但是用最新资料。基本计算公式为：本企业某种产品绝对市场占有率＝该产品本企业销售量/该产品市场销售总量　本企业某种产品相对市场占有率＝该产品本企业市场占有率/该产品市场占有份额最大者(或特定的竞争对手)的市场占有率。②绘制四象限图。以10%的销售增长率和20%的市场占有率为高低标准分界线，将坐标图划分为四个象限。然后把企业全部产品按其销售增长率和市场占有率的大小，在坐标图上标出其相应位置(圆心)。定位后，按每种产品当年销售额的多少，绘成面积不等的圆圈，顺序标上不同的数字代号以示区别。定位的结果即将产品划分为四种类型。

波士顿矩阵对于企业产品所处的四个象限具有不同的定义和相应的战略对策(图2-4)。

(1)明星产品(stars)。它是指处于高增长率、高市场占有率象限内的产品群，这类产品可能成为企业的现金牛产品，需要加大投资以支持其迅速发展。采用的发展战略是：积极扩大经济规模和市场机会，以长远利益为目标，提高市场占有率，加强竞争地位。发展战略的管理与组织最好采用事业部形式，由对生产技术和销售两方面都很内行的经营者负责。

(2)现金牛产品(cash cow)，又称厚利产品。它是指处于低增长率、高市场占有率象限内的产品群，已进入成熟期。其财务特点是销售量大，产品利润率高、负债比率低，可以为企业提供资金，而且由于增长率低，也无需增大投资。因而成为企业回收资金，支持其他产品，尤其明星产品投资的后盾。对这一象限内的大多数产品，市场占有率的下跌已成不可阻挡之势，因此可采用收获战略，即所投入资源以达到短期收益最大化为限。①把设备投资和其他投资尽量压缩；②采用榨油式方法，争取在短时间内获取更多利润，为其他产品提供资金。对于这一象限内的销售增长率仍有所增长的产品，应进一步进行市场细分，维持现存市场增长率或延缓其下降速度。对于现金牛产品，适合于用事业部制进行管理，其经营者最好是市

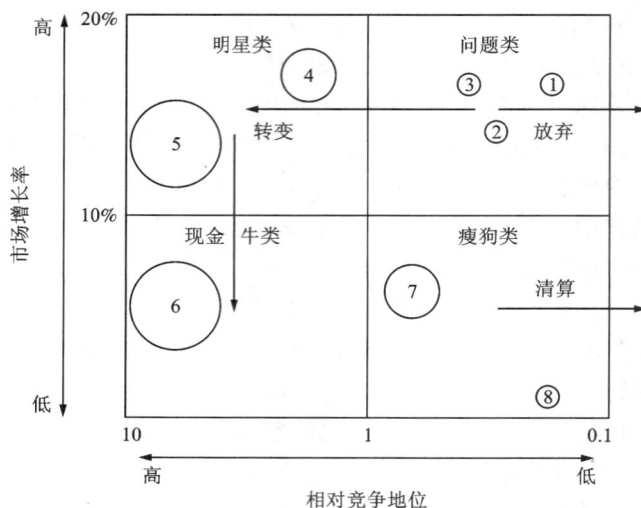

图 2 - 4　企业经营业务组合分析图

场营销型人物。

现金牛业务指低市场成长率、高相对市场份额的业务，这是成熟市场中的领导者，它是企业现金的来源。由于市场已经成熟，企业不必大量投资来扩展市场规模，同时作为市场中的领导者，该业务享有规模经济和高边际利润的优势，因而给企业带来大量财源。企业往往用现金牛业务来支付账款并支持其他三种需大量现金的业务。图中所示的公司只有一个现金牛业务，说明它的财务状况是很脆弱的。因为如果市场环境一旦变化导致这项业务的市场份额下降，公司就不得不从其他业务单位中抽回现金来维持现金牛的领导地位，否则这个强壮的现金牛就可能会变弱，甚至成为瘦狗。

（3）问号产品（question marks）。它是处于高增长率、低市场占有率象限内的产品群。前者说明市场机会大，前景好，而后者则说明在市场营销上存在问题。其财务特点是利润率较低，所需资金不足，负债比率高。例如在产品生命周期中处于引进期、因种种原因未能开拓市场局面的新产品即属此类问题的产品。对问题产品应采取选择性投资战略。即首先确定对该象限中那些经过改进可能会成为明星的产品进行重点投资，提高市场占有率，使之转变成"明星产品"；对其他将来有希望成为明星的产品则在一段时期内采取扶持的对策。因此，对问题产品的改进与扶持方案一般均列入企业长期计划中。对问题产品的管理组织，最好是采取智囊团或项目组织等形式，选拔有规划能力，敢于冒风险、有才干的人负责。

（4）瘦狗产品（dogs），也称衰退类产品。它是处在低增长率、低市场占有率象限内的产品群。其财务特点是利润率低、处于保本或亏损状态，负债比率高，无法为企业带来收益。对这类产品应采用撤退战略：首先应减少批量，逐渐撤退，对那些销售增长率和市场占有率均极低的产品应立即淘汰。其次是将剩余资源向其他产品转移。第三是整顿产品系列，最好将瘦狗产品与其他事业部合并，统一管理。

按照波士顿矩阵的原理，产品市场占有率越高，创造利润的能力越大；另一方面，销售增长率越高，为了维持其增长及扩大市场占有率所需的资金亦越多。这样可以使企业的产品结构实现产品互相支持，资金良性循环的局面。按照产品在象限内的位置及移动趋势的划分，形成了波士顿矩阵的基本应用法则。第一法则：成功的月牙环。在企业所从事的事业领域内各种产品的分布若显示月牙环形，这是成功企业的象征，因为盈利大的产品不只一个，而且这些产品的销售收入都比较大，还有不少明星产品。问题产品和瘦狗产品的销售量都很少。若产品结构显示散乱分布，说明其事业内的产品结构未规划好，企业业绩必然较差。这时就应区别不同产品，采取不同策略。第二法则：黑球失败法则。如果在第四象限内一个产品都没有，或者即使有，其销售收入也几乎近于零，可用一个大黑球表示。该种状况显示企业没有任何盈利大的产品，说明应当对现有产品结构进行撤退、缩小的战略调整，考虑向其他事业渗透，开发新的事业。第三法则：西北方向大吉。一个企业的产品在四个象限中的分布越是集中于西北方向，则显示该企业的产品结构中明星产品越多，越有发展潜力；相反，产品的分布越是集中在东南角，说明瘦狗类产品数量大，说明该企业产品结构衰退，经营不成功。第四法则：踊跃移动速度法则。从每个产品的发展过程及趋势看，产品的销售增长率越高，为维持其持续增长所需资金量也相对越高；而市场占有率越大，创造利润的能力也越大，持续时间也相对长一些。按正常趋势，问题产品经明星产品最后进入现金牛产品阶段，标志了该产品从纯资金耗费到为企业提供效益的发展过程，但是这一趋势移动速度的快慢也影响到其所能提供的收益的大小。如果某一产品从问题产品（包括从瘦狗产品）变成现金牛产品的移动速度太快，说明其在高投资与高利润率的明星区域的时间很短，因此对企业提供利润的可能性及持续时间都不会太长，总的贡献也不会大；但是相反，如果产品发展速度太慢，在某一象限内停留时间过长，则该产品也会很快被淘汰。这种方法假定一个组织有两个以上的经营单位组成，每个单位产品又有明显的差异，并具有不同的细分市场。在拟定每个产品发展战略时，主要考虑它的相对竞争地位（市场占有率）和业务增长率。以前者为横坐标，后者为纵坐标，然后分为四个象限，各经营单位的产品按其市场占有率和业务增长率高低填入相应的位置。在本方法的应用中，企业经营者的任务，是通过四象限法的分析，掌握产品结构的现状及预测未来市场的变化，进而有效地、合理地分配企业经营资源。在产品结构调整中，企业的经营者不是在产品到了"瘦狗"阶段才考虑如何撤退，而应在"现金牛"阶段时就考虑如何使产品造成的损失最小而收益最大。

充分了解了四种业务的特点后还须进一步明确各项业务单位在公司中的不同地位，从而进一步明确其战略目标。通常有四种战略目标分别适用于不同的业务。

（1）发展。以提高经营单位的相对市场占有率为目标。甚至不惜放弃短期收益。要是金牛类业务想尽快成为"明星"，就要增加资金投入。

（2）保持。投资维持现状，目标是保持业务单位现有的市场份额、对于较大的"金牛"可以此为目标，以使它们产生更多的收益。

（3）收割。这种战略主要是为了获得短期收益，目标是在短期内尽可能地得到最大限度的现金收入。对处境不佳的金牛类业务及没有发展前途的问题类业务和瘦拘类业务应视具体情况采取这种策略。

（4）放弃。目标在于清理和撤销某些业务，减轻负担，以便将有限的资源用于效益较高的业务。这种目标适用于无利可图的瘦狗类和问题类业务。一个公司必须对其业务加以调整，以使其投资组合趋于合理。

2.5　政策指导矩阵

壳牌公司使用以下三个标准来评价一个化学公司的相对竞争力。尽管用于评价一项战略实施的未来效果也是可行的，但这些标准通常用来对当前状况进行评价。

市场地位。市场份额是评价市场地位的主要标准。星级评分如下：

（1）领导者。该公司具有相对高的市场份额，其具体规模因具体情况不同而不同。

（2）主要生产者。市场中没有单一领导者，而是由二至四个强大的竞争者操控，这是化学产品行业的普遍情况。

（3）有着较大但不占统治地位的市场份额的二等竞争者。

（4）市场份额小、研发能力差的竞争者。

（5）可忽视的竞争者。

（6）生产能力。这一标准包括流程经济性、硬件能力、工厂的数量与位置、原料的可获得性等。进行星级评价时需要考虑以下问题：

（7）流程经济性：生产者是否采用了现代工业生产流程？

（8）这一流程是自有的还是被授权许可的？

（9）研发能力是否足够保持和提高生产技术？

（10）硬件：现在或将来能力是否可支持市场份额地位？

（11）该生产者是否把工厂分散开以应付停工、罢工等类似事件？配送机制是否具有竞争力？

（12）原料：原料储备是否充足？

该业务是否有原料上的成本优势？

产品研究与开发。对于工业产品，研发能力表现为产品范围、质量发展记录和技术服务能力等的综合。一至五颗星的评价方式在这里又一次被应用，但日用消费品没有评价。星级评价在这种情况下转化为数值，即一星等于零，五星等于四。

在这种简单形式下，所有变量权重相同，而在更先进的模型下变量被赋予不同的权重。其结果表现在DPM中，每一个单元有如下不同战略：

领导者类型。该类中的业务一般具有高市场份额，拥有低成本和优越的技术地位。这类业务往往利润丰厚，但现金流量仅仅勉强够用，这是由于公司成长和持续投资的原因。此类业务应当优先得到支持。

更加努力型。此单元中的产品需要得到进一步的投资以将它们引入领导者地位。除非进行这样的投资，否则这样的位置将变得不利。

加倍或放弃。这类业务中有少量如果得到足够的支持就可以转为明日的领导者。

增长型。当仅有2至4个主要竞争者（四星地位），而这些竞争者又有足够的生产和研发能力支持时，其产品将归于此类。该类业务大多盈利丰厚并且现金平衡。

保护型。一般地，保护发生在竞争对手众多而该公司相对较弱时。对于这样的公司，其主要目标是在不动用更多资源的情况下使现金的产生最大化。DPM图左栏中的客户常常低于平均增长率，并且伴随着较低的市场质量和工业原料储备地位以及不良的环境前景。

产生现金型。这是指在一个低增长市场上具有强竞争力的市场地位。尽管利润丰厚，这样的客户并不具有新的有吸引力的投资机会，因而集中于最大化地产生现金。

阶段性退出型。该类业务在低成长率部门中保持中低位置，虽无法产生大量现金，但仍保持盈利。因此，其最佳策略是阶段性撤离而不是快速退出。这种策略着眼于尽量使股东的剩余价值最大化。

剥离型。该类业务已有亏损，应被售出或关闭。但随着新任所有者或管理者大幅度改善其业绩，管理者收购(MBO)已经成为这种处置的重要方式。管理者是否接受这类业务的亏损事实非常重要，通常许多管理者总是不愿意承认，不采取退出战略，而继续保持亏损。

这种方法用矩阵形式，根据市场前景和相对竞争地位来确定企业不同经营业务的现状和特征。市场前景由盈利能力、市场增长率、市场质量和法规限制等因素决定，分为吸引力强、吸引力中等和吸引力弱三种；相对竞争能力受到企业在市场上的地位、生产能力、产品研究和开发等因素的影响，分为强、中、弱三类。这两种标准、三个等级的组合，可把企业经营业务分成九种不同类型(图2-5)。

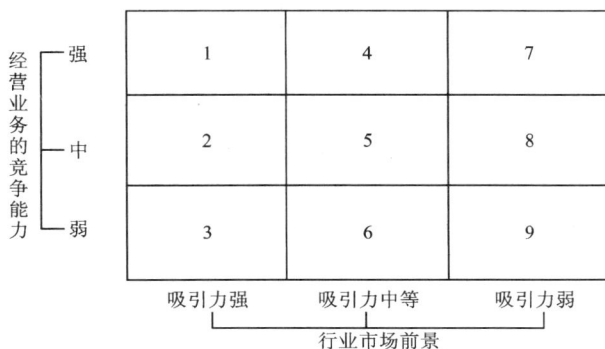

图2-5 政策指导矩阵

DP矩阵是在BCG矩阵的原理基础上发展而成的。指导性政策矩阵实质上就是把外部环境与内部环境归结在一起，并对企业所处战略位置做出判断，进而提出指导性战略规划。

DP矩阵与BCG矩阵的相似之处，在于它们都是用矩阵图标识企业分部战略态势的工具。为此它们也都被称为是组合矩阵。而且，在BCG和DP矩阵中，圆圈的大小都代表各分部对总公司销售额的贡献比例，阴影面积的大小代表各分部对总公司盈利的贡献比例。然而，DP矩阵与BCG矩阵的存在许多不同之处。首先，两矩阵的轴线含义不同，BCG的轴线分别是相对市场占有率和产业销售增长率，关注的是财务数字，而DP矩阵的轴线分别是产业发展前景和企业竞争素质，关注的是动态发展。其次，DP矩阵比BCG矩阵要求有更多的关于企业本身的信息。

3. 定量的分析评价方法

定量决策法是运用数学工具建立反映各种因素及其关系的数学模型，并通过对这种数学模型的计算和求解，选择出最佳决策方案的决策方法。对决策问题进行定量分析，可以提高常规决策的时效性和决策的准确性，运用定量决策方法进行决策也是决策方法科学化的重要标志。下面介绍确定型决策、风险型决策和不确定型决策三种类型决策的定量决策方法。

3.1 确定型决策的方案选择法

决策的理想状态是，无论这一决策下的备选方案有多少，每一方案都只有一种确定无疑的结果，这种具有确定性结果的决策就是确定型决策。这类决策从做出决定的角度来说并不困难，因为只要推算出各个方案的结果并加以比较，就可判断方案的优劣。

对确定型决策问题，制定决策的关键环节是计算出什么样的行动方案能产生最优的经济效果。确定型决策中经常使用的方法是量本利分析法。

量本利分析也叫保本分析或盈亏平衡分析，是通过分析产品成本、销售量和销售利润这三个变量之间的关系，掌握盈亏变化的临界点（保本点），从而制订出能产生最大利润的经营方案。

企业利润是销售收入扣除成本以后的剩余额。其中，销售收入是产品销售数量与销售单价的乘积，产品成本（指包括工厂成本和销售费用在内的总生产成本）包括固定成本和变动成本两部分。所谓变动成本，是指随着产量的增加或减少而相应提高或降低的费用；固定成本则是指在一定时期、一定范围内不随产量增减而变化的费用。当然，"固定"与"变动"只是相对的概念。从长期来说，由于企业的生产经营能力和规模是不断变化的，一切费用都是变动的。因此，这里应该说明的是，量本利分析法中所指的"固定成本"都只是从短期和费用总额的角度来理解。而如果从单位产品成本角度来看，单位变动成本则是相对固定的，在一段时间内不会因产量大小而变化；相反，单位固定成本则会随着产品数量的增加而呈递减趋势。图 2-6 描述了特定时期企业利润、销售收入、生产成本和产品销售间的线性变化关系。

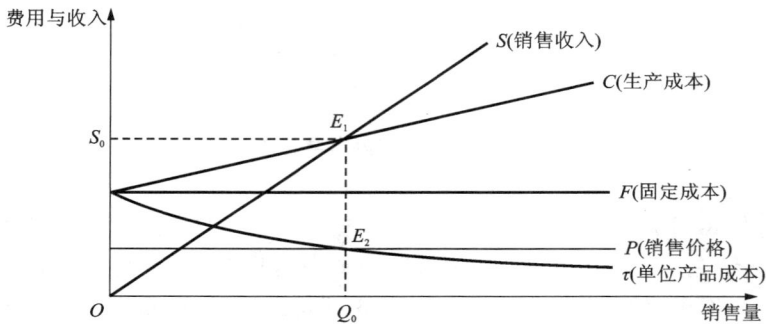

图 2-6　量本利分析

任何企业要能生存发展下去，基本的前提是生产经营过程中的各种消耗均能从销售收入中得到补偿，即销售收入至少要等于生产成本。为达到"保本"，企业的生产经营必须达到足够大的规模。为此，需要确定企业的保本产量和保本收入水平，也即在价格、固定成本和变动成本已定的条件下，企业至少应生产多少数量的产品才能使总收入与总成本持平；或者在产量、价格和费用已定的情况下，企业至少应取得多少销售收入才足以补偿生产经营中的费用。具体算法如下：

销售收入 $S = $ 产量 $Q \times$ 单价 P

生产成本 $C = $ 变动费用 $V + $ 固定费用 $F = $ 产量 $Q \times$ 单位变动费用 $C_v + $ 固定费用 F

$\therefore$ 利润 $= S - C = S - V - F = PQ - C_v Q - F = (P - C_v)Q - F$ 当盈亏平衡时，即利润为零

$\therefore$ 利润 $= S - C = S - V - F = PQ - C_v Q - F = (P - C_v)Q - F = 0$

得出：

（1）盈亏平衡点的销售量和销售额

$Q_0 = F/(P - C_v) \quad S_0 = F/(1 - C_v/P)$

（2）销售收入扣除变动费用后的余额：

$(P - C_v)Q$——边际贡献 M

单位产品的销售收入扣除单位产品的变动费用后的余额：

$(P - C_v)$——单位边际贡献 m

（3）单位销售收入可以帮助企业吸收固定费用或实现企业利润的系数：

$(1 - C_v/P)$——边际贡献率 $U = M/S$

（4）盈亏平衡点的判定：

$M - F = 0$ 　　　　　　盈亏平衡

$M - F > 0$ 　　　　　　盈利

$M - F < 0$ 　　　　　　亏损

（5）目标利润 P_z 下的销售量与销售额：

$Q = (F + P_z)/(P - C_v) \quad S = (F + P_z)/(1 - C_v/p)$

3.2　风险型决策的方案选择法

风险型决策是指方案实施可能会出现几种不同的情况（自然状态），每种情况下的后果（即效益）是可以确定的，但是不可确定的是最终将出现哪一种情况。如果人们基于历史的数据或以前的经验可以推断出各种自然状态出现的可能性（即概率），那么这种决策就成为风险型决策。在风险型决策下，人们计算出的各方案在未来的经济效果只能是考虑到各自然状态出现的概率的期望收益，该数据与这一方案在未来的实际收益值并不会相等。因此，据此选定决策方案就会有风险。

风险型决策的方案评价方法有很多，我们这里主要介绍决策树法和决策表法两种计算法。

1）决策树法

这是一种以树形图来辅助进行各方案期望收益的计算和比较的决策方法。决策树的基本形状如图 2 - 7 所示。

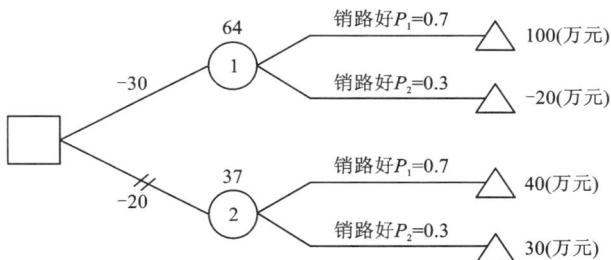

图 2 - 7　决策树法

例如某公司为满足市场对某种新产品的需求，拟规划建设新厂。预计市场对这种新产品的需求量比较大，但也存在销路差的可能性。公司有两种可行的扩大生产规模的方案：一个是新建一个大厂，预计需投资 30 万元，销路好时可获利 100 万元，销路不好时亏损 20 万元；

另一个是新建一个小厂，需投资 20 万元，销路好时可获利 40 万元，销路不好时仍可获利 30 万元。假设市场预测结果显示，此种新产品销路好的概率为 0.7，销路不好的概率是 0.3。根据这些情况，下面用决策树法说明如何选择最佳方案。

在图中，方框表示决策点，由决策点引出的若干条一级树枝叫做方案枝，它表示该项决策中可供选择的几种备选方案，分别以带有编号的圆形节点①、②等来表示；由各圆形节点进一步向右边引出的枝条称为方案的状态枝，每一状态出现的概率可标在每条直线的上方，直线的右端可标出该状态下方案执行所带来的损益值。

用决策树法比较和评价不同方案的经济效果，需要进行以下几个步骤的工作：

首先根据决策备选方案的数目和对未来环境状态的了解，绘出决策树图形。

其次计算出各个方案的期望收益值，首先是计算方案各状态枝的期望值，即使用方案在各种自然状态下的损益值去分别乘以各自然状态出现的概率（P_1，P_2）；然后将各状态枝的期望收益值累加，求出每个方案的期望收益值（可将该数值标记在相应方案的圆形节点上方）。在上例中：

第一方案的期望收益值 $= 100 \times 0.7 + (-20) \times 0.3 = 64$（万元）

第二方案的期望收益值 $= 40 \times 0.7 + 30 \times 0.3 = 37$（万元）

最后用每个方案的期望收益值减去该方案实施所需要的投资额（该数额标记在相应的方案枝下方），比较余值后就可以选出经济效果最佳的方案。在上例中，第一方案预期的净收益 $= 64 - 30 = 34$（万元）；第二方案预期的净收益 $= 37 - 20 = 17$（万元）。比较两者，可以看出应选择第一方案（在决策树图中，未被选中的方案是以被"剪断"的符号表示）。

2）决策表法

这种方法实际上与决策树法原理相似，只是表示的方式有所不同。仍以前例来说明，其决策表如表 2 - 1 所示。

表 2 - 1　决策表 　　　　　　　　　　　　　　　　（单位：万元）

方案	自然状态	损益值	概率	期望收益值	投资额	净收益
方案一	销路好 销路差	100 -20	0.7 0.3	64	30	34
方案二	销路好 销路差	40 30	0.7 0.3	37	20	17

3.3　非确定型决策的方案选择法

非确定型决策是指方案实施可能会出现的自然状态或者对所带来的后果不能做出预计的决策。在这类决策中，最不确定的情况是连方案实施所可能产生的后果都无法估计，这样的决策就非常难以决定。稍微容易些的是方案实施的后果可以估计，即可确定出方案在未来可能出现的各种自然状态及其相应的收益情况，但对各种自然状态在未来发生的概率却无法做出判断，从而无法估算期望收益。在这种情况下，就只能由决策者根据主观选择的一些原则来比较不同方案的经济效果并选择相对收益最好的方案。根据决策者个性的不同，其偏好的决策原则可能很不一样。下面以 A、B 两企业间的竞争为例，介绍非确定型决策的四种典型方案选择原则。

假设 A 企业为经营某产品制定了四种可行的策略，分别是 A1、A2、A3、A4。在该产品目标市场上，有一个主要竞争对手——B 企业，它可能采取的竞争性行动有 B1、B2、B3 三种。A 企业没有指导自己确定四种策略成功概率的经验，但知道在 B 企业采取特定反击策略时自己的收益（如表 2 - 2 左半部分所示）。

表 2 - 2 A 企业在竞争对手三种不同反击策略下的收益状态及方案选择

B 企业可能的反应 A 企业的策略	B1	B2	B3	乐观原则 (X)	悲观原则 (Y)	折中原则 ($\alpha X + \beta Y$)
A1	13	14	11	14	11	
A2	9	15	18	18	9	
A3	24	21	15	24	15	
A4	18	14	28	28	14	
相对收益最大值				28	15	
选取的方案				方案四	方案三	

那么，对于 A 企业来说，理论上择案标准或方案选择原则有以下四种：

1）乐观原则

乐观原则亦称"大中取大"法，或者"好中求好"法。

如果决策者是乐观者，认为未来总会出现最好的自然状态，那么他对方案的比较和选择就会倾向于选取那个在最好状态下能带来最大效果的方案。如表所示，乐观者在决策时是根据每个方案在未来可能取得的最大收益值，也就是方案在最有利的自然状态下的收益值来进行比较，从中选出能带来最大收益的方案四作为决策实施方案。

2）悲观原则

与乐观原则正好相反，悲观的决策者认为未来会出现最差的自然状态，因而为避免风险起见，决策时只能以各方案的最小收益值进行比较，从中选取相对收益为大的方案。所以，依据悲观原则进行的决策也叫做"小中取大"法，或称为"坏中求好"法。以表的例子来看，悲观者在决策时首先会试图找出各方案在各自然状态下的最小收益值，即与最差自然状态相应的收益值，然后进行比较，选择在最差自然状态下仍能带来"最大收益"（或最小损失）的方案作为拟付诸实施的决策方案。本例中，按悲观原则所选取的方案是方案三。

3）折中原则

折中观点的决策者认为要在乐观与悲观两种极端中求得平衡，也即决策时既不能把未来想像得非常光明，也不能将之看得过于黑暗。最好和最差的自然状态均有出现的可能。因此，可以根据决策者个人的估计，给最好的自然状态定一个乐观系数（α），给最差的自然状态定一个悲观系数（β），并且两者之和等于 1（$\alpha + \beta = 1$）；然后，将各方案在最好自然状态下的收益值和乐观系数相乘所得的积，与各方案在最差自然状态下的收益值和悲观系数的乘积相加，由此求得各方案的期望收益值。经过对该值的比较，从中选出期望收益值最大的方案。

4）"最大后悔值"最小化原则

这是考虑到决策者在选定某一方案并组织实施后，如果在未来实际遇到的自然状态并不与决策时的判断相吻合，这就意味着当初如果选取其他的方案反而会使企业得到更好的收益，这无形中表明这次决策存在一种机会损失，它构成了决策的"遗憾值"，或称"后悔值"。这里，"后悔"的意思是选择了一种方案，实际上就放弃了其他方案可能增加的收益，所以，决策者将为此而感到后悔。"最大后悔值"最小化决策原则就是一种力求使每一种方案选择的最大后悔值达到尽量小的决策方法。根据这个原则，决策时应先计算出各方案在各种自然状态下的后悔值，即用某种自然状态下各方案中的最大收益值减去该自然状态下各方案的收益值，所得的差值就表示如果实际出现该种状态将会造成多少的遗憾，然后从每个方案在各状态下的后悔值中找出最大的后悔值，据此对不同方案进行比较，选择最大后悔值最小的方案作为最满意的决策方案，如表 2 - 3 所示。

表 2 - 3　最大后悔值最小化决策方法

| B 企业的可能反应
A 企业的策略 | B1 | B2 | B3 | 后悔值 | | | 最大后悔值 |
				24 - B1	21 - B2	28 - B3	
A1	13	14	11	11	7	17	17
A2	9	15	18	15	6	10	15
A3	24	21	15	0	0	13	13
A4	18	14	28	6	7	0	7
相对收益最大值 最大后悔值中的最小值 选取的决策方案	24	21	28				7 方案四

综上所述，对于不确定类型的决策，包括风险型决策和非确定型决策，决策者本身对决策所依据的原则的选择，将最终影响其对决策方案的选择。因此在不确定情形下，决策实际上很难达到真正的"最优化"，理想的方案只不过是按照决策者事先选定的原则来选择的相对满意的方案。

第三节　计划的类型和程序

计划是对未来行动的预先安排，是一种针对未来的筹谋、规划、谋划、策划、企划等。任何管理人员都必须制订计划。古人所说的"运筹帷幄"，就是对计划职能的最形象的概括。管理者必须有能力预测今后可能发生的事情。除了少数常规活动外，任何组织和管理活动都需要计划。计划工作的内容包括对组织活动环境的分析与预测，组织活动方向、内容和方式的选择和决策，以及将决策加以落实的具体计划方案的编制等有机联系的环节。对美国 500 家大型企业组织的调查表明，它们中有 94% 进行长期计划。因此，计划通常被称为首要的管理职能，它构成了其他所有职能的基础。

计划是管理者合理利用资源、协调和组织各方面的力量以实现组织目标的重要手段。它在管理的各项工作中具有极为重要的作用。

尽管不同的组织所制订的具体计划的内容不尽相同，但计划必须清楚地确定和描述下述内容：做什么？为什么做？何时做？何地做？谁去做？怎么做？即"5W1H"。

W（What）："做什么"是计划工作首先要回答的问题。作为一个组织的决策人或决策集体，必须高瞻远瞩地分析市场行情、市场动态、发展趋势、行业发展、主攻目标、客户群体的消费心理及变化趋势、国家宏观的有关政策以及本组织在同行业中综合实力所处的位置，切实做到知己知彼。只有"做什么"选择得准确，把握住了机会，才会具备事业成功的基础。

W（Why）："为什么做"就是解决组织中全体成员的认识问题，要对组织的工作目标、战略意图进行可行性论证，把全体成员的思想认识统一到组织的目标、战略意图上来。"为什么做"起到统一意志、鼓舞士气的作用。

W（When）："何时做"就是要规定计划中各项工作开始及完成的进度和时间，以便有效控制和对财力、物力进行平衡。"何时做"要求组织的决策层有超前的眼光，准确把握市场未来的发展趋势，调动、调配组织的一切资源。

W（Where）："何地做"就是规定计划的实施地点和场所，了解计划实施的环境条件和限制因素，以便合理安排计划实施的空间组织和布局。确定"何地做"往往受到诸多因素的制约，并且，这些因素往往利弊相连。

W（Who）："谁去做"是指计划不仅要明确规定目标、任务、地点和进度，而且还要规定由哪些部门、哪些人员负责。

H（How）："怎样做"就是制订实现计划的措施以及相应的政策和规则，对资源进行合理分配，对人力、生产能力进行平衡。"怎样做"与前面讲的"谁去做"是计划工作中相对容易确定的因素，应尽力把它做好。

实际上，一个完整的计划还应包括控制和考核。也就是告诉实施计划的部门或人员做成什么样子，达到什么目标，有什么行为规则等。好的计划能为组织的发展壮大奠定基础。

1.计划与决策的关系

有关计划的含义可从多种关于计划的定义中得到理解。

"计划是一种普遍的和连续的执行功能，它包括复杂的领悟、分析、理性思考、沟通、决策和执行的过程。"

阿考夫把计划定义为"对所追求的目标及实现该目标的有效途径进行设计"。这个定义阐明了计划的重要方面，即执行行动方案的有效性。

多数定义认为，计划是预先制订的行动方案。这种定义的基本要素有：目标、行动、认知及因果关系、实现计划的组织或个人。计划制订者面临着一种挑战，这种挑战就是如何应付未来及其不确定性。计划制订者要展望未来并预测他认为将会发生的事情，即预测明天、下周、下月甚至明年将会发生的事情，以使他的计划与这种状况相适应。因此，计划是为未来制订的。

摩尔认为，计划就是为我们所做的事情制定规则，避免迷惑与匆忙行事，充分利用资源并且减小浪费。计划是控制的基础。

计划是一个连续的行为过程，因为只要组织还存在，这个过程就会一直进行下去。管理者不应停止计划。由于环境条件有变化，原有计划或者被更新和修改，或者被新计划所替代。当一种状态要求一整套全新的目标时，新的计划就会代替原有的计划。因此，计划一直处于变动或修改阶段，但并不是被取消。

计划是通向目标的桥梁，计划使将来可能不发生的事情变得可能发生。计划是一个利用智慧的过程，它要求我们必须有意识地决定行动方案。

在实践中，我们运用计划和决策这两个词时，通常混淆不清。事实上，计划与决策是两个既相互区别、又相互联系的概念。具有一定经验的管理者都明白，决策和计划之间即使表面上没有充分联系，内在也必然存在应有的"暧昧"。基于决策和计划之间存在这样的联系，管理者要善于制定决策，并考虑到两者之间的相互影响。

首先在决策之前发现问题以影响计划。决策需要发现问题，计划需要解决问题。而这些值得关注的问题，就是企业希望的现象与目前存在现象之间的差距。决策，正是解决那些差距的方向性，而计划，则是解决这些差距的方法性。

因此，为了确保决策的目标正确而合理，并能够同计划共同起作用，管理者需要对问题进行研究分析。例如，问题的产生有着不同的原因，其中哪些是主要原因，应该加以确定；即使同一类原因，也有根本原因，管理者需要经过纵向的分析加以确定。这样，决策才能对计划产生指导意义。

其次用目标来结合决策和计划。确定目标，是制定科学决策的前提。同样，也是让计划更加科学的基础。因此，对于目标的确立，应从以下几个方面来对决策和计划加以结合。第一，让目标具有更多确定内涵。管理者应当让目标更加确定，从而保证执行者无论是在理解决策还是在执行计划时，都能够明确领会其含义。第二，要明确目标的约束条件。决策的目标，可以分为有条件的和无条件的。对于前者，其条件也应该具体反映到计划中去，从而增加计划的可行性。所以在决策之前，管理者不仅要学会确定目标，还要明确其约束条件。第三区分决策的主次目标。决策的目标并非只有一个，因此，管理者要注重主要目标，或者将其他次要目标进行合并、协调、舍弃，这样才能利用对决策目标的明确来让计划更加清晰完整、意义突出。

再次，决策开始于对计划的选择。决策的意义在于挑选出最优秀的方法，因此，没有对计划的决策，就没有决策本身。管理者必须尽可能地进行详细的准备工作，列出所有可以进行的备用计划。

对计划的决策选择过程，就是对计划进行推想、分析和淘汰、提高的过程。管理者应该在这样的选择过程开始之初，尽可能地提出一些备用计划。然后，再将之相互对比，淘汰那些对决策作用不大或者缺乏现实意义的计划，最终剩下的才是可行的计划。

2. 计划的类型

由于人类活动的复杂性与多元性，计划的种类也变得十分复杂和多样。人们根据不同的背景、不同的需要编制出各种各样的计划。

2.1 战略性计划、战术性计划与作业计划

应用于整体组织的、为组织设立总体目标和寻求组织在环境中的地位的计划，称为战略性计划。战略性计划是对组织全部活动所作的战略安排，通常具有长远性、单值性和较大的

弹性，需要全面考虑各种确定性与不确定性的情况，应谨慎制订以指导组织的全面活动。战术性计划一般是一种局部性的、阶段性的计划，多用于指导组织内部某些部门的共同行动，以完成某些具体的任务，实现某些具体的阶段性目标。作业计划则是给定部门或个人的具体行动计划。作业计划通常具有个体性、可重复性和较大的刚性，一般情况下是必须执行的命令性计划。

战略性计划与作业计划在时间框架上、范围上和是否包含已知的一套组织目标方面是不同的。战略性计划趋向于包含持久的时间间隔，通常为 5 年甚至更长，它们覆盖较宽的领域，不规定具体的细节。此外，战略性计划的一个重要任务是设立目标。而作业计划趋向于覆盖较短的时间间隔，如月计划、周计划、日计划就属于作业计划，同时作业计划假定目标已经存在，只是提供实现目标的方法。

战略性计划、战术性计划和作业计划，强调的是组织纵向层次的指导和衔接。

具体来说，战略性计划往往由高层管理人员负责，战术性计划和作业计划往往由中、基层管理人员甚至是具体作业人员负责，战略性计划对战术性计划和作业计划具有指导作用，而战术性计划和作业计划的实施能够确保战略性计划的实施。

2.2 长期计划、中期计划与短期计划

计划可以按照时间期限的长短分成长期计划、中期计划和短期计划。现有的习惯做法是将 1 年及其以内的计划称为短期计划，1 年以上到 5 年以内的计划称为中期计划，5 年以上的计划称为长期计划。但是对一些环境变化很快、本身节奏很快的组织活动，其计划分类也可能一年计划就是长期计划，季度计划就是中期计划，月计划是短期计划。

长期计划描述了组织在较长时期(通常 5 年以上)的发展方向和方针，规定了组织的各个部门在较长时期内从事某种活动应达到的目标和要求，绘制了组织长期发展的蓝图。短期计划具体地规定了组织的各个部门在目前到未来的各个较短的时期阶段，特别是最近的时段中，应该从事何种活动，从事该种活动应达到何种要求，因而为各组织成员在近期内的行动提供了依据。

2.3 业务计划、财务计划与人事计划

根据职能标准来分类，可以将计划分成业务计划、财务计划以及人事计划。组织是通过从事一定专业活动立身于社会的，业务计划是组织的主要计划。长期业务计划主要涉及业务方面的调整或业务规模的发展，短期业务计划则主要涉及业务活动的具体安排。

财务计划与人事计划是为业务计划服务的，也是围绕着业务计划而展开的。财务计划研究如何从资金(本)的提供和利用上促进业务活动的有效进行，人事计划则分析如何为业务规模的维持或扩展提供人力资源的保证。

2.4 政策、程序和规则

哈罗德·孔茨和海因·韦里克从抽象到具体，把计划划分为目的或使命、目标、战略、政策、程序、规则、方案，以及预算。

1)目的或使命

它指明一定的组织机构在社会上应起的作用，所处的地位。它决定组织的性质，决定此组织区别于彼组织的标志。各种有组织的活动，如果要使它有意义的话，至少应该有自己的目的或使命。比如，大学的使命是教书育人和科学研究，研究院所的使命是科学研究，医院的使命是治病救人，法院的使命是解释和执行法律，企业的目的是生产和分配商品和服务。

2）目标

组织的目的或使命往往太抽象，太原则化，它需要进一步具体为组织一定时期的目标和各部门的目标。组织的使命支配着组织各个时期的目标和各个部门的目标。而且组织各个时期的目标和各部门的目标是围绕组织存在的使命所制定的，并为完成组织使命而努力的。虽然教书育人和科学研究是一所大学的使命，但一所大学在完成自己使命时会进一步具体化不同时期的目标和各院系的目标，比如最近 3 年培养多少人才，发表多少论文等。

3）战略

战略是为了达到组织总目标而采取的行动和利用资源的总计划，其目的是通过一系列的主要目标和政策去决定和传达一个组织期望自己成为什么样的组织。战略并不打算确切地概述组织怎样去完成它的目标，这是无数主要的和次要的支持性计划的任务。

4）政策

政策是指导或沟通决策思想的全面的陈述书或理解书。但不是所有政策都是陈述书，政策也常常会从主管人员的行动计划中含蓄地反映出来。比如，主管人员处理某问题的习惯方式往往会被下属作为处理该类问题的模式，这也许是一种含蓄的、潜在的政策。政策能帮助事先决定问题处理方法，这一方面减少对某些例行问题时间上处理的成本，另一方面把其他计划统一起来了。政策支持了分权，同时也支持了上级主管对该项分权的控制。政策允许对某些事情处理的自由，一方面我们切不可把政策当作规则，另一方面我们又必须把这种自由限制在一定的范围内。自由处理的权限大小一方面取决于政策本身，另一方面取决于主管人员的管理艺术。

5）程序

程序是制定处理未来活动的一种必需方法的计划。它详细列出必须完成某类活动的切实方式，并按时间顺序对必要的活动进行排列。它与战略不同，它是行动的指南，而非思想指南。它与政策不同，它没有给行动者自由处理的权力。处于理论研究的考虑，我们可以把政策与程序区分开来，但在实践工作中，程序往往表现为组织的政策。比如，一家制造企业的处理定单程序、财务部门批准给客户信用的程序、会计部门记载往来业务的程序等，都表现为企业的政策。组织中每个部门都有程序，并且在基层，程序更加具体化、数量更多。

6）规则

规则没有酌情处理的余地。它详细、明确地阐明必需行动或无需行动，其本质是一种管理决策。规则通常是最简单形式的计划。

规则不同于程序。其一，规则指导行动但不说明时间顺序；其二，可以把程序看作是一系列的规则，但是一条规则可能是也可能不是程序的组成部分。比如，"禁止吸烟"是一条规则，但和程序没有任何联系；而一个规定为顾客服务的程序可能表现为一些规则，如在接到顾客需要服务的信息后 30 分钟内必须给予答复。

规则也不等于政策。政策的目的是指导行动，并给执行人员留有酌情处理的余地；而规则虽然也起指导作用，但是在运用规则时，执行人员没有自行处理之权。

必须注意的是，就其性质而言，规则和程序均旨在约束思想；因此只有在不需要组织成员使用自行处理权时，才使用规则和程序。

7）方案（或规划）

方案是一个综合的计划，它包括目标、政策、程序、规则、任务分配、要采取的步骤、要使用的资源以及为完成既定行动方针所需要的其他因素。一项方案可能很大，也可能很小。通常情况下，一个主要方案（规划）可能需要很多支持计划。在主要计划进行之前，必须要把这些支持计划制定出来，并付诸实施。所有这些计划都必须加以协调和安排时间。

8) 预算

预算是一份用数字表示预期结果的报表。预算通常是为规划服务的，其本身可能也是一项规划。

2.5　指令性计划与指导性计划

计划按照其对执行者的约束力大小，可分为指令性计划和指导性计划两大类。其中指令性计划一般是由上级主管部门向下级下达的具有严格约束力的计划。指令性计划一经下达，计划的执行者就必须遵照计划开展活动，并且要尽一切努力去完成计划。指导性计划可以是上级主管部门下达的，也可以是同级部门编制的，它对于计划执行者不具有严格的约束力，是一种参考性的计划。对于这种计划，计划执行部门可以根据本部门的具体情况，决定是执行计划还是需要对计划进行必要的修改，这样实际上计划执行者就是在指导性计划的指导下开展本部门的活动。

3.影响计划有效性的权变因素

计划的有效性会受到三种权变因素的影响。

3.1　组织层次

在大多数情况下，基层管理者的计划活动主要是制订作业计划，当管理者在组织中的等级上升时，他的计划角色就更具有战略导向性。对于大型组织的最高管理者，他的计划任务基本上都是战略性的。而在小企业中，所有者兼管理者的计划角色兼有战略和作业两方面的性质。

3.2　组织的生命周期

组织都要经历一个生命周期，开始于形成阶段，然后是成长、成熟，最后是衰退。在组织生命周期的各个阶段，计划的类型并非都具有相同的性质，计划的时间长度和明确性应当在不同的阶段有相应的调整。在组织的幼年期，管理者应更多地依赖指导性计划，因为处于这一阶段要求组织具有很高的灵活性。在这个阶段，目标是尝试性的，资源的获取具有不确定性，辨认目标顾客很难，而指导性计划使管理者可以随时按需要进行调整。在成长阶段，随着目标更确定、资源更容易获取和顾客忠诚度的提高，计划也更具有明确性，因此管理者应当制订短期的、更具体的计划。当组织进入成熟期这一相对稳定的时期，可预见性最大，从而也最适于长期的具体计划。当组织从成熟期进入衰退期时，计划也从具体性转入指导性，这时目标要重新考虑，资源要重新分配，管理者应制订短期的、更具指导性的计划。

3.3　环境的不确定性程度

环境的不确定性程度越大，计划越应当是指导性的，计划期限也应越短。

如果正在发生迅速和重要的技术、社会、经济、法律和其他变化，那么，精确制订的计划反而会成为组织取得绩效的障碍。此时，环境变化越大，计划就越不需要精确，管理就越应当具有灵活性。

总之，在不断变化的世界中，计划必须是灵活的。因为，在不断变化的世界中，环境变得更具有动态性和不确定性，所以不可能准确地预测未来。因此，管理良好的组织很少在非常详细的、定量化的计划上花费时间，而是开发面向未来的多种方案，但这并不等于说计划是不重要的。下面我们将解释计划的作用以说明计划的必需和重要性。

4. 计划工作的程序

任何计划工作都要遵循一定的程序或步骤。虽然小型计划比较简单，大型计划复杂些，但是，管理人员在编制计划时，其工作步骤都是相似的，依次包括以下内容：

4.1 认识机会

认识机会先于实际的计划工作开始以前，严格来讲，它不是计划的一个组成部分，但却是计划工作的一个真正起点。因为它预测到了未来可能出现的变化，清晰而完整地认识到组织发展的机会，搞清了组织的优势、弱点及所处的地位，认识到组织利用机会的能力，意识到不确定因素对组织可能发生的影响程度等。

认识机会，对做好计划工作十分关键。一位经营专家说过："认识机会是战胜风险求得生存与发展的诀窍。"诸葛亮"草船借箭"的故事流传百世，其高明之处就在于他看到了三天后江上会起雾，而曹军有不习水性不敢迎战的机会，神奇般地实现了自己的战略目标。企业经营中也不乏这样的例子。

4.2 确定目标

制定计划的第二个步骤是在认识机会的基础上，为整个组织及其所属的下级单位确定目标，目标是指期望达到的成果，它为组织整体、各部门和各成员指明了方向，描绘了组织未来的状况，并且作为标准可用来衡量实际的绩效。计划的主要任务，就是将组织目标进行层层分解，以便落实到各个部门、各个活动环节，形成组织的目标结构，包括目标的时间结构和空间结构。

4.3 确定前提条件

所谓计划工作的前提条件就是计划工作的假设条件，简言之，即计划实施时的预期环境。负责计划工作的人员对计划前提了解得愈细愈透彻，并能始终如一地运用它，则计划工作也将做得越协调。

按照组织的内外环境，可以将计划工作的前提条件分为外部前提条件和内部前提条件；还可以按可控程度，将计划工作前提条件分为不可控的、部分可控的和可控的三种前提条件。外部前提条件大多为不可控的和部分可控的，而内部前提条件大多数是可控的。不可控的前提条件越多，不肯定性越大，就愈需要通过预测工作确定其发生的概率和影响程度的大小。

4.4 拟定可供选择的可行方案

编制计划的第四个步骤是，寻求、拟定、选择可行的行动方案。"条条道路通罗马"，描述了实现某一目标的方案途径是多条的。通常，最显眼的方案不一定就是最好的方案，对过去方案稍加修改和略加推演也不会得到最好的方案，一个不引人注目的方案或通常人提不出的方案，效果却往往是最佳的，这里体现了方案创新性的重要。此外，方案也不是越多越好。编制计划时没有可供选择的合理方案的情况是不多见的，更加常见的不是寻找更多的可供选择的方案，而是减少可供选择方案的数量，以便可以分析最有希望的方案。即使用数学方法和计算机，我们还是要对可供选择方案的数量加以限制，以便把主要精力集中在对少数最有希望的方案的分析方面。

4.5 评价可供选择的方案

在找出了各种可供选择的方案和检查了它们的优缺点后，下一步就是根据前提条件和目标，权衡它们的轻重优劣，计划对可供选择的方案进行评估。评估实质上是一种价值判断，它一方面取决于评价者所采用的评价标准；另一方面取决于评价者对各个标准所赋予的权重。一个方案看起来可能是最有利可图的，但是需要投入大量现金，而回收资金很慢；另一方案看起来可能获利较少，但是风险较小；第三个方案眼前看没有多大的利益，但可能更适合公司的长远目标。应该用运筹学中较为成熟的矩阵评价法、层次分析法、多目标评价法，进行评价和比较。如果唯一的目标是要在某项业务里取得最大限度的当前利润，如果将来不是不确定的，如果无需为现金和资本可用性焦虑，如果大多数因素可以分解成确定数据，这样条件下的评估将是相对容易的。但是，由于计划工作者通常都面对很多不确定因素，资本短缺问题以及各种各样无形因素，评估工作通常很困难，甚至比较简单的问题也是这样。一家公司主要为了声誉，而想生产一种新产品；而预测结果表明，这样做可能造成财务损失，但声誉的收获是否能抵消这种损失，仍然是一个没有解决的问题。因为在多数情况下，存在很多可供选择的方案，而且有很多应考虑的可变因素和限制条件，评估会极其困难。

评估可供选择的方案，要注意考虑以下几点：第一，认真考察每一个计划的制约因素和隐患；第二，要用总体的效益观点来衡量计划；第三，既要考虑到每一个计划的有形的可以用数量表示出来的因素，又要考虑到无形的、不能用数量表示出来的因素；第四，要动态地考察计划的效果，不仅要考虑计划执行所带来的利益，还要考虑计划执行所带来的损失，特别注意那些潜在的、间接的损失。

4.6 选择方案

计划工作的第六步是选定方案。这是在前五步工作的基础上，作出的关键一步，也是决策的实质性阶段——抉择阶段。可能遇到的情况是，有时会发现同时有两个以上可取方案。在这种情况下，必须确定出首先采取哪个方案，而将其他方案也进行细化和完善，以作为后备方案。

4.7 制定派生计划

基本计划还需要派生计划的支持。比如，一家公司年初制定了"当年销售额比上年增长15%"的销售计划，与这一计划相连的有许多计划，如生产计划、促销计划等。再如当一家公司决定开拓一项新的业务时，这个决策需要制定很多派生计划作为支撑，比如雇用和培训各种人员的计划、筹集资金计划、广告计划等等。

4.8 编制预算

在做出决策和确定计划后，计划工作的最后一步就是把计划转变成预算，使计划数字化。编制预算，一方面是为了计划的指标体系更加明确，另一方面是使企业更易于对计划执行进行控制。定性的计划往往可比性、可控性和进行奖惩方面比较困难，而定量的计划具有较硬的约束。

第四节 计划方法

计划工作的效率高低和质量好坏在很大程度上取决于所采用的计划方法。现代计划方法为制订切实可行的计划提供了手段。在计划的质量方面，现代计划方法可以确定各种复杂的经济关系，提高综合平衡的准确性，能够在众多的方案中选择最优方案，还能够进行因果分析，科学地进行预测；在效率方面，由于采用了现代数学工具并以计算机技术作为基础，大大加快了计划工作的速度，这使得管理人员可以借助于许多量化的和科学的方法来进行计划。总之，现代计划方法具有许多优点，已经逐渐为更多的计划工作所采用。

计划的方法多种多样，在此仅对几种常见的方法进行简单介绍。

1. 预测

预测是根据现在和过去的信息推测未来的事件或状况。许多管理人员依靠自己的直觉对未来事件进行推测。凭借工作经验，他们能够做到这一点。但是环境的复杂性使得凭直觉来预测不再是一种有效的方法。而且由于发展趋势常常偏离历史趋势，这就使得短期或长期的预测变得越来越困难。近年来，为了预测的需要形成了许多复杂的方法，常用的预测方法有调查法、趋势法和计量经济学模型。

调查法包括观察法、问卷法和访问法。通常需要选择一个样本群体。在选择样本时，可以运用复杂的抽样技术。选择的样本必须能够代表所考察的群体。借助于调查获得的信息，就可以预测了。

运用计量经济学模型是预测的另一种方法。所谓计量经济学，就是把经济学中关于各种经济关系的学说作为假设，运用数理统计的方法，根据实际统计资料，对经济关系进行计量，然后把计量的结果和实际情况进行对照。这种方法对于管理者调节经济活动、加强市场预测，以及合理地安排生产计划、改善经营管理等都具有很大的实用价值。用计量经济学方法解决实际问题的程序如下：

（1）因素分析。即按照问题的实际情况分析影响问题的因素种类、因素间的相互关系，以及各因素对问题的影响程度。

（2）建立模型。根据分析的结果，把影响问题的主要因素列为自变量，所有次要因素都用一个随机误差项表示，而把问题本身作为因变量，然后建立起含有一些未知参数的数学模型。

（3）参数估计。由于模型有许多参数需要确定，这就要用计量经济学方法，利用统计资料加以确定。参数估算出来之后就要计算相关系数，以检查自变量对因变量的影响程度。此外，还要对参数进行理论检验和统计检验，如果这两项检验结果不好就要分析原因，修改模型，重新进行第三步，直至模型满意为止。

（4）实际应用。计量经济学模型主要有三种用途：第一种用途为经济预测，即预测因变量在将来的数值。第二种用途为评价方案，即对计划工作或决策工作中的各种方案进行评价以选择出最优方案。第三种用途为结构分析，即用模型对经济系统进行更深入的分析，深化认识。计量经济学模型的这三种用途都可以应用于计划工作，它能够使计划更加完善、更加科学。

2. 盈亏平衡分析

制订计划常常应用盈亏平衡图。盈亏平衡图的原理前面已经介绍过，这里不再详细论述。几乎每个管理人员都要制订利润计划，盈亏平衡分析对于制订利润计划非常有用。为了获利，总成本一定不能超过总收益。运用盈亏平衡图，可以决定盈亏平衡点，即总成本等于总收益的那一点。运用盈亏平衡图，管理人员能够判断公司是否能销售足够多的产品以达到盈亏平衡，并制订相应的计划。

3.滚动计划法

在管理实践中，长期、中期和短期计划必须有机地衔接起来，长期计划要对中、短期计划具有指导作用，而中、短期计划的实施要有助于长期计划的实现。不考虑长期计划目标，仅局限于短期任务的完成，这种管理工作实际上属于一种无目的的行为。

滚动计划法是按照"近细远粗"的原则制定一定时期内的计划，然后按照计划的执行情况和环境变化，调整和修订未来的计划，并逐期向后移动，把短期计划和中期计划结合起来的一种计划方法(图2-8)。

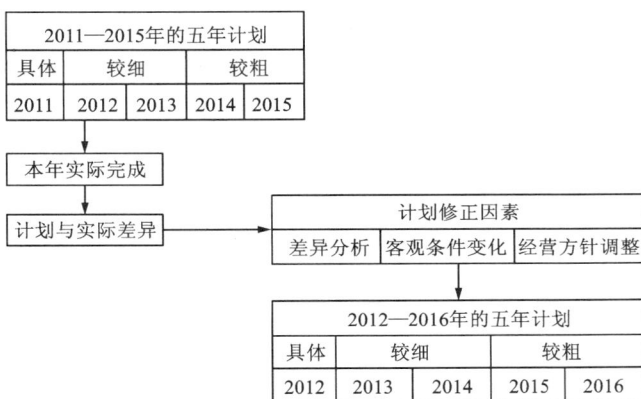

图2-8　滚动计划法

这种方法根据计划的执行情况和环境变化定期修订未来的计划，并逐期向前推移，使短期计划、中期计划有机地结合起来。由于在计划工作中很难准确地预测将来影响组织生存与发展的经济、政治、文化、技术、产业、顾客等各种变化因素，而且随着计划期的延长，这种不确定性就越来越大。因此，如机械的按几年以前编制的计划实施，或机械地、静态地执行战略性计划，则可能导致巨大的错误和损失。滚动计划法可以避免这种不确定性带来的不良后果。具体做法是用近细远粗的办法制定计划。

4.网络计划方法

网络计划技术是一种科学的计划管理方法，它是随着现代科学技术和工业生产的发展而产生的。20世纪50年代，为了适应科学研究和新的生产组织管理的需要，国外陆续出现了一些计划管理的新方法。1956年，美国杜邦公司研究创立了网络计划技术的关键线路方法(缩写为CPM)，并试用于一个化学工程上，取得了良好的经济效果。1958年美国海军武器部在研制"北极星"导弹计划时，应用了计划评审方法(缩写为PERT)进行项目的计划安排、评价、审查和控制，获得了巨大成功。20世纪60年代初期，网络计划技术在美国得到了推广，一切新建工程全面采用这种计划管理新方法，并开始将该方法引入日本和西欧其他国

95

家。随着现代科学技术的迅猛发展、管理水平的不断提高，网络计划技术也在不断发展和完善。目前，它已广泛的应用于世界各国的工业、国防、建筑、运输和科研等领域，已成为发达国家盛行的一种现代生产管理的科学方法。

4.1 网络计划技术包括以下基本内容

1）网络图

网络图是指网络计划技术的图解模型，反映整个工程任务的分解和合成。分解，是指对工程任务的划分；合成，是指解决各项工作的协作与配合。分解和合成是解决各项工作之间，按逻辑关系的有机组成。绘制网络图是网络计划技术的基础工作。

2）时间参数

在实现整个工程任务过程中，包括人、事、物的运动状态。这种运动状态都是通过转化为时间函数来反映的。反映人、事、物运动状态的时间参数包括：各项工作的作业时间、开工与完工的时间、工作之间的衔接时间、完成任务的机动时间及工程范围和总工期等。

3）关键路线

通过计算网络图中的时间参数，求出工程工期并找出关键路径。在关键路线上的作业称为关键作业，这些作业完成的快慢直接影响着整个计划的工期。在计划执行过程中关键作业是管理的重点，在时间和费用方面则要严格控制。

4）网络优化

网络优化，是指根据关键路线法，通过利用时差，不断改善网络计划的初始方案，在满足一定的约束条件下，寻求管理目标达到最优化的计划方案。网络优化是网络计划技术的主要内容之一，也是较之其他计划方法优越的主要方面。

5）确定目标

确定目标，是指决定将网络计划技术应用于哪一个工程项目，并提出对工程项目和有关技术经济指标的具体要求。如在工期方面，成本费用方面要达到什么要求。依据企业现有的管理基础，掌握各方面的信息和情况，利用网络计划技术为实现工程项目，寻求最合适的方案。

6）分解工程项目，列出作业明细表

一个工程项目是由许多作业组成的，在绘制网络图前就要将工程项目分解成各项作业。作业项目划分的粗细程度视工程内容以及不同单位要求而定，通常情况下，作业所包含的内容多，范围大多可分粗些，反之细些。作业项目分得细，网络图的结点和箭线就多。对于上层领导机关，网络图可绘制的粗些，主要是通观全局、分析矛盾、掌握关键、协调工作、进行决策；对于基层单位，网络图就可绘制得细些，以便具体组织和指导工作。

在工程项目分解成作业的基础上，还要进行作业分析，以便明确先行作业（紧前作业），平行作业和后续作业（紧后作业）。即在该作业开始前，哪些作业必须先期完成，哪些作业可以同时平行地进行，哪些作业必须后期完成，或者在该作业进行的过程中，哪些作业可以与之平行交叉地进行。

在划分作业项目后便可计算和确定作业时间。一般采用单点估计或三点估计法，然后一并填入明细表中。明细表的格式如表 2-4 所示。

表 2 - 4　时间作业明细表

作业名称	作业代号	作业时间	紧前作业	紧后作业

4.2　绘制网络图的方法

根据作业时间明细表,可绘制网络图。网络图的绘制方法有顺推法和逆推法。

(1)顺推法:即从始点时间开始根据每项作业的直接紧后作业,顺序依次绘出各项作业的箭线,直至终点事件为止。

(2)逆推法:即从终点事件开始,根据每项作业的紧前作业逆箭头前进方向逐一绘出各项作业的箭线,直至始点事件为止。

同一项任务,用上述两种方法画出的网络图是相同的。一般习惯于按反工艺顺序安排计划的企业,如机器制造企业,采用逆推较方便,而建筑安装等企业,则大多采用顺推法。按照各项作业之间的关系绘制网络图后,要进行节点的编号。

4.3　计算网络时间,确定关键路线

根据网络图和各项活动的作业时间,就可以计算出全部网络时间和时差,并确定关键线路。具体计算网络时间并不太难,但比较烦琐。在实际工作中影响计划的因素很多,要耗费很多的人力和时间。因此,只有采用电子计算机才能对计划进行局部或全部调整,这也是为推广应用网络计划技术提出了新内容和新要求。

4.4　进行网络计划方案的优化

找出关键路径,也就初步确定了完成整个计划任务所需要的工期。这个总工期,是否符合合同或计划规定的时间要求,是否与计划期的劳动力、物资供应、成本费用等计划指标相适应,需要进一步综合平衡,通过优化,择取最优方案。然后正式绘制网络图,编制各种进度表,以及工程预算等各种计划文件。

4.5　网络计划的贯彻执行

编制网络计划仅仅是计划工作的开始。计划工作不仅要正确地编制计划,更重要的是组织计划的实施。网络计划的贯彻执行,要发动群众讨论计划,加强生产管理工作,采取切实有效的措施,保证计划任务的完成。在应用电子计算机的情况下,可以利用计算机对网络计划的执行进行监督、控制和调整,只要将网络计划及执行情况输入计算机,它就能自动运算、调整,并输出结果,以指导生产。

第五节　目标管理

案例导入

聚焦硬件制造及科技服务差异的目标管理
——联想公司与惠普公司的案例比较

一、案例介绍

1.联想公司的目标管理

联想集团成立于1984年，由中科院计算所投资20万元人民币、11名科技人员创办，到今天已经发展成为一家在信息产业内多元化发展的大型企业集团，拥有近六万名员工。2015年，在全国工商联主办评选的中国民营企业500强中，联想控股股份有限公司、华为投资控股有限公司和苏宁控股集团位列500强前三名，在2015《财富》世界500强中联想公司位列第231位。联想的使命可以概括为"四为"：为客户、为股东、为社会、为员工。为客户，提供信息技术、工具和服务，使人们的生活和工作更加简便、高效、丰富多彩；为社会，服务社会文明进步；为股东，回报股东长远利益；为员工，创造发展空间，提升员工价值，提高工作生活质量。

联想集团的考核体系结构，主要围绕"静态的职责＋动态的目标"两条主线展开，出发点是建立目标与职责协调一致的岗位责任考核体系。考核实施体系的框架包括四个部分：职责分解、目标分解、目标与职责结合、考核实施。

2. 惠普公司"知易行难"的目标管理

惠普公司是一家全球领先的计算、成像解决方案与服务的供应商。经过多年的发展，这个从车库里走出来的公司，已经在全球100多个国家建立有分支机构，拥有30200名员工。在2015年美国财富500强中名列第19位，《财富》世界500强中列第53位，全球有六分之一的人口在使用惠普的产品。

虽然目标管理的实施原理是相通的，但是具体到每个公司却有着质的区别。惠普公司目标管理的特点是"知易行难"，主要目的是在工作过程中培养员工的领导力，其具体内容为：①了解并信任每一位员工。②用SMART法则设定目标。③实践目标管理的三要素：数据、GAP分析和激励。

二、联想公司和惠普公司案例分析比较

本文选取的联想、惠普同属科技企业，一个是国内企业，另一个是跨国公司，都有其各自的管理和文化特点，能够在可比性的基础上体现出差异性，具有探讨的价值和得出结论的可能性。

对比两个公司的案例，我们可初步得出结论：

1. 联想公司在目标管理中，更偏重于"物"，硬件制造

联想公司在目标管理中，更偏重于硬件制造，这与公司目前所处的发展阶段、发展目标是相适应的。相比1939年成立的惠普公司，联想公司创建于1984年，成立时间较短，在其企业自身成长的五阶段中，仍处于第2阶段或者第3阶段。与惠普公司转型到科技服务业不同，联想公司更偏重于提供硬件设备。通过惠普公司和联想公司的营业收入及利润对比表，我们发现，2014年，联想公司的利润总额为828.7(百万美元)，同期，惠普公司的利润总额为5013(百万美元)，以较低利润，硬件制造业为主的联想公司净利率1.8%，资产收益率3.1%。低于同期以科技服务业为主的惠普公司的净利率为4.5%，资产收益率为4.9%。

2. 惠普公司在目标管理中，更偏重于"人"，科技服务

惠普公司的目标管理中，更偏重于科技服务。公司在发展过程中，一直努力扭转人们脑海中的硬件公司形象，通过战略转型，主营业务、业务增值、管理模式及赢利来源等以服务为主的商业模式，把自己塑造成一家领先的软件和IT服务商。

惠普之所以选择，以科技服务为主的目标管理，还是因为科技服务业具备以下特征：①知识智力密集性。②效益的高外部性。

你如何看待这两家公司的管理?

1. 目标管理的概念

"目标管理"的概念是管理专家彼得·德鲁克(Peter Drucker)1954 年在其名著《管理实践》中最先提出的,其后他又提出"目标管理和自我控制"的主张。德鲁克认为,并不是有了工作才有目标,而是相反,有了目标才能确定每个人的工作。所以"企业的使命和任务,必须转化为目标",如果一个领域没有目标,这个领域的工作必然被忽视。因此管理者应该通过目标对下级进行管理,当组织最高层管理者确定了组织目标后,必须对其进行有效分解,转变成各个部门以及各个人的分目标,管理者根据分目标的完成情况对下级进行考核、评价和奖惩。

目标管理提出以后,便在美国迅速流传。时值第二次世界大战后西方经济由恢复转向迅速发展的时期,企业急需采用新的方法调动员工积极性以提高竞争能力,目标管理的出现可谓应运而生,遂被广泛应用,并很快为日本、西欧国家的企业所仿效,在世界管理界大行其道。

目标管理的具体形式各种各样,但其基本内容是一样的。所谓目标管理乃是一种程序或过程,它使组织中的上级和下级一起协商,根据组织的使命确定一定时期内组织的总目标,由此决定上、下级的责任和分目标,并把这些目标作为组织经营、评估和奖励每个单位和个人贡献的标准。

目标管理指导思想上是以 Y 理论为基础的,即认为在目标明确的条件下,人们能够对自己负责。目标管理与传统管理的共同要素:明确目标、参与决策、规定期限、反馈绩效。

目标管理的特点可以总结为以下几个:

1)重视人的因素

目标管理是一种参与的、民主的、自我控制的管理制度,也是一种把个人需求与组织目标结合起来的管理制度。在这一制度下,上级与下级的关系是平等、尊重、依赖、支持,下级在承诺目标和被授权之后是自觉、自主和自治的。

2)建立目标锁链与目标体系

目标管理通过专门设计的过程,将组织的整体目标逐级分解,转换为各单位、各员工的分目标。从组织目标到经营单位目标,再到部门目标,最后到个人目标。在目标分解过程中,权、责、利三者已经明确,而且相互对称。这些目标方向一致,环环相扣,相互配合,形成协调统一的目标体系。只有每个人员完成了自己的分目标,整个企业的总目标才有完成的希望。

3)重视成果

目标管理以制定目标为起点,以目标完成情况的考核为终结。工作成果是评定目标完成程度的标准,也是人事考核和奖评的依据,成为评价管理工作绩效的唯一标志。至于完成目标的具体过程、途径和方法,上级并不过多干预。所以,在目标管理制度下,监督的成分很少,而控制目标实现的能力却很强。

2. 实施目标管理的基础与条件

2.1 目标管理基础工作

1）目标管理的含义和特点

目标管理基础工作就是为建立目标管理制度而所做的起点性工作，是为建立目标管理制度和发挥各项专业管理的作用而提供的必不可少的经常性工作。由于组织系统担负的任务不同，不同行业、不同部门、不同单位基础工作的内容必然各有侧重，不尽相同。但基本的内容应该包括基础知识教育、标准化和信息工作三项。其中基础知识教育是前提，标准化是依据，信息工作是关键。它们组成一个有机整体，缺一不可。目标管理基础工作具有以下三个主要特点：

（1）先行性、连续性和稳定性。基础工作大都建立在各项专业管理之前，并贯穿于整个管理活动过程。例如标准化，在推行目标管理中，确定目标应以标准为依据，实施目标和绩效审核也同样离不开标准，所以标准化应先行，且应保持连续性和稳定性。

（2）空间上的低层次性和群众性。基础工作一般发生或作用于较低层次的具体工作中。这是因为，它是各项专业管理职能发挥作用的前提和依据。所以必须围绕管理组织系统和总目标踏踏实实地去做，应设置相应的组织机构或配备专职管理人员，做到基础工作扎实可靠。

（3）内容上的多维性和多层次性。多维性是指基础工作包括多种不同的角度和多个方面，它们互相交叉、互相渗透，又能各自单独地发挥作用。多层次则是指其工作内容涉及管理组织系统的各个层次、各个岗位、各类人员。因此，全体人员必须共同努力才能做好基础工作。

2）目标管理工作中的信息处理

现代管理系统离不开信息，特别是随着科学技术的进步和社会生产力的不断发展，对信息工作的要求越来越高。信息的基本要求有几点：第一，适用。适用要求所提供的信息是有用的，适合需要的。这是搜集信息要注意的首要问题。第二，及时。及时要求能够灵敏、迅速地发现和提供管理活动所需的各种信息。第三，准确。第四，经济。

做好信息工作应注意以下的问题。第一，注意提高原始记录的质量。第二，做好统计工作。统计工作是指搜集、整理、分析研究各种信息统计资料并对之进行推论的工作。第三，运用现代信息技术。随着电子计算机和现代化通信技术的大力运用，政务电子化、网络化势在必行，建立现代化的信息系统十分必要。

2.2 实行目标管理的基本条件

（1）推行目标管理要有一定的思想基础和科学管理基础。要教育员工树立全局观念，长远利益观念，正确理解国家、公司和个人之间的关系。因为推行目标管理容易滋长急功近利本位主义倾向，如果没有一定的思想基础，设定目标时就可能出现不顾整体利益和长远利益的现象。科学管理基础是指各项规章制度比较完善，信息比较畅通，能够比较准确的度量和评估工作成果。这是推行目标管理的基础。而这个基础工作是需要长期的培训和教育才可以逐步建立起来的。

（2）推行目标管理关键在于领导。领导对各项指标都要心中有数，工作不深入，没有专业的知识，不了解下情，不熟悉生产，不会经营管理是不行的，因而对领导的要求更高。领导与下属之间不是命令和服从的关系，而是平等、尊重、信赖和相互支持。领导要改进作风、提高水平、发扬民主、善于沟通，在目标设立过程和执行过程中，都要善于沟通，使大家的方向一致，目标之间相互支持，同时领导还要和下级要就实现各项目标所需要的条件以及实现目标的奖惩事宜达成协议，并授予下级以相应的支配人、财、物和对外交涉等权力，充分发挥下属的个人能动性以使目标得以实现。

（3）目标管理要逐步推行、长期坚持。推行目标管理有许多相关配套工作，如提高员工的素质，健全各种责任制，做好其他管理的基础工作，制定一系列的相关政策。这些都是企业的长期任务，因此目标管理只能逐步推行，而且要长期坚持，不断完善，才能达到良好的效果。

（4）推行目标管理要确定好目标。一个好的目标是切合实际的，通过努力可以实现的（不通过努力可以实现的目标，不能算好目标）。而且一个好的目标，必须具有关联性、阶段性，并兼顾结果和过程，还需要数据采集系统、差距检查与分析、及时激励制度的支撑。这些量化管理方法与目标管理相辅相成，可以帮助经理人在激发员工的主动性和创造性的同时，还能及时了解整个团队的工作进度，不折不扣地完成任务。从而在更大程度上促进员工的主动性，为在日常工作中提高员工领导力，提供了良性循环的基础。

（5）推行目标管理要注重信息管理。目标管理体系中，信息的管理扮演着举足轻重的角色，确定目标需要获取大量的信息为依据；展开目标需要加工、处理信息；实施目标的过程就是信息传递与转换的过程。信息工作是目标管理得以正常运转的基础。

3. 目标管理的程序

目标管理的具体做法分三个阶段：第一阶段为目标的设置；第二阶段为实现目标过程的管理；第三阶段为测定与评价所取得的成果。

3.1　目标的设置

这是目标管理最重要的阶段，第一阶段可以细分为四个步骤：

(1)高层管理预定目标，这是一个暂时的、可以改变的目标预案。即可以上级提出，再同下级讨论；也可以由下级提出，上级批准。无论哪种方式，必须共同商量决定。其次，领导必须根据企业的使命和长远战略，估计客观环境带来的机会和挑战，对本企业的优劣有清醒的认识。对组织应该和能够完成的目标心中有数。

(2)重新审议组织结构和职责分工。目标管理要求每一个分目标都有确定的责任主体。因此预定目标之后，需要重新审查现有组织结构，根据新的目标分解要求进行调整，明确目标责任者和协调关系。

(3)确立下级的目标。首先下级明确组织的规划和目标，然后商定下级的分目标。在讨论中上级要尊重下级，平等待人，耐心倾听下级意见，帮助下级发展一致性和支持性目标。分目标要具体量化，便于考核；分清轻重缓急，以免顾此失彼；既要有挑战性，又要有实现可能。每个员工和部门的分目标要和其他的分目标协调一致，支持本单位和组织目标的实现。

(4)上级和下级就实现各项目标所需的条件以及实现目标后的奖惩事宜达成协议。分目标制定后，要授予下级相应的资源配置的权力，实现权责利的统一。由下级写成书面协议，编制目标记录卡片，汇总所有资料后，绘制出目标图。

3.2　实现目标过程的管理

目标管理重视结果，强调自主，自治和自觉。并不等于领导可以放手不管，相反由于形成了目标体系，一环失误，就会牵动全局。因此领导在目标实施过程中的管理是不可缺少的。首先进行定期检查，利用双方经常接触的机会和信息反馈渠道自然地进行；其次要向下级通报进度，便于互相协调；再次要帮助下级解决工作中出现的困难问题，当出现意外、不可预测事件严重影响组织目标实现时，也可以通过一定的手续，修改原定的目标。

3.3　总结和评估

达到预定的期限后，下级首先进行自我评估，提交书面报告；然后上下级一起考核目标完成情况，决定奖惩；同时讨论下一阶段目标，开始新循环。如果目标没有完成，应分析原因总结教训，切忌相互指责，以保持相互信任的气氛。

4.目标管理的实施原则

目标管理是现代企业管理模式中比较流行、比较实用的管理方式之一。它的最大特征就是方向明确，非常有利于把整个团队的思想、行动统一到同一个目标、同一个理想上来，是企业提高工作效率、实现快速发展的有效手段之一。搞好目标管理必须遵循以下四个原则：

（1）目标制定必须科学合理。目标管理能不能产生理想的效果、取得预期的成效，首先就取决于目标的制定，科学合理的目标是目标管理的前提和基础，脱离了实际的工作目标，轻则影响工作进程和成效，重则使目标管理失去实际意义，影响企业发展大局。

（2）督促检查必须贯串始终。目标管理，关键在管理。在目标管理的过程中，丝毫的懈怠和放任自流都可能贻害巨大。作为管理者，必须随时跟踪每一个目标的进展，发现问题及时协商、及时处理、及时采取正确的补救措施，确保目标运行方向正确、进展顺利。

（3）成本控制必须严肃认真。目标管理以目标的达成为最终目的，考核评估也是重结果轻过程。这很容易让目标责任人重视目标的实现，轻视成本的核算，特别是当目标运行遇到困难可能影响目标的适时实现时，责任人往往会采取一些应急的手段或方法，这必然导致实现目标的成本不断上升。作为管理者，在督促检查的过程当中，必须对运行成本作严格控制；既要保证目标的顺利实现，又要把成本控制在合理的范围内。因为，任何目标的实现都不是不计成本的。

（4）考核评估必须执行到位。任何一个目标的达成、项目的完成，都必须有一个严格的考核评估。考核、评估、验收工作必须选择执行力很强的人员进行，必须严格按照目标管理方案或项目管理目标，逐项进行考核并作出结论，对目标完成度高、成效显著、成绩突出的团队或个人按章奖励，对失误多、成本高、影响整体工作的团队或个人按章处罚，真正达到表彰先进、鞭策落后的目的。

5.目标管理的类型

目标管理有以下几个类型：

（1）业绩主导型目标管理和过程主导型目标管理。这是依据对目标的实现过程是否规定来区分的。目标管理的最终目的在于业绩，所以从根本上说，目标管理也称业绩管理。其实，任何管理其目的都是要提高业绩。

（2）组织目标管理和岗位目标管理。这是从目标的最终承担主体来分的。组织目标管理是一种在组织中自上而下系统设立和开展目标，从高层到低层逐渐具体化，并对组织活动进行调节和控制，谋求高效地实现目标的管理方法。

（3）成果目标管理和方针目标管理。这是依据目标的细分程度来分的。成果目标管理是以组织追求的最终成果的量化指标为中心的目标管理方法。

6. 目标管理的功能

由于目标管理是超前性的管理、系统整体的管理和重视成果的管理以及重视人的管理，因此有以下功能：

（1）克服传统管理的弊端。传统管理主要有两大弊端：一是工作缺乏预见和计划，没事的时候，尽可悠闲自得，一旦意外事件发生，就忙成一团，成天在事务中兜圈子；二是不少组织中的领导信奉传统官僚学的理论，认为权力集中控制才能使力量集中、指挥统一和效率提高。

（2）提高工作成效。目标管理不同于以往的那种只重视按照规定的工作范围和工作程序和方法进行工作的做法，而是在各自目标明晰、成员工作目标和组织总目标直接关联的基础上，鼓励组织成员完成目标。同时，目标同客观的评价基准和奖励相配套。这有利于全面提高管理的绩效。

（3）使个体的能力得到激励和提高。在管理目标建立的过程中，成员可以各抒己见，各显其能，有表现其才能、发挥其潜能的权利和机会；工作成员为了更好地完成其职责和个人目标，必然加强自我训练和学习，不断充电，提高能力；目标管理的确定，既根据个人的能力，又具有某种挑战性，要达到目标，必须努力才有可能。

（4）改善人际关系。根据目标进行管理，组织的上下级沟通会有很大的改善，原因在于：第一，目标制定时，上级为了让员工真正了解组织希望达到的目标，必须和成员商量，必须先有良好的上下沟通和取得一致的意见，这就容易形成团体意识。第二，目标管理理念是每个组织成员的目标，是为组织整体完成并且根据整体目标而制订的。

7. 目标管理体制的评价

目标管理在全世界产生很大影响，但实施中也出现许多问题。因此必须客观分析其优劣势，才能扬长避短，收到实效。

7.1　目标管理的优点

第一，目标管理对组织内易于度量和分解的目标会带来良好的绩效。对于那些在技术上具有可分性的工作，由于责任、任务明确目标管理常常会起到立竿见影的效果，而对于技术不可分的团队工作则难以实施目标管理。

第二，目标管理有助于改进组织结构的职责分工。由于组织目标的成果和责任力图划归一个职位或部门，容易发现授权不足与职责不清等缺陷。

第三，目标管理启发了自觉，调动了职工的主动性、积极性、创造性。由于强调自我控制，自我调节，将个人利益和组织利益紧密联系起来，因而提高了士气。

第四，目标管理促进了意见交流和相互了解，改善了人际关系。

7.2　目标管理的缺点

在实际操作中，目标管理也存在许多明显的缺点，主要表现在：

第一，目标难以制定。组织内的许多目标难以定量化、具体化；许多团队工作在技术上不可解；组织环境的可变因素越来越多，变化越来越快，组织的内部活动日益复杂，使组织活动的不确定性越来越大。这些都使得组织的许多活动制订数量化目标是很困难的。

第二，目标管理的哲学假设不一定都存在。Y理论对于人类的动机作了过分乐观的假设，实际中的人是有"机会主义本性"的，尤其在监督不力的情况下。因此许多情况下，目标管理所要求的承诺、自觉、自治气氛难以形成。

第三，目标商定可能增加管理成本。目标商定要上下沟通、统一思想是很费时间的；每个单位、个人都关注自身目标的完成，很可能忽略了相互协作和组织目标的实现，滋长本位主义、临时观点和急功近利倾向。

第四，有时奖惩不一定都能和目标成果相配合，也很难保证公正性，从而削弱了目标管理的效果。

鉴于上述分析，在实际中推行目标管理时，除了掌握具体的方法以外，还要特别注意把握工作的性质，分析其分解和量化的可能；提高员工的职业道德水平，培养合作精神，建立健全各项规章制度，注意改进领导作风和工作方法，使目标管理的推行建立在一定的思想基础和科学管理基础上；要逐步推行，长期坚持，不断完善，从而使目标管理发挥预期的作用。

7.3 局限性

目标管理有许多优点，但它也有缺陷，这是一个事物的两个方面。有些缺陷是方式本身存在的，有些缺陷是在实施过程中因工作没到位而引起的。

1）目标难确定

真正可考核的目标是很难确定的，尤其是要让各级管理人员的目标都具有正常的"紧张"和"费力"程度，即"不跳够不到"、"跳一跳够得到"的合理程度，是非常困难的。而这个问题恰恰是目标管理能否取得成效的关键。为此，目标设置要比展开工作和拟订计划做更多的研究。

根据先进性、可行性、可量化、可考核等要求确定管理目标体系，会对各级管理人员产生一定的压力。为了达到目标，各级管理人员有可能会出现不择手段的行为。为了防止选择不道德手段去实现目标的可能性，高层管理人员一方面要确定合理的目标，另一方面还要明确表示对行为的期望，给道德的行为以奖励，给不道德的行为以惩罚。

2）目标短期化

几乎在所有实行目标管理的组织中，确定的目标一般都是短期的，很少有超过一年的。其原因是组织外部环境的可能性变化，各级管理人员难以作出长期承诺所致。短期目标的弊端在管理活动中是显而易见的，短期目标会导致短期行为，以损害长期利益为代价，换取短期目标的实现。为防止这种现象的发生，高层管理人员必须从长远利益来设置各级管理目标，并对可能出现的短期行为作出某种限制性规定。

3）目标修正困难

目标管理要取得成效，就必须保持目标的明确性和肯定性，如果目标经常改变，说明计划没有深思熟虑，所确定的目标是没有意义的。但是，如果目标管理过程中，环境发生了重大变化，特别是上级部门的目标已经修改，计划的前提条件或政策已变化的情况下，还要求各级管理人员继续为原有的目标而奋斗，显然是不合时宜的。然而，由于目标是经过多方磋商确定。要改变它就不是轻而易举的事，常常修订一个目标体系与制定一个目标体系所花费的精力和时间是差不多的，结果很可能不得不中途停止目标管理的进程。

思考题

1. 什么是决策？如何理解做正确的事和正确地做事？
2. 决策过程包括哪几个阶段？每个阶段的内容是什么？
3. 集体决策的方法都有哪几种？各有何优点？
4. 决策树法和决策表法有什么不同之处？
5. 什么是程序化决策？什么是非程序化决策？
6. 什么是初始决策？什么是追踪决策？
7. 确定型、风险型、不定型决策的区别在哪里？
8. 战略决策与战术决策：什么关系？谁重谁轻？
9. 什么是计划？对企业有何作用？如何制定？
10. 什么是目标管理？怎样进行目标管理？
11. 为什么要制定滚动计划？制定滚动计划的意义是什么？
12. 网络计划技术有什么优势？如何制定网络计划？

第三章　组　织

【学习目标】

1. 理解和掌握组织的概念；
2. 了解管理宽度与管理层次的关系；
3. 了解几种部门化的特点；
4. 理解和掌握常见组织形式的特点；
5. 理解和掌握影响组织结构选择的因素；
6. 了解管理人员选聘；
7. 理解和掌握组织力量整合中的集权分权与授权、正式组织与非正式组织、直线与职能的关系；
8. 了解组织变革的动力、过程与影响因素。

第一节　组织概述

组织是管理的基本职能之一，组织职能是指按计划对企业的活动及其生产要素进行的分类和组合。组织职能对于发挥集体力量、合理配置资源、提高劳动生产率具有重要的作用。管理学认为，组织职能一方面是指为了实施计划而建立起来的一种结构，该种结构在很大程度上决定着计划能否得以实现；另一方面，是指为了实现计划目标所进行的组织过程。此外，还需要根据组织内外诸要素的变化，不断地对组织结构做出调整和变革，以确保组织目标的实现。

1. 组织的概念

组织的概念可以从不同的角度去理解，很多管理学家也对此作出了各种解释。管理学家曼尼指出：当人们为了一定的目的集中力量时，组织也因而发生。J. D. 曼尼(J. D. Money)给组织下的定义："组织就是为了达到共同目的的所有人员协力合作的形态。"

为了达到共同的目的并协调各组织成员的活动，就有必要明确规定各个成员的职责及其相互关系，这就是组织的中心问题。从曼尼的观点看，组织几乎成了协作与管理的代名词或同义词了。

管理学家 A. 布朗(A. Brown)认为，组织是指为了实现更有效的管理而规定各个成员的职责及职责之间的相互关系。根据布朗的解释，组织一是规定各成员的职责；二是规定职责与职责之间的相互关系。

泰罗和法约尔在组织理论中把组织分为两个层面的形态：一是管理组织；二是作业

组织。

巴纳德把组织定义为：有意识地加以协调的两个或两个以上的人的活动或力量的协作系统。

斯蒂芬·罗宾斯进一步指出，组织是具有明确的目的，包含人员和成员并且具有某种精细结构的群体。

孔茨则把组织定义为：正式的有意形成的职务结构或职位结构等。

根据上述管理学家的观点，结合现在有关学者的最新研究，可以给组织作出如下定义：

所谓组织，是为了达到某些特定目标，在分工与合作的基础上，由不同层次的权力和责任制度而构成的人的集合。作为一个系统的组织概念，按照巴纳德的观点，组织不是集团，而是相互协作的关系系统，是人们相互作用的系统。

作为动词，组织是指在特定的环境条件下，为了有效地实现共同的目标和任务确定组织成员、任务及各项活动之间的关系，对组织资源进行合理配置的过程。

从广义上说，组织是指由诸多要素按照一定方式相互联系起来的系统。从狭义上说，组织就是指人们为实现一定的目标、互相协作结合而成的集体或团体，如党组织、工会组织、企业、军事组织等。狭义的组织专门指人群而言，运用于社会管理之中。在现代社会生活中组织是人们按照一定的目的、任务和形式编制起来的社会集团，组织不仅是社会的细胞、社会的基本单元，而且可以说是社会的基础。

任何组织都是在一定的环境下生存和发展的，组织与它的环境是相互作用的，组织依靠环境来获得资源以及某些必要的机会，环境给予组织活动某些限制而且决定是否接受组织的产出。组织环境的主要要素包括人力、物质、资金、气候、市场、文化、政府政策和法律。

通过组织工作建立起来的组织结构也不是一成不变的，而是随着组织内外部要素的变化而变化的。当原有的组织结构已不能高效地适应实现目标的要求时，也需要进行组织结构的调整和变革。

因此组织作为一个系统，一般从以下几个方面理解：

1）人的集合体

组织是由人构成的。组织的资源配置是通过人来完成的，正是人群形成了组织。组织内部的分工与合作体现着组织的社会性和有效性。企业根据需要设立不同的部门，这是一种分工，每个部门既专门从事一种特定的工作，各个部门之间又要相互配合。只有既分工又合作，才可能实现"1＋1＞2"（两人以上）的总和效率。分工以后，为了使各部门、各工种、各人员各司其职，就要赋予其完成工作所必需的权力，同时，明确各部门及个人的责任。有权无责、有责无权或无权无责都会使组织内部陷入混乱。

2）目标性

目标是组织存在的理由。从本质上讲，组织本身就是为了实现目标而采用的一种手段或工具。对于组织而言，使组织成员在为共同目标奋斗的过程中同时也实现个体目标，是组织生命力和凝聚力的保证。

3）结构性

按照一定的权力层次将要素、部门、成员排列组合而成的一种正式的框架体系，体现着组织各部分的级别顺序和相互关系。管理者面临的挑战是要适应时势来设计科学而又严谨的组织结构，这关系到组织中的职位或岗位的设计问题，包括管理跨度和管现层级，以及跨部门的有效沟通、合作与整合等。

4）适应性

特定的组织存在于特定的环境之中环境与组织相互影响、相互作用。劳伦斯和洛奇通过研究环境的性质对组织的影响时发现，组织结构及其功能随环境的不同而不同，稳定环境中的组织一般有正规的结构，行动也较有规律；动荡环境中的组织则比较灵活，缺少正规的结构。当组织需要对外部环境的迅速变化作出反应时，部门间的界限同组织间的界限一样变得灵活不定。组织受到顾客、竞争者、外部环境及其他相关因索的影响。组织与环境的相互依存具体表现为组织与利益相关的互动，不断地进行物质、能量、信息的交换。组织要适应环境的具体变化，如信息化、市场化和全球化。

2. 管理幅度与管理层次

英国人厄威克最早提出管理幅度的概念，在他提出的组织工作八项原则之中，就有"管理幅度原则"。他指出，管理幅度是有限的，他认为普遍适用的数量界限，即每一个上级领导人所直接领导的下级人员，不应超过 5 ~ 6 人。

英国军事家汉密尔顿认为："组织中上级所辖人数应在 3 ~ 6 人之间，3 人已使上级相当忙碌，6 人也许每天忙碌 10 小时。"

日本管理学者亦认为一个领导人管理的直接下属一般为 8 个人为宜，并称此为"下八律"。

美国管理学家欧内斯特·戴尔（Ernest Dale, 1917—1996）曾调查了 100 家大型企业，其最高经营层的管理幅度为 1 ~ 24 人不等，只有 26 位总裁拥有不到 6 人或 6 人的下属，中位数在 8 ~ 9 人之间。另一次在 41 家中型企业所做的相同调查，25 位总裁有 7 个以上的下属，中位数是 6 ~ 7 人，最常见的人数是 8 人。美国管理协会调查研究揭示，大型公司（超过 5000人）总经理管理幅度平均为 9 人，中型公司（500 ~ 5000 人）总经理管理幅度平均为 7 人。

综上所述，任何主管能够直接有效地指挥和监督的下属数量总是有限的。这个有限的直接领导的下属数量被称作管理幅度，又称"管理宽度"或"管理跨度"。基于管理幅度的限制，随着组织规模的扩大导致管理工作量超出了一个人所能承担的范围时，管理者也需要将担任的部分管理工作再委托给另一些人来进行，以此类推，直至能安排和协调组织成员的具体业务活动，由此形成组织中最高主管到具体工作人员之间的不同管理层次。

在组织规模给定的条件下，管理幅度与管理层次成反向关系，即管理幅度越大，管理层次就越少；管理幅度越小，管理层次越多。这种管理幅度与管理层次的反向关系，产生了两种基本的组织结构形态：扁平形结构和锥形结构。管理宽度大、管理层次少的组织结构形态是扁平形结构；管理宽度小、管理层次多的组织结构形态是锥形或高耸形结构。

扁平结构与锥形结构各有利弊：①扁平结构缩短上下级距离、密切上下级关系，信息纵向流动快，管理费用低，由于管理宽度较大，被管理人员有较多的自主性、积极性、满足感，同时也有利于更好地选择和培训下层人员；但由于不能严密地监督下级，上下级协调较差，管理宽度加大，也加重了同级间相互沟通联络的困难。②锥形结构具有管理严密、分工明确、上下级易于协调的特点；但层次越多，需要从事管理的人员迅速增加，彼此之间的协调工作也急剧增加，带来的问题也增多。因此，近年来，为了达到有效管理，都尽可能地减少管理层次，这也是组织结构变革的一种趋势。

影响管理幅度的因素主要有：

1）工作能力

如果下属的执行能力很强，知识和经验都很丰富，技能水平也很高，而且有关系背景的协调性，则可以在很多问题上根据自己的独立见解并符合组织要求去决断，不需要上级对其进行很多的业务指导，从而可以减少向上司请示，减少占用上司时间的频度，那么管理的幅度就可大一些。正如马云所说："一流的创意，三流的执行，不如三流的创意，一流的执行。"

同样如果主管者的综合能力很强，是一位精明强干、办事果断的领导，能直奔问题的核心，把握问题的关键，给下属恰当的建议和明确的指令，那么管理幅度在一般情况下也可大一些。如果主管与下属的能力互补，则管理幅度自然也可宽泛一点。

2）工作性质

由于管理工作的性质不同，导致管理幅度也不同。对于高层领导而言，他们往往面对的是事关组织全局的复杂问题，或者是前所未遇的新问题，因此，他们直接领导的人数宜少而精，以便集中最优秀的人才处理最复杂、最重要的问题。对于基层领导来说，他们主要是处理一些重复性或相似性的例行工作，因此，直接领导的人数就可以多些。

3）授权风格

授权风格体现领导风格。授权风格不同，管理跨度就不一样，只有有效授权，管理跨度才能趋于合理。很多领导者都能理解授权的必要性和重要性，但是相当一部分领导者不愿意真正授权。授权者与受权者之间信息的不对称以及环境的动态性和人性的复杂性，常常会使授权陷入信任的风险之中。授权的很多环节常常难以按部就班地程序化操作，需要具有灵活处置的空间，灵活授权往往容易陷入制度化困境。

4）工作环境

工作过程中，信息传递的传递效率高，上下左右沟通快捷，关系能够很好地协调，不仅可帮助主管更早、更全面地了解下属的工作情况，从而可以及时地提出忠告和建议，而且可使下属了解更多与自己工作有关的信息，更能自主地处理分内的事务。这显然有利于扩大主管的管理跨度。反之，则应适当缩小管理跨度。

下属工作空间如果比较接近，那么管理跨度就可以相对大一些；如果比较分散，就会增加下属与主管以及下属之间的沟通困难，幅度就自然要窄一点。

环境越不稳定，各层主管人员的管理跨度越受到限制。当经营形势比较安稳、各方面工作健康有序时，管理跨度就可扩大。

第二节 组织设计

随着组织规模的扩大及活动的复杂化，组织工作包含的不同性质的工作种类越来越多，所涉及的领域越来越广，各种工作量也越来越大。为了提高工作效率，就必须对整个组织的全部工作进行具体的分析，并进行明确的分类，然后把性质相同或相近的工作归并到一起集中处理，这个集中处理这些工作的单位就是一个专业化的部门。

1. 部门划分

部门化是将整个管理系统分解并再分解成若干个相互依存的基本管理单位，它是在管理劳动横向分工的基础上进行的。分工的标准不同，所形成的管理部门以及各部门之间的相互关系亦不同。五种常见的部门化的形式是：职能部门化、地区部门化、产品部门化、过程部门化和顾客部门化。

1.1 职能部门化

职能部门化是一种传统的、普遍的组织形式，它是根据业务活动的相似性来设立管理部门的。按职能划分部门的方法，基于这样的假设：很少有人能够对各个方面的知识样样精通。规模小的公司，业务量小，只需要很少的管理人员，因此，往往是一个人管理许多事情。从某种程度上说，这种管理效率是很高的，因为不需要其他的协调方式。

在规模较大的公司，管理业务及管理人员都增加了，由于分工的极大优越性，组织管理划分为若干个职能部门来进行便是一个必然的趋势。例如按照生产、销售、财务、研发等企业职能划分业务活动并设置部门，每个部门又可以分为几个更小的子部门，这种划分是根据每个部门员工所应具备的知识与技能，为了更好地完成工作而设计的。

按职能划分部门的优点有：

（1）在部门中实现规模经济；

（2）它遵循了职业专业化的原则，合理地反映了职能，也简化了职业训练工作；

（3）维护了主要职能的权利和威信，在人力的利用上能够显示出更高的效率；

（4）职能专业化减轻了主管部门经理承担最终成果的责任，因而提供了在上层加强控制的手段。

职能部门化的缺点：

（1）职能人员过度专业化，往往养成了专心一意地忠于职守的态度和行为方式，各职能部门往往会强调自己部门的重要性，职能人员观点的狭隘会减弱不同职能之间的协调，破坏了公司的整体性。同时，按职能划分部门，只限于最高层对利润负责，显得过于沉重。

（2）由于缺乏更多的锻炼，使得经理人才的训练受到限制，限制了全面管理人员的发展。

1.2 产品部门化

产品部门化是指根据产品来设立管理部门、划分管理单位，把同一产品的生产或销售工作集中在相同的部门组织进行。拥有不同产品系列的公司常常根据产品建立管理单位，按产品划分部门的做法，正在被广泛地应用，而且也越来越受到重视。

在大型、复杂、多品种经营的公司里，按产品划分部门往往成为一种通常的准则。当主要产品的数量足够大，不同产品的用户或潜在用户足够多时，组织往往按产品或产品系列对组织活动进行分组。在产品部门化组织形式中，组织的最高管理层除了保留公关、财务、人事，甚至采购这些必要的职能外，往往根据产品来设立管理部门、划分管理单位，把同一产品的生产或销售工作集中在相同的部门组织进行。

按产品划分部门的优点是：

（1）把注意力和努力放在产品系列上，充分利用专项资源、设备、技术和知识有助于增加产品和服务项目，并使之多样化，增加在激烈竞争的、多变的市场环境中取胜的概率。

（2）按产品划分部门，部门可以形成以利润为目标的责任中心，它承担了总公司的一部分责任，其本身也具有高度的完整性，能加强职能活动的协调；任何一种产品发展到一定程度，就可以分化出去，成为一个新的独立分部，这使得每一个分部都能保持一个适当的规模，避免部门的无限制膨胀带来管理的复杂化。

（3）为培养全面管理人才提供的培训场所。

产品部门化也有一定的缺点：

（1）需要有较多的具有全面管理能力的人才，以保证各产品分部的有效经营。

（2）分部拥有较大的权力，增加了高层经营管理的困难，增加了公司总部的控制问题，由于分权及控制的不当，很可能使得公司的整体性受到破坏。

1.3　区域部门化

又称地区部门化、地域部门化，是根据地理因素来设立管理部门的，把不同地区的经营业务和职责划分给不同部门的经理。组织活动在地理上的分散带来的交通和信息沟通困难，尤其是社会文化的差异是区域部门化的主要原因。这种方法较多用于一些地理位置比较分散的组织，特别适用于规模大的公司，尤其是跨国公司。地区部门化的特点是，把同一地区或区域内发生的各种业务活动划归同一部门，然后再按这一部门所管辖的范围进一步建立有关的职能部门。这样，一个地区或区域的业务活动便被集中起来，交给一个管理者负责。其目的是充分利用本地的人力、物力和财力，以便获取区域经营的效益。

区域部门化的优点是：

（1）责任下放到较低层次，每一个区域都是一个利润中心，每一区域部门的主管都要负责该地区的业务盈亏；放权到区域，每一个区域有其特殊的市场需求与问题，总部放手让区域人员处理，会比较妥善、实际，同时有利于地区内部协调。

（2）看重本地区的市场和问题，更好地、面对面地联系，对区域内顾客比较了解，有利于服务与沟通。

区域部门化的缺点是：

（1）难以配备更多具有全面管理能力的人员。

（2）每一个区域都是一个相对独立的单位，加上时间、空间上的限制，总部难以控制，增加了高层经营管理的困难。

1.4　过程部门化

过程部门化是制造业企业常用的方法，是按照工艺流程或设备类型组织活动。这种类型的部门中人员和材料都集中在一起，便于进行专业化作业。

过程部门化的优点是：

（1）过程部门化能使企业获得规模经济优势。

（2）使工作地高度专业化并提高设施设备的利用率。

（3）易于对人员进行管理并可以简化培训。

过程部门化的缺点是：

（1）由于分工精细，要求在时间和空间上严格衔接，增加了部门之间的协作困难。

（2）只限于最高层对利润负责。

（3）不适合培养全面管理人才。

1.5　顾客部门化的优点

顾客部门化根据顾客特定或独特的需求来组合工作岗位，在各种企业中，为反映顾客重大利益按顾客划分部门十分普遍。如银行、学校等皆多采用这种部门划分方法。

顾客部门化的优点是：

（1）顾客部门化能满足目标顾客各种特殊而广泛的需求，获得用户真诚的意见反馈。

（2）可有针对性地按需生产。

（3）发挥自己的核心专长，创新顾客需求，建立持久性竞争优势。

顾客部门化的缺点是：

（1）只有当顾客达到一定规模时，才比较经济。

（2）可能会增加与顾客需求不匹配而引发的矛盾和冲突。

（3）需要更多能妥善处理和协调顾客关系问题的管理人员。

（4）造成产品或服务结构的不合理，影响对顾客需求的满足。

组织部门化过程中，部门划分本身不是目的，其仅仅是为组织达到目标而安排活动的一种方法。现实中还可以有其他划分部门的方法，例如按人数多少来划分部门，如军队中军、师、团、营、连、排就是这种划分方法。总之，划分部门的每种方法，都各有自己的优缺点，管理者在实际工作中，必须具体情况具体分析，要根据计划和任务的要求，充分考虑组织战略目标、组织规模、组织环境、工作性质、人员素质等各方面的条件，灵活地选择适宜的部门划分方法，也可同时采用几种方法。

2. 常见组织结构的类型

由于每一个组织的目标、所处的环境、拥有的资源不同，因此其组织结构必然不存在普遍适用的最佳的组织结构形式。常见的组织结构形式有直线制组织结构、职能型组织结构、直线职能型组织结构、事业部制组织结构、矩阵型组织结构、多维立体型组织结构、网络型组织结构等。

2.1 直线制组织结构

直线制组织结构是最早、最简单的一种组织结构形式。其特点是：组织中各种职务按垂直系统直线排列，全部管理职能由各级行政领导人负责，不设职能或参谋机构：命令从最高管理者经过各级管理人员直至基层一线人员，通过一条纵向的直接的指挥链连接起来，上下级之间是直线关系，即命令与服从关系。

这种组织结构形式的优点是权力集中，职权和职责分明、命令统一，信息沟通简捷方便，便于统一指挥，集中管理。不过这种组织结构显著的缺点是，各级行政首脑必须熟悉与本部门业务相关的各种活动（尤其是最高行政首脑，必须是全能管理者）；缺乏横向的协调关系，没有职能机构作为行政首脑的助手，容易使行政首脑产生忙乱现象。所以，一旦企业规模扩大，管理工作复杂化，行政首脑可能由于经验、精力不及而顾此失彼，难以进行有效的管理。

这种组织结构形式的缺点是：①各职能单位自成体系，往往不重视工作中的横向信息沟通，加上狭窄的隧道视野和注重局部利益的本位主义思想，可能引起组织中的各种矛盾和不协调现象，对企业生产经营和管理效率造成不利的影响。②如果职能部门被授予的权力过大过宽，则容易干扰直线指挥命令系统的运行。③按职能分工的组织通常弹性不足，对环境的变化反应比较迟钝。④职能工作不利于培养综合管理人才。

2.2 职能型组织结构

职能型组织结构也称为多线型组织结构，在职能型组织结构中，依据组织内部业务活动的相似性，将组织从上至下按照职能分工实行专业化的管理办法将各种活动组织起来，组织内除直线主管外还想像的设立一些职能机构，分担某些职能管理的业务。这些职能机构有权在自己的业务范围内，向下级单位下达命令和指示。因此，下级人员除了接受直线上级的领

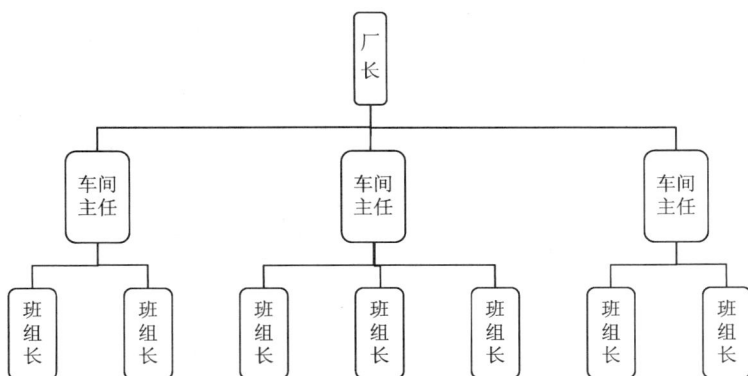

图 3-1   直线制组织结构

导外，还必须接受上级各职能机构的领导和指示。对于只生产一种或少数几种产品的中小企业组织而言，职能型组织结构不失为一种较好的选择。

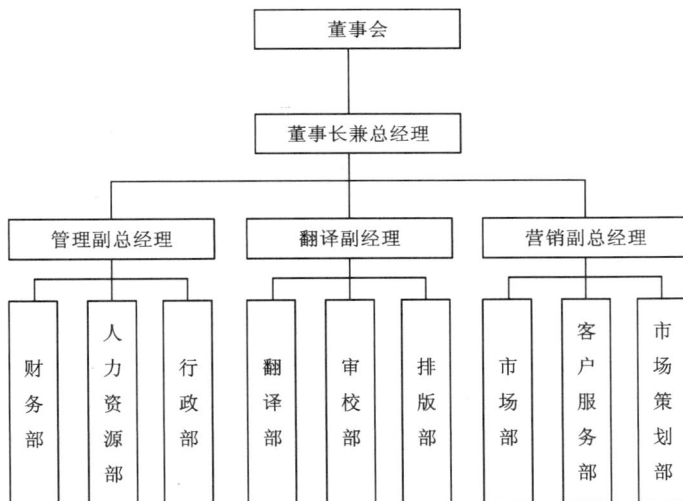

图 3-2   职能型组织结构

2.3   直线职能型组织结构

直线职能型组织结构也叫生产区域制，或直线参谋制。它是在直线制和职能制的基础上，取长补短，吸取这两种形式的优点而建立起来的。目前，我们绝大多数企业都采用这种组织结构形式。这种组织结构形式是把企业管理机构和人员分为两类，一类是直线领导机构和人员，按命令统一原则对各级组织行使指挥权；另一类是职能机构和人员，按专业化原则，从事组织的各项职能管理工作。直线领导机构和人员在自己的职责范围内有一定的决定权和对所属下级的指挥权，并对自己部门的工作负全部责任。而职能机构和人员，则是直线指挥人员的参谋，不能对直接部门发号施令，只能进行业务指导。

它的优点是既保证了集中统一指挥，又能发挥各种专家业务管理的作用。缺点是各职能单位自成体系，不重视信息的横向沟通；若授权职能部门过大，易干扰直线指挥命令系统；职能部门缺乏弹性，对环境变化反应迟钝；会增加管理费用；各部门缺乏全局观念，组织存在职能部门间的职权分割协调工作难度大，削弱了统一指挥，容易形成多头领导。

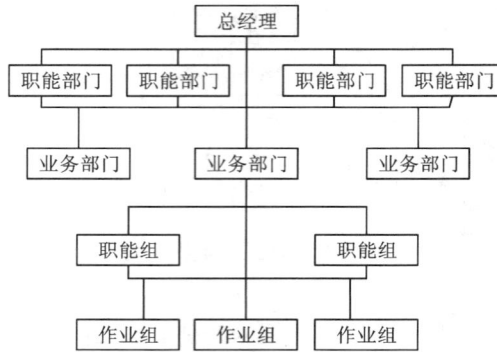

图 3-3 直线职能型组织结构

2.4 事业部制组织结构

事业部制组织结构，首创于 20 世纪 20 年代的美国通用汽车公司，是目前欧美、日本等国家大型企业所普遍采用的典型的组织形式，它是在总公司领导下，按产品、地区或市场不同设立多个事业部。事业部内部在经营管理上拥有自主性和独立性，实行独立核算。事业部制的特点是"集中决策、分散经营"，是组织领导方式上由集权制向分权制转化的一种改革。这种规模多适用于规模较大的公司。它是在一个企业内对具有独立产品市场、独立责任和利益的部门实行分权管理的一种组织结构形式。一般做法是：总公司成为决策中心。在总公司下按产品或地区分为许多个事业部或分公司，它们都是独立核算、自负盈亏的利润中心。再下面的生产企业则是成本中心。事业部制是欧美、日本大型企业所采用的典型的组织形式。有时也称之为"联邦分权化"，因为它是一种分权制的组织形式。

事业部制是在一个企业内对具有独立产品市场、独立责任和利益的部门实行分权管理的一种组织形式。

（1）优点：责权利划分比较明确，能较好地调动经营管理人员地积极性：①事业部制以利润责任为核心，能够保证公司获得稳定地利润；②通过事业部门独立生产经营活动，能为公司不断培养出高级管理人才。

（2）主要缺点：①需要较多素质较高地专业人员来管理事业部；②管理机构多，管理人员比重大，对事业部经理要求高；③分权可能架空公司领导，削弱对事业部地控制；④事业部间竞争激烈，可能发生内耗，协调也较困难。

实行事业部制，需满足几个条件：

（1）具备专业化原则划分的条件，并能确保独立性，以便承担利润责任。

（2）事业部间相互依存，不硬性拼凑。

（3）保持事业部之间适度竞争。

（4）公司有管理的经济机制，尽量避免单纯使用行政手段。

（5）适时而动：①外部环境好，有利于事业部制；②外部环境不好，应收缩，集中力量度过难关。

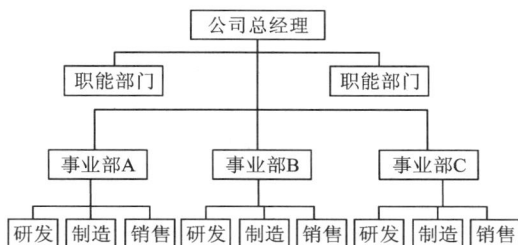

图 3 - 4　事业部制组织结构

2.5　矩阵型组织结构

矩阵型组织结构是在直线职能制垂直形态组织系统的基础上，再增加一种横向的领导系统，使同一名员工既同原职能部门保持组织与业务上的联系，又参加产品或项目小组的工作。矩阵组织也可以称为非长期固定性组织。矩阵式组织结构模式的独特之处在于事业部制与职能制组织结构特征的同时实现。目前这一组织结构模式已在全球性大企业组织中运作。这种组织结构方式，可以使公司因为提供效率而降低成本，同时，也因较好创新与顾客回应，而使其经营具有差异化特征。

矩阵结构的优点是加强了横向联系，克服了职能部门相互节、各自为政的现象，专业人员和专用设备能得到充分利用；具有较大的机动性，任务完成组织即解体，人力、物力有较高的利用率；各种专业人员同在一个组织共同工作一段时期，完成同一任务，为了一个目标互相帮助，相互激发，思路开阔，相得益彰。

矩阵结构的缺点是成员不固定在一个位置，有临时观念，有时责任心不够强，人员受双重领导，出了问题，有时难以分清责任。

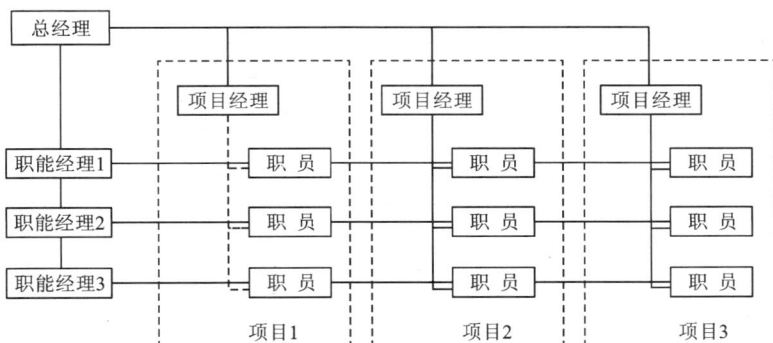

图 3 - 5　矩阵型组织结构

3. 新兴的组织结构

3.1 多维立体型组织结构

多维立体型组织结构是矩阵型组织结构形式和事业部制组织结构形式的综合发展，这种结构形式由三个方面的管理系统组成：①按产品划分的部门，是产品利润中心。②按职能如市场研究、生产、技术、质量管理等划分的专业参谋机构，是职能利润中心。③按地区划分的管理机构，是地区利润中心。在这种组织结构形式下，每一系统都不能单独做出决定，而必须由三方代表，通过共同的协商才能采取行动。这种模式能够减少产品、职能、地区各部门之间的矛盾。这种类型的组织结构形式最适用于跨国公司或规模巨大的跨地区公司。

能够使产品事业部、地区事业部、专业职能参谋部门三方面都能从整个组织的全局考虑问题，从而减少部门间的摩擦，互通信息，集思广益，共同决策；能够最大限度满足客户的要求，多维立体组织形成了以产品划分的事业部，即产品利润中心，以职能划分的专业职能参谋机构，即专业成本中心，以及以地区划分的管理机构，即地区利润中心，能够最大限度为顾客服务；在分权的基础上，能够保证职能目标的实现，这种组织结构模式把事业部经理、地区经理和总公司的专业职能参谋部门很好地统一协调起来，促进职能目标的实现；使人力资源在多种产品线之间共享，有地区经理、事业部经理及总公司的专业智能参谋部门人员统一协调的模式大大有利于人力资源在多种产品线之间的共享；能适应不确定性环境的变化，是进行复杂决策的需要，三个维度，即地区利润中心、产品利润中心和专业智能参谋部门的协调合作，使得整个企业的组织结构模式能够适应内外界环境的不断变化，对面临重大问题时所需要立即做出的决策有重要推进作用。它主要应用于跨国公司和规模巨大的跨地区公司，从图 3-6 中可以看出划分的很多事业部，所以对于大型跨国公司来说，多维立体组织结构模式的应用可以有效处理公司内部的各种突发情况，也能够及时促进决策和应对困难。

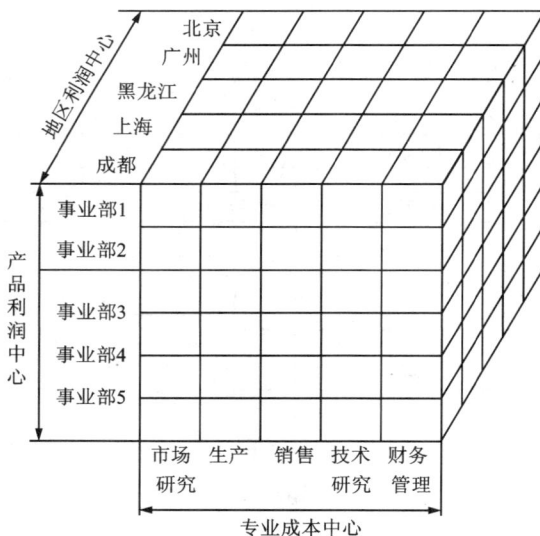

图 3-6 多维立体型组织结构

3.2　网络型组织结构

网络型组织结构是利用现代信息技术手段，适应与发展起来的一种新型的组织机构网络型组织结构是目前正在流行的一种新形式的组织设计，它使管理当局对于新技术、时尚，或者来自海外的低成本竞争能具有更大的适应性和应变能力。网络结构是一种很小的中心组织，依靠其他组织以合同为基础进行制造、分销、营销或其他关键业务的经营活动的结构。在网络型组织结构中，组织的大部分职能从组织外"购买"，这给管理当局提供了高度的灵活性，并使组织集中精力做它们最擅长的事。

网络型组织结构是一种很精干的中心机构，以契约关系的建立和维持为基础，依靠外部机构进行制造、销售网络型组织结构或其他重要业务经营活动的组织结构形式。被联结在这一结构中的各经营单位之间并没有正式的资本所有关系和行政隶属关系，只是通过相对松散的契约(正式的协议契约书)纽带，透过一种互惠互利、相互协作、相互信任和支持的机制来进行密切的合作。

采用网络型结构的组织，它们所做的就是通过公司内联网和公司外互联网，创设一个物理和契约"关系"网络，与独立的制造商、销售代理商及其他机构达成长期协作协议，使它们按照契约要求执行相应的生产经营功能。由于网络型企业组织的大部分活动都是外包、外协的，因此，公司的管理机构就只是一个精干的经理班子，负责监管公司内部开展的活动，同时协调和控制与外部协作机构之间的关系。

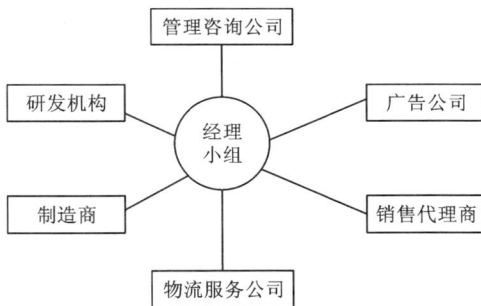

图 3 - 7　网络型组织结构

网络化组织结构的特征：①网络成员间的合作性。网络组织是一种松散的组织形态，它成立的基础就在于各个成员目的一致，都是为了抓住某个市场中的机遇或是防御市场中的威胁，都是为了提高自身的竞争优势，但他们之间并不像传统组织一样，用控制和命令来解决问题，网络组织成员间是一种合作关系，是在创建共赢的局面，而不是在进行零和博弈。在运行过程中，因为还有各自的独立意识的存在，因此需要协调，协调包括资源的协调、网络组织成员的协调、企业间战略关系的协调等。协调机制的形成是通过成员间一系列的契约，建立共同的规则与约束机制来进行的。②网络组织的结构不确定性。网络组织不一定是一个独立的法人实体，它既包括组织内部通过联合独立单元形成的具有独立法人实体的组织模式，也包括通过跨边界整合形成的跨组织动态网络，是超越了法人实体的超组织模式。

网络组织的运行基础是合作，从整体上体现出一种动态的思想。

第一体现了动态协调机制。协调是组织管理的一个非常重要的职能，也是最花费时间、最让管理者费心的工作。协调包括对内协调和对外协调。对于直线制、直线职能制等组织结构，协调主要由组织内部的管理者作出。但网络组织是靠契约，通过谈判建立的合作关系，行政命令不能发挥作用，因此对于网络组织而言，网络组织成员间的协调更复杂，据调查，60%的联盟最终失败，协调不顺是其主要原因。

第二体现了动态调整机制。组织结构的建立是一个不断完善、不断改进和不断发展的过程，它绝不是一个静止的过程。网络型组织结构经过合理的设计并付诸实施之后，必须随外部环境和内部条件的变化而不断进行适应性的调整。只有这样，才能历久弥新，支持组织顺利地成长和发展，避免老化与衰亡的命运。进行动态调整的理论依据是企业组织结构动态设计理论，该理论要研究的是企业组织在不同的发展阶段上处于演进期的连续的组织结构调整工作的理论依据与方法体系。在企业持续的生产经营过程中，根据外部环境和内部条件的变化，对企业已经存在的组织结构进行不断的，但又不涉及全面组织结构的较小范围内的微调。

网络型组织结构极大地促进了企业经济效益实现质的飞跃：一是降低管理成本；提高管理效益；二是实现了企业全世界范围内供应链与销售环节的整合；三是简化了机构和管理层次，实现了企业充分授权式的管理。

但它也有缺点。网络型组织结构需要科技与外部环境的支持。网络型组织结构并不是对所有的企业都适用的，它比较适合于玩具和服装制造企业。它们需要相当大的灵活性以对时尚的变化做出迅速反应。网络组织也适合于那些制造活动需要低廉劳动力的公司。

3.3 虚拟组织

虚拟组织是一种区别于传统组织的以信息技术为支撑的人机一体化组织。其特征以现代通信技术、信息存储技术、机器智能产品为依托，实现传统组织结构、职能及目标。在形式上，没有固定的地理空间，也没有时间限制。组织成员通过高度自律和高度的价值取向共同实现在团队共同目标。

国外研究虚拟企业理论的专门组织目前主要有两个：美国的"敏捷性论坛（Agility Forums）和英国的"欧洲敏捷性论坛"（Europe Agility Forum）。Agility Forums 由"21 世纪制造企业研究"项目组于 1994 年演变而成，主要从事敏捷虚拟企业理论研究、传播以及虚拟化商务实践的战略咨询。Europe Agility Forum 是由英国的战略咨询家 Paul T. Kidd 于 1995 年在 Cheshire 成立的研究敏捷企业的虚拟组织，主要追踪研究此领域的国际动向，为产业界的敏捷化工程提供思想、方法和工具。1993 年，约翰·伯恩（John A. Byrne）将虚拟企业描述成企业伙伴间的联盟关系，是一些相互独立的企业（如供应商、客户、甚至竞争者）通过信息技术连接的暂时联盟，这些企业在诸如设计、制造、分销等领域分别为该联盟贡献出自己的核心能力，以实现技能共享和成本分担，其目的在于建立起某种特定产品或服务的世界一流竞争能力，把握快速变化的市场机遇，它既没有办公中心也没有组织结构图，可能还是无层级、无垂直一体化的组织。

在虚拟组织平台上，企业间的创新协作可以实现优势互补、风险共担。在网络环境下，企业用虚拟组织的形式组织生产与研发工作，这样可以适应全球化竞争的态势，更好地满足消费者的多变需求，使企业快速发展。

其关键特征大致表现在以下几个方面：

（1）虚拟组织具有较大的适应性，在内部组织结构、规章制度等方面具有灵捷性，虚拟组织是一个以机会为基础的各种核心能力的统一体，这些核心能力分散在许多实际组织中，它被用来使各种类型的组织部分或全部结合起来以抓住机会。当机会消失后，虚拟组织就解散。所以，虚拟组织可能存在几个月或者几十年。

（2）虚拟组织共享各成员的核心能力。虚拟组织是通过整合各成员的资源、技术、顾客市场机会而形成的。它的价值就在于能够整合各成员的核心能力和资源，从而降低时间、费用和风险，提高服务能力。

（3）虚拟组织中的成员必须以相互信任的方式进行合作是虚拟组织存在的基础。但由于虚拟组织突破了以内部组织制度为基础的传统的管理方法，各成员又保持着自己原有的风格，势必在成员的协调合作中出现问题。但各个成员为了获取一个共同的市场机会结合在一起，他们在合作中必须彼此信任，当信任成为分享成功的必要条件时，就会在各成员中形成一种强烈的依赖关系。否则，这些成员无法取得成功，顾客们也不会同他们开展业务。随着信息技术的发展、竞争的加剧和全球化市场的形成，没有一家企业可以单枪匹马地面对全球竞争。虚拟组织日益成为公司竞争战略"武器库"中的重要工具。这种组织形式有着强大的生命力和适应性，它可以使企业准确有效地把握住稍纵即逝的市场机会。但是，我们还应该看到，尽管宣传使用虚拟组织的概念十分容易，但是虚拟组织的组成与运作并不简单。虚拟组织有待不断实践创新，也存在无限可能性。

3.4　基于团队的网络式构架

根据著名管理咨询公司德勤《2016人力资本报告》，组织构架变革被92%的受访企业列为优先任务，4/5的企业在进行或刚完成组织设计变革。而在这场组织构架的调整重组中，思科、3M、谷歌等诸多创新型组织都以基于团队的网络式构架（team - based network）提高组织效率。

以团队为任务执行的基本单元这一做法由来已久，几十年来传统公司的执行能力不断增强，很大原因就是由于其内部形成了一个又一个小型作战团队。根据美国教授史蒂芬·考特莱特（Stephen Courtright）提供的数据，1980年，财富1000企业中使用团队作为工作架构的企业有20%。

而在此后20年内，企业中设有团队构架的比例已高达80%。然而，传统的团队多内嵌在以职能为基础的层级结构里，而近十年来，随着互联网经济的发展与信息技术的提高，团队已不再是个别存在的小型项目单元，而以互联、协同的形式在组织内普遍存在，以完成共同任务为目标彼此连接，形成基于团队的网络式组织构架，并逐渐取代传统意义上以职能划分与层级管理为基础的组织构架。

基于团队的网络型组织构架有其明显的优势和独特的挑战。一方面，基于团队的网络构架有极高的灵活性，可以根据产品、项目、用户的特定需要组合、拆分、重新构架，重视信息透明和工作协同，并给员工更高的自主性和决策权；另一方面，这种组织构架的有效实施需要企业在变革中重新审视人才与组织的关系，也对人才管理与绩效评估机制等提出了更多要求。

从人才管理的角度，团队的崛起意味着企业急需拓展人才的定义，不仅注目于高潜力人才的识别与挽留，而要从团队塑造的角度发展和保留更多的员工，给予所有员工培养、指导和提升技能的机会。而在这个过程中，管理者不能高高在上，要求员工层层请示，延误战机，而要将权力下放给团队，引导和锻炼团队有效工作，独立设定目标和解决问题。

从组织设计上，团队构架的网络化也意味着跨团队合作的频度比以往大大增加，团队成员要在跨团队协作方面得到充分鼓励和锻炼。团队间可以岗位轮换，建立合作小组、流动办公室等形式来帮助团队促进了解，提高协作效率。

"激进"的组织设计模式——合弄制(holacracy)。合弄制被看作一种消解权威、强调完全扁平化管理的组织结构，组织内部不设主管，员工以多种"角色"在多个"圈子"(团队)里发挥作用。这一组织形式在全世界300多家公司被采用，其中不少是硅谷的创新型公司。无论是是目前颇受青睐的团队网络形式，还是将扁平化管理做到极致的合弄制，其鼓励授权、沟通、共享精神正是很多企业所需要的。而当组织开始审视自身的管理架构，积极发展自由、宽松的团队营造环境，为创新松绑的日子也就不远了。

3.5 管理委员会

管理委员会一般又简称管委会、管委，主要是指组织中执行某些管理职能的一组人或者一定的行政功能区域。它不仅是作为组织机构，而且作为管理机构的一种重要的组织形式，已经被广泛地应用于政府、企业管理的重要方面。例如决策和监督方面。

管理委员会既有优点又有缺点。其优点主要表现在：

(1)集体判断。集体判断可以发挥"两个头脑总比一个强"的优点。即能够集思广益。同时，这种集体判断，能够代表大多数人的利益，从而有利于调动大家的积极性。

(2)增进激励。委员会使下级主管人员和组织成员有可能参与决策或计划的制定过程，这样做可以激发与调动下级人员的积极性。发挥"参与"管理的优势。

(3)制约权力。委员会作出的决策都是经过集体讨论并通过的，因而它有利于避免权力过分集中，防止一个人独断专行。

(4)改善协调。委员会的前三个优点是因为参与的结果，而改善协调的作用或优点则是由于接受、解释与传输信息的结果。因为委员会在讨论或决策某一问题时，本身就是一种很好的沟通，这自然会起到改善协调的作用。

委员会的缺点也很明显，主要表现在以下几个方面：

(1)先天性的低效率。就是说对一个问题或决策，要经过反复的讨论，最终才能得出倾向性意见，做出决策，因而时间效率较低，决策迟缓。

(2)管理成本高。这里的"管理成本"主要包括时间与资金或费用。

(3)折中性决策。当所讨论的议题分歧较大而无法形成一致意见时，委员会的成员为了保证能把问题妥善解决，往往会采取折中的办法以求得一致同意。

因而此时的决策并非是最优决策。而只能是一种"折中性"决策。

(4)责任不明。委员会制采取集体负责的办法，大家都负责的本身就意味着无人具体负责，因而就出现了内在的责任不明的问题。而且对于集体作出表决的问题，也无法把责任推到某一个人身上。

因而，企业一定要慎重考虑是否采取管理委员会制的组织结构形式，若需要采取这种形式时，一定要注意明确管理委员会的职责权限范围，慎选委员会成员，适当对委员会及其活动加以控制。

4.影响组织结构选择的因素

由于组织的各种活动总是要受到组织内外部各种因素的影响，因此，不同的组织具有不同的结构形式，也就是说，组织结构的确定和变化都受到许多因素的影响，组织结构随着这些因素的变化而变化。

企业在确定组织结构类型时所需考虑的一系列因素：

（1）企业的战略目标：企业战略的发展经历四个阶段，即数量扩大、地区开拓、纵向或横向联合发展和产品多样化，在不同的战略发展阶段具有不同的战略目标。企业战略目标与组织结构之间是作用与反作用的关系，有什么样的企业战略目标就有什么样的组织结构，同时企业的组织结构又在很大程度影响企业的战略目标和政策。因此，企业在进行组织结构设计和调整时，只有对本企业的战略目标及其特点进行深入的了解和分析，才能正确选择企业组织结构的类型和特征。

（2）企业经营所处的环境是关键因素：企业面临的环境的特点，对组织结构中职权的划分和组织结构的稳定有较大的影响。如果企业面临的环境复杂多变，有较大的不确定性，就要求在划分权力时给中下层管理人员较多的经营决策权和随机处理权，以增强企业对环境变动的适应能力。如果企业面临的环境是稳定的、可把握的，对生产经营的影响不太显著，则可以把管理权较多地集中在企业领导手里，设计比较稳定的组织结构，实行程序化、规模化管理。

（3）企业所采用的技术以及企业的规模也与组织结构的确定有关：根据制造技术复杂程度进行分类，企业生产可以分为单件小批量生产、大批量生产和流程生产。企业生产所采用的技术也影响着组织结构的确定，如批量化的生产技术通常适合采用集权式的组织结构。

一般而言，企业规模小，管理工作量小，为管理服务的组织结构也相应简单；企业规模大，管理工作量大，需要设置的管理机构多，各机构间的关系也相对复杂。可以说，组织结构的复杂性是随着企业规模的扩大而相应增长的。

（4）考虑企业的人员和文化：如果企业员工的专业素养很高，而且也具有良好的企业文化，强调共同的价值观，通过分权可以调动员工的生产经营积极性，达到改善企业生产经营管理的目的。

第三节 组织结构的运行

组织结构是静态的流程，组织运行就使其结构动态化。组织运行包括组织制度的建立、组织冲突的协调、运行机制的健全、运行过程的调控等。组织运行的目标要看是否实现了效率，促进了发展，因此必须正确处理好集权与分权、授权以及直线参谋关系等问题。

1.集权与分权

1.1 集权与分权

集权就是决策权在较高管理层次的集中，它是将职权和职责集中在组织层级的高层。分权就是决策权在较低管理层次的分散，是将职权和职责沿着组织层级向下分散。集权是与职责的集中相联系的，组织整体目标的实现需要有人负责并具有与职责相对应的职权，才能实现组织的统一，同时带来了较高的工作效率和较低的决策成本。分权是与迅速变化的环境相联系的，把决策权交给处在变化环境中的管理者现场处理，往往更加正确，也更容易调动他们的积极性。

对于管理者而言要懂得授权，敢于放权并善于放权是一个管理者取得成就的基础和条件。通过合理的授权，创造一个能使能人充分发挥自己能力的平台，也是培养未来管理者的途径之一。

没有绝对的集权，也没有绝对的分权。绝对的集权、没有分权意味着组织中的全部权力集中在一个管理者手中，组织活动的所有决策均由该管理者做出，管理者直接面对所有的执行者，没有任何中间管理人员，没有任何中层管理机构，也就没有了专业分工的优势。而绝对的分权、没有集权则意味着全部权力分散在各个管理部门，甚至分散在各个执行者手中，没有任何集中权力，也就没有了对组织整体目标负责的责任人和统一指挥职权，组织成员将各行其是，部门间协调困难。

1.2　影响集权与分权的因素

苏宁集权

在组织设计的过程中，为了确定一个组织集权与分权的程度和范围，就必须研究影响集权与分权的因素。从主观方面来说，组织高层管理者的个人性格、爱好、能力等都会影响职权的分散程度。有的人喜欢职权多分散点，以减轻自己的负担，也相信别人会做好工作；有的人喜欢独断专行，事必躬亲，集权程度就会高一点。但一般而言，客观因素比主观因素起着更为决定性的作用。有以下几个因素的影响：

（1）决策的重要性。高层主管常常亲自负责重要的决策，而不轻易授权下属处理。这不仅是因为高层主管的经验丰富，犯错误的机会少，而且因为这类决策责任重大，决策失误的代价大也不宜授权。

（2）下级管理人员的素质。如果管理人员数量充足、经验丰富训练有素、管理能力强，则可有较多的分权。相反，如果组织缺少合格的管理人员，高层管理者就很可能倾向于集权，依靠少数高素质的人来管理组织。

是否分权，下属的工作成熟度和心理成熟度也是一个重要的影响因素。工作成熟度表明下属在相关知识和技能方面的成熟水平；心理成熟度表明下属参与管理的能力和参与管理的意愿和动机。如果下属的工作成熟度和心理成熟度均较高，表明下属不仅具有了参与管理的业务能力，还具有了较强的参与管理的能力和愿望，在这种情况下，可以适当分权；反之应适当集权。

（3）组织的规模与发展阶段。一般组织规模较小时，层次少、部门少，分散程度低，宜于集权，绝大多数都采取和维持高度集权的管理方式。随着组织规模扩大，组织的层次和部门会因管理幅度的限制而不断增加，从而造成信息延误和失真。因此，为了加快决策速度、减少失误，最高管理者就要考虑适当的分权，则会由集权的管理方式逐渐转向分权的管理方式。

从组织的发展阶段看，组织的初创时期常采用高度集权的领导方式。这是由于有效的分权必须要有一套相应的控制制度与之相配合，而组织初期控制制度往往不健全，组织的领导者也缺乏控制的经验，过早分权会使组织失去控制。当组织发展到一定规模，一方面，分权有利于组织的经营和管理；另一方面组织的控制制度相应成熟，控制技术与手段比较完善，因此这个时期组织分权的程度较高。

（4）组织文化。如果一个组织中的管理者对自己的下属充分信任，那么这一组织就更有可能采用分权的形式，高层管理者及组织中的员工所信奉的价值观对职权分散到什么程度也有很大的影响。

(5)外部环境的影响。外部环境越是复杂和动荡,对于重要的问题,组织将越倾向于集权,以防止失控;如果组织的外部环境复杂、变化大,不确定因素多,靠集权管理就不能及时获得市场信息,也不能及时改变自己的策略,为此,组织就需要扩大分权,给下级部门较多的自主权,以增强组织的应变能力。

1.3　分权的实现途径

分权是组织运行中的必然选择。一个组织分权程度如何,美国组织管理学家戴尔提出了四条标准:由较低的管理层次做出的决策数目越多,分权程度就越大;由较低的管理层次担任的决策重要性越大,分权程度就越大;由较低的管理层次担任的决策影响面越广,分权程度就越大;由较低管理层次做出的决策审检越少,分权程度就越大。通常情况下,可以通过两个途径来实现分权:制度分权和授权。

制度分权是组织设计中的权力分配,是指在组织设计时,考虑到组织规模和组织活动的特征,在工作分析、职务和部门设计的基础上,根据各管理岗位任务的要求,规定必要的职责和权限。授权是主管人员在工作中的授权,是担任一定管理职务的领导者在实际工作中,为充分利用专门人才的知识和技能,或出现新增业务的情况下,将部分解决问题、处理新增业务的权力委任给某个或某些下属。

制度的分权与授权的区别有以下几点:

(1)制度分权具有一定的必然性,而授权具有很大的随机性。

(2)制度分权是将权力分配给某个职位,因此权力的性质、应用范围和程度的确定,需要根据整个组织构造的要求;而授权是将权力委任给某个下属,因此,委任何种权力、委任后应作何种控制,不仅要考虑工作的要求而且要依据下属的工作能力。

(3)制度分权是相对稳定的;相反,由于授权是某个主管将自己担任的职务所拥有的权限因某项具体工作的需要而委任给某个下属,因此这种委任可以是长期的,也可以是临时的。

(4)制度分权主要是一条组织工作的原则,以及在此原则指导下的组织设计中的纵向分工;而授权则主要是领导者在管理工作中的一种领导艺术,一种调动下属积极性、充分发挥下属作用的方法。

2.授权的原则和过程

1)授权的原则

(1)明确授权的目的。

不管采用何种形式,授权者都必须向被授权者明确所授事项、工作要求、任务目标及权利范围,使其能十分清楚地工作。任务说明应明确指出被授权者应取得什么成果、何时获得或利用哪些资源、时限要求、被授权者可自主决定的事项等。具体的书面授权对于授予和接受双方均有益处,因此在组织设计中,对于各项职务的工作内容、权责范围应尽可能用书面形式予以明确,这样不仅能使授权者更容易看到各职务之间的矛盾或重叠,而且也能更好地确定其下属能够且应该负起的责任。

(2)职权与责任相当。

为了保证被授权者能够完成所分派的任务,并承担起相应的责任,授权者必须授予其充分的权力并许以相应的利益。只有职责而没有职权，会导致被授权者无法顺利地开展工作并承担起相应的责任；只有职权而无职责，就会造成滥用权力和官僚主义。因此，授权必须是有职有权、有权有责且有责有利。

授权还要做到职权与责任相当，即所授予的权力应能保证被授权者履行相应职责、完成所分派的任务，做什么事给什么权；而被授权者对授权者应负的责任大小应与被授权者获得的权力大小相当，有多大的权力就应该承担多大的责任；给予被授权者的利益必须与其所承担的责任大致相当，有多大的责任就应给予多大的利益。

（3）保持命令的统一性。

通常要求一个下级只接受一个上级的授权，并仅对一个上级负责，这就是所谓的命令统一性原则。保持命令的统一性原则，应做到全局性的问题集中统一，由高层直接决策，不授权给下级。各部门之间分工明确，不交叉授权。每一主管都有其一定的管辖范围，不可将不属于自己权力范围的权力授给下级，以避免交叉指挥、打乱正常的上下级关系和管理秩序、造成管理混乱和效率降低。不越级授权。授权者如发现下属职权范围内的事务有问题，可以向下属询问、建议、指示，甚至在必要时命令下属、撤换下属，但不要越过下级去干涉下级职权范围内的事务，即不要越级授权，这样会使直接下属失去对其职权范围内事务的有效控制，从而难以尽责。

（4）正确选择被授权者。

由于授权者对分派的职责负有最终的责任，因此慎重选择被授权者是十分重要的。权力只能授予那些有能力且能运用好权力的人。也就是说，要根据所要分派的任务来选择具备完成任务所需条件的被授权者，以避免出现力不胜任或不愿受权等情况；应根据所选被授权者的实际能力授予相应的权力和对等的责任；对既能干又肯干的，要充分授权，对适合干但能力有所欠缺或能力强但有可能滥用权力的，要适当保留决策权。

（5）加强培训和监督控制。

在授权的同时，管理者需要对被授权者进行培训，教会他们如何行使这些权力。如授权者要建立反馈渠道，及时检查被授权者的工作进展情况及权力的使用情况。对于确属不适合此项工作的，要及时收回权力，更换被授权人；对滥用权力的，要及时予以制止；对需要帮助的，要及时予以指点。

2）授权的过程

授权的过程包括分派任务、授予权力、明确责任、确立监控权。

（1）分派任务。

权力的分配和委任来自于实现组织目标的客观需要。因此，授权首先要选择可以并且应该授权的任务，明确受权人所应承担的职责。所谓任务，是指授权者希望被授权人去做的工作，它可能是写一份报告或计划，也可能是担任某一职务、承担一系列职责。在确定哪些任务可以或者应该授权时，管理者需要首先分析自己的时间和下属的时间，并对任务进行分类。在此基础上，明确准备授权他人开展的工作。

（2）授予权力。

在明确任务之后，仔细考虑完成该项任务所需要具备的技能和所需要承担的责任，仔细考虑团队中所有成员的素质，根据他们的优缺点分析各项任务授权给谁最为合适。在明确被授权人以后，就要考虑所应授予的相应权力，即给予被授权者相应的开展活动或指挥他人行动的权力,如有权调阅所需的情报资料、有权调配有关人员、有权要求相关部门给予配合等。给予一定的权力是使被授权人完成所分派任务的基本保证。授权时要考虑整体结构,不要越级授权和交叉授权,并尽量避免重复授权,即不要把同一项任务交给两个或两个以上的人。同时,要做好授权计划,确保每个授权者在面临突然出现的问题时能得到足够的鼓励和支持;要让所有相关的人员知悉此项授权,以确立被授权者的地位。

(3)明确责任。

当被授权人接受了任务并拥有了必需的权力后,就有义务正确运用获得的权力去完成被分派的工作。被授权人的责任主要表现为向授权者承诺保证完成所分派的任务,保证不滥用权力,并根据任务完成情况和权力使用情况接受授权者的奖励或惩处。要注意的是被授权者所负的只是工作责任,而不是最终责任。授权者可以分派工作责任,并且被授权者还可以把工作责任进一步地分派下去,但授权者对组织的责任是不能分派的。被授权者只是协助授权者完成任务,对于组织来说,授权者对被授权者的行为负有最终的责任,即授权者对组织的责任是绝对的,在失误面前,授权者应首先承担责任。

(4)确立监控权。

正因为授权者对组织负有最终的责任,因此,授权不同于弃权,授权者授予被授权者的只是代理权,而不是所有权。为此,在授权过程中,要明确授权者与被授权者之间的权力关系。一般而言,授权者对被授权者拥有监控权,即有权对被授权者的工作进行情况和权力使用情况进行监督检查,并根据检查结果调整所授权力或收回权力。

3. 职权与参谋

职权是位居职位的人拥有的权力,它与职务相伴随,是一个广泛的权力概念。在组织中层级越高,这个人的职权也就越大。组织职权是组织各部门、各职位在职责范围内决定任务、支配和影响他人或集体行为的权力。职权从根本上是由管理职位决定的,但职权行使的效果有赖于管理者的素质、被管理者的态度和能力等。组织职权是一种制度化的权力;职权与相应的职责和义务是对等的;职权具有强制性,它赋予管理者通过他人来实现组织目标的权力。

职权从层次上可以划分为直线职权、参谋职权、职能职权三种类型。直线职权是指管理者直接指导下属工作的命令指挥权。参谋职权由于个人或团体具备某些核心专长或高级技术知识而拥有的,向直线管理者提供建议和服务的职权。职能职权是由直线管理者向自己辖属以外的个人或职能部门授权,允许他们按照相关制度在一定的职能范围内行使的某种职权。职能职权的设立主要是为了发挥专家的核心作用,减轻直线主管的任务负荷,提高管理效率。例如,一个公司的总经理为了节约时间加速信息的传递,就可能授权财务部门直接向生产经营部门的负责人传达关于财务方面的信息和建议。组织中同一职位的员工可能同时拥有直线职权、参谋职权和职能职权这三种职权。以财务部经理为例,其指挥和指导本部门下属的职权就属于直线职权;他为公司总经理提供一份《可行性分析报告》属于发挥参谋职权;他培训员工如何填报原材料实时统计单,则是在行使其职能职权。

(1)直线职权。它是指管理层级中上级监督和命令下属工作的权力。正是这种上级—下级职权关系从组织的最高层延伸到最底层,从而形成所谓的指挥链或者等级链。

在这种链条中,直线职权越明确,则决策的职责越明确,组织的沟通越有效。应当说,直线职权是职能关系中最一般、最普通的形态。

（2）参谋职权。随着组织规模日益扩大而变得更加复杂以后，直线管理者发现仅仅依靠个人能力来进行决策显得力不从心。在这种情况下，管理者在进行决策时，就必须依靠各个领域的专业人员或专家来出主意、想办法，提供咨询和建议。这些专业人员或专家便是组织中的参谋，直线主管与参谋人员之间的这种建议和咨询的关系便是参谋职权关系。显然，直线职权是一种决策的权力，或者说是指挥和命令的权力，而参谋职权仅限于提供咨询和建议。发挥参谋人员的作用，要注意理顺直线和参谋的关系，不能喧宾夺主；也要求参谋独立地提出建议，站在客观中立的立场。

直线权力是命令和指挥的权力，参谋权力是协助和建议的权力，参谋的职责是建议而不是指挥，他们的建议只有当被管理者所采纳后并通过等级链向下发布指示时才有效。

由此可见，直线权力与参谋权力之间的关系是"参谋建议，直线指挥"的关系。

第四节　人员配备

人员配备是组织设计的逻辑延续，是对组织中全体人员的配备，既包括主管人员的配备，也包括非主管人员的配备。二者所采用的基本方法和遵循的基本原理是相似的。人员配备是指对人员进行恰当而有效地选拔、培训和考评，其目的是为了配备合适的人员去充实组织机构中所规定的各项职务，以保证组织活动的正常进行，进而实现组织的既定目标。人员配备不但要包括选人、评人、育人，而且还包括如何使用人员，以及如何增强组织凝聚力来留住人员，谋求人与事的最佳组合，实现人与事的不断发展。

1. 人员配备的任务、程序和原则

1.1　人员配备的任务

（1）物色合适的人选。组织各部门是在任务分工基础上设置的，因而不同的部门有不同的任务和不同的工作性质，必然要求具有不同的知识结构和水平、不同的能力结构和水平的人与之相匹配。人员配备的首要任务就是根据岗位工作需要，经过严格的考查和科学的论证，找出或培训为己所需的各类人员。

（2）促进组织结构功能的有效发挥。要使职务安排和设计的目标得以实现，让组织结构真正成为凝聚各方面力量，保证组织管理系统正常运行的有力手段，必须把具备不同素质、能力和特长的人员分别安排在适当的岗位上。只有使人员配备尽量适应各类职务的性质要求，从而使各职务应承担的职责得到充分履行，组织设计的要求才能实现，组织结构的功能才能发挥出来。

（3）充分开发组织的人力资源。现代市场经济条件下，组织之间的竞争的成败取决于人力资源的开发程度。在管理过程中，通过适当选拔、配备和使用、培训人员，可以充分挖掘每个成员的内在潜力，实现人员与工作任务的协调匹配，做到人尽其才，才尽其用，从而使人力资源得到高度开发。

1.2　人员配备的工作内容和程序

为了达到上述任务，在人员配备过程中，一般要进行以下几项工作。

1）人力资源规划：确定人员需要的种类和数量

由于组织是发展着的，所需要设置的岗位和各岗位编制数也会随之发生变化。人力资源规划就是管理者为了确保在适当的时候，组织能够为所需要的岗位配备所需要的人员并使其能够有效地完成相应的岗位职责，而在事先所做的工作。人力资源规划主要包括三项任务：评价现有的人力资源配备情况；根据组织发展战略预估将来所需要的人力资源；制定满足未来人力资源需要的行动方案。通过人力资源规划，可以明确为了实现组织发展目标，在什么时候需要哪些人员、各需要多少，从而为人员的选配和培养奠定基础。

2）招聘与甄选：选配合适人员

岗位设计和分析指出组织中需要具备哪些素质的人，而为了获得符合岗位要求的人，就必须对组织内外的候选人进行筛选，以作出合适的选择。为此就要进行招聘和甄选。

招聘是指组织按照一定的程序和方法招募具备岗位上岗素质要求的求职者担任相应岗位工作的系列活动。求职者可能来自组织内部，也可能来自组织外部，不管求职者来自哪里，为了招聘到合适的人员，都需要依据相应的岗位要求对求职者进行素质评价和选择。甄选是指依据既定的用人标准和岗位要求，对应聘者进行评价和选择，从而获得合格的上岗人员的活动。通过招聘与甄选，组织为相应的岗位配备合适人员。

3）培训与考核：使人员适应组织发展需要

培训是指组织为了实现组织自身和员工个人的发展目标，有计划地对员工进行辅导和训练，使之认同组织理念、获得相应知识和技能以适应岗位要求的活动。组织处于不断的发展过程中，对于组织在发展中所产生的人力资源需求，除了以招聘方式从外部吸引合适人员加以补充外，更主要的是通过开发组织现有的人力资源来加以满足。人的思想的统一、技能的提高需要一定的时间过程，组织未来发展所需要的人员和技能需要在现在就加以培训，培训是组织开发现有的人力资源、提高员工的素质和同化外来人员的基本途径。同时，为员工提供学习机会，使其看到在组织中的发展前景，是组织维持组织成员对组织忠诚的一个重要方面，因此培训的最终目的既是为了适应组织发展的需要，也是为了实现员工个人的充分发展。

为了了解现有的员工是否仍然适应岗位要求，需要通过考核对组织现有的人力资源质量作出评估。所谓考核是指按照一定的方法及程序对现职人员的工作情况作出客观评价，从而为员工改进工作提供指导，为培训、奖惩和人事晋升提供客观依据。

通过不断的培训和考核，不仅为组织获得合适的人员提供了保障，而且促使员工随着组织的发展不断成长，从而始终保持人与事的动态最佳组合，最终达到组织发展和员工成长的双重目的。具体说来程序如下：

（1）制定用人计划，使用人计划的数量、层次和结构符合组织的目标任务和组织机构设置的要求。

（2）确定人员的来源，即确定是从外部招聘还是从内部重新调配人员。

（3）对应聘人员根据岗位标准要求进行考查，确定备选人员。

（4）确定人选，必要时进行上岗前培训，以确保能适用于组织需要。

（5）将所定人选配置到合适的岗位上。

（6）对员工的业绩进行考评，并据此决定员工的续聘、调动、升迁、降职或辞退。

1.3 人员配备的原则

人员配备的过程当中也要注意一定的原则。具体如下：

1）经济效益原则

组织人员配备计划的拟定要以组织需要为依据，以保证经济效益的提高为前提；它既不是盲目地扩大职工队伍，更不是单纯为了解决职工就业，而是为了保证组织效益的提高。

2）任人唯贤原则

在人事选聘方面，大公无私，实事求是地发现人才，爱护人才，本着求贤若渴的精神，重视和使用确有真才实学的人。这是组织不断发展壮大，走向成功的关键。

3）因事择人原则

因事择人就是员工的选聘应以职位的空缺和实际工作的需要为出发点，以职位对人员的实际要求为标准，选拔、录用各类人员。

4）量才使用原则

人的差异是客观存在的，一个人只有处在最能发挥其才能的岗位上，才能干得最好。

量才使用就是根据每个人的能力大小而安排合适的岗位。

5）程序化、规范化原则

员工的选拔必须遵循一定的标准和程序。科学合理地确定组织员工的选拔标准和聘任程序是组织聘任优秀人才的重要保证。只有严格按照规定的程序和标准办事，才能选聘到真正愿为组织的发展作出贡献的人才。

6）因才起用原则

所谓因材起用，是指根据人的能力和素质的不同，去安排不同要求的工作。从组织中人的角度来考虑，只有根据人的特点来安排工作，才能使人的潜能得到最充分的发挥，使人的工作热情得到最大限度的激发。如果学非所用、大材小用或小材大用，不仅会严重影响组织效率，也会造成人力资源计划的失效。

7）用人所长原则

所谓用人所长，是指在用人时不能够求全责备，管理者应注重发挥人的长处。在现实中，由于人的知识、能力、个性发展是不平衡的，组织中的工作任务要求又具有多样性，因此，完全意义上的"通才"、"全才"是不存在的，即使存在，组织也不一定非要选择用这种"通才"，而应该选择最适合空缺职位要求的候选人。有效的管理就是要能够发挥人的长处，并使其弱点减少到最小。

8）动态平衡原则

处在动态环境中的组织，是不断变革和发展的。组织对其成员的要求也是在不断变动的，当然，工作中人的能力和知识也是在不断提高和丰富的。因此，人与事的配合需要进行不断的协调平衡。所谓动态平衡，就是要使那些能力发展充分的人，去从事组织中更为重要的工作，同时也要使能力平平、不符合职位需要的人得到识别及合理的调整，最终实现人与职位、工作的动态平衡。

2. 管理人员的选聘

人是组织活动的最有活力的元素，组织中的其他物力或财力资源需要通过人的积极组合和利用才能发挥效用。人在组织中的地位决定了人员配备在管理工作中的重要性。由于每一个具体的组织成员都是在一定的管理人员的领导和指挥下展开工作的，因此管理人员的选拔、培养和考评是非常重要的工作。

2.1　管理人员需要量的确定

制定管理人员选配和培训计划，首先需要确定组织目前和未来的管理人员需要量。一般来说，计算管理人员的需要量，要考虑下述几个因素：

1）组织现有的规模、机构和岗位

管理人员的配备首先是为了指导和协调组织活动的展开，因此首先需要参照组织结构系统图，根据管理职位的数量和种类，来确定企业每年平均需要的管理人员数量。

2）管理人员的流动率

组织内部管理人员外流的现象是不可避免的。此外，由于组织中现有的管理队伍会因病老残退而减少。确定未来的管理人员需要量，要有计划地对这些自然或非自然的管理人员减员进行补充。

3）组织发展的需要

随着组织规模的不断发展，活动内容的日益复杂，管理工作量将会不断扩大，从而对管理人员的需要也会不断增加。因此，计划组织未来的管理人员队伍，还需预测和评估组织发展与业务扩充的要求。

综合考虑上述几种因素，便可大致确定未来若干年内组织需要的管理人员数量，从而为管理人员的选聘和培养提供依据。

2.2　管理人员应具备的知识

1）基本理论知识

基本理论知识是指管理者应具备的关于哲学、政治学、经济学方面的知识。掌握这些知识，是正确地理解与掌握政府的方针政策的前提。

2）文化科学基础知识

文化科学基础知识指作为管理者应具备的必要的语言、文学、历史、地理、数学、物理、化学、天文、生物、美学、社会科学、逻辑学等基础科学的知识。它们是形成一般能力的基础。

3）专业科技知识

专业科技知识是指与管理或组织的目标任务相关的科学和技术知识。特别是专业知识管理者，可以不是专家，但必须是内行，外行领导内行是注定要失败的。

4）管理科学知识

管理者通过学习管理学所掌握的专门的管理科学知识。管理科学的范围十分广泛，除了管理学原理之外，还包括许多专门的管理理论，如管理心理学、组织行为学、人事管理学、领导科学、人才学等等，都是当代管理学的内容。当然，管理者应结合自己的工作性质，侧重掌握几门相关的管理学知识。

此外，管理者在学习过程中，应注意形成合理的知识结构。管理者是在为从事管理工作，提高管理能力学习各种必要的知识，不是为了在某一领域从事理论研究，这就要注意各种知识的比例性。高层管理者知识面要广、多样丰富，所掌握的软科学方面的知识要广、要多；基层管理者则要求专业知识达到一定的深度。

2.3　管理人员应具备的能力

管理学理论认为，一个合格的管理者应具备以下几个方面的能力：

1）抽象思维能力

抽象思维能力又称观念能力，指管理者对管理活动及其相关关系进行分析、判断和概括的能力。管理者只有认清了事物发展的规律，才能提高管理效率；管理者只有在复杂的事物中能透过现象看本质，能在众多的矛盾中抓住决定事物性质和发展进程的主要矛盾和次要方面，能够运用逻辑思维方法，进行有效的归纳、概括、判断和表达，运用演绎和推理，举一反三，触类旁通，找出解决问题的办法，才能完成管理的目标任务。所以说，抽象思维能力是管理者的基本能力。

2）决策能力

决策能力指管理者在众多的方案中作出正确选择，并使所择方案得以顺利贯彻实施的能力。管理者的基本职能就是决策。一个合格的管理者，必须具有较强的决策能力。正确的决策不能靠碰运气，需提高自己的决策能力。管理者除了要掌握必要的决策理论知识外，还要注意：①重视信息，善于思考分析；②深谋远虑，要站得高，看得远；③广集人智，善于运用参谋、智囊集团；④方法科学，要按照科学决策的程序和方法决策，提高决策的正确性。

3）组织能力

指组织人力、物力、财力资源实施决策的能力，包括人事安排、分权授权、资源配置、指挥协调、计划控制等。

4）人际关系能力

处理人际关系的能力指管理必须具备的与上、下级和同级沟通、协调组织内外部各种关系的能力。管理者应能倾听各方面的意见，善于与组织内外的人员交往，沟通各方面的关系。对上级，能够争取帮助和支持；对下级，能够做到尊重、鼓励和信任，调动下级的积极性；对外，能够做到热情、公平、客观地对待一切人和事物；对内，要谦虚谨慎，有自知之明，能检点、约束自己。

5）用人能力

管理的最重要的对象是人，实现管理目标的根本途径就是要充分调动人的积极性，所以作为一个合格的管理者，必须具备高超的用人能力。管理者要能够识别人才和发现人才，敢于提拔和使用人才，使自己的下级人尽其才，使各种人才相互合理搭配，充分发挥每一个人的长处和能力。能做到这一点，管理必然是高效率的。

6）创新能力

管理的艺术性表明管理活动是一种创新性活动。管理者必须具有一定的革命性、创造性意识，能够在管理中不断地创新。一个合格的管理者，应能在实践中不断地进行总结，及时发现问题。

2.4　管理人员的来源

组织可从外部选聘或从内部提拔所需的管理人员。

1）外部招聘

外部招聘是根据一定的标准和程序，从组织外部的众多候选人中选拔符合空缺职位工作要求的管理人员。

外部招聘管理人员具有以下优点：

（1）被聘管理人员具有"外来优势"。所谓"外来优势"，主要是指被聘者没有"历史包袱"，组织内部成员（部下）只知其目前的工作能力和实绩，而对其历史、特别是职业生涯中的失败记录知之甚少。因此，如果他确有工作能力，那么便可迅速地打开局面。相反，如果从内部提升，部下可能对新上司在成长过程中的失败教训有着非常深刻的印象，从而可能影响后者大胆地放手工作。

（2）有利于平息和缓和内部竞争者之间的紧张关系。组织中空缺的管理职位可能有好几个内部竞争者希望得到。每个人都希望有晋升的机会。如果员工发现自己的同事，特别是原来与自己处于同一层次具有同等能力的同事提升而自己未果时，就可能产生不满情绪，懈怠工作，不听管理，甚至拆台。从外部选聘可能使这些竞争者得到某种心理上的平衡，从而利于缓和他们之间的紧张关系。

（3）能够为组织带来新鲜空气。来自外部的候选人可以为组织带来新的管理方法与经验。他们没有太多的框框束缚，工作起来可以放开手脚，从而给组织带来较多的创新机会。此外，由于他们新近加入组织，没有与上级或下属历史上的个人恩怨关系，从而在工作中可能很少顾忌复杂的人情网络。

外部招聘也有许多局限性，主要表现在：

（1）外聘管理人员不熟悉组织的内部情况，同时也缺乏一定的人事基础，因此需要一段时期的适应才能进行有效的工作。

（2）组织对应聘者的情况不能深入了解。虽然选聘时可借鉴一定的测试、评估方法，但一个人的能力是很难通过几次短暂的会晤、几次书面测试而得到正确反映的。被聘者的实际工作能力与选聘时的评估能力可能存在很大差距，因此组织可能聘用一些不符要求的管理人员。这种错误的选聘可能给组织造成极大的危害。

（3）外聘管理人员的最大局限性莫过于对内部员工的打击。大多数员工都希望在组织中有不断发展的机会，都希望能够担任越来越重要的工作。如果组织经常从外部招聘管理人员，且形成制度和习惯，则会堵死内部员工的升迁之路，从而挫伤他们的工作积极性，影响他们的士气。同时，有才华、有发展潜力的外部人才在了解到这种情况后也不敢应聘，因为一旦应聘，虽然在组织中工作的起点很高，但今后提升的希望却很小。

由于这些局限性，许多成功的企业强调不应轻易地外聘管理人员，而主张采用内部培养和提升的方法。

2）内部提升

内部提升是指组织成员的能力增强并得到充分地证实后，被委以需要承担更大责任的更高职务作为填补组织中由于发展或伤老病退而空缺的管理职务的主要方式，内部提升制度具有以下优点：

（1）利于鼓舞士气、提高工作热情，调动组织成员的积极性内部提升制度给每个人带来希望。每个组织成员都知道：只要在工作中不断提高能力、丰富知识，就有可能被分配担任更重要的工作。这种职业生涯中的个人发展对每个人都是非常重要的。职务提升的前提是要有空缺的管理岗位，而空缺的管理岗位的产生主要取决于组织的发展。只有组织发展了，个人才可能有更多的提升机会。因此，内部提升制度能更好地维持成员对组织的忠诚，使那些有发展潜力的员工能自觉地更积极地工作，以促进组织的发展，从而为自己创造更多的职务提升的机会。

（2）有利于吸引外部人才。内部提升制度表面上是排斥外部人才、不利于吸收外部优秀的管理人员的。其实不然。真正有发展潜力的管理者知道，加入到这种组织中，担任管理职务的起点虽然比较低，有时甚至需要一切从头做起，但是凭借自己的知识和能力，可以花较少的时间便可熟悉基层的业务，从而能迅速地提升到较高的管理层次。由于内部提升制度也为新来者提供了美好的发展前景，因此外部的人才会乐意应聘到这样的组织中工作。

（3）有利于保证选聘工作的正确性。

已经在组织中工作若干时间的候选人，组织对其了解程度必然要高于外聘者。候选人在组织中工作的经历越长，组织越有可能对其作全面深入的考察和评估，从而使得选聘工作的正确程度可能越高。

（4）有利于使被聘者迅速展开工作。

管理人员能力的发挥要受到他们对组织文化、组织结构及其运行特点的了解。在内部成长提升上来的管理人员，由于熟悉组织中错综复杂的机构和人事关系，了解组织运行的特点，所以可以迅速地适应新的管理工作，工作起来要比外聘者显得得心应手，从而能迅速打开局面。

同外部招聘一样，内部提升制度也可能带来某些弊端。主要有：

（1）引起同事的不满。

在若干个内部候选人中提升一个管理人员，可能会使落选者产生不满情况，从而不利于被提拔者展开工作。避免这种现象的一个有效方法是不断改进管理人员考核制度和方法，正确地评价、分析、比较每一个内部候选人的条件，努力使组织得到最优秀的管理人员，并使每一个候选人都能体会到组织的选择是正确、公正的。

（2）可能造成"近亲繁殖"的现象。

从内部提升的管理人员往往喜欢模仿上级的管理方法。这虽然可使老一辈管理人员的优秀经验得到继承，但也有可能使不良作风得以发展，从而不利组织的管理创新，不利于管理水平的提高。要克服这种现象，必须加强对管理队伍的教育和培训工作，特别是要不断组织他们学习管理的新知识。此外，在评估候选人的管理能力时，必须注意对他们创新能力的考察。

2.5 选任方法

1）内升制选任管理人员的方法

如果组织采用内升制来选任管理人员，可采用如下一些方法：

（1）有意识、有目的地培养。主要指对有发展前途的基层管理人员，有意识地给他加担子，压任务，派到能锻炼人的岗位上，让其接受考验，经受锻炼，增长能力。

（2）人才自荐。指在组织内部通过公开招聘的方式选拔管理人员。它类似于外求制，但不同于外求制，它的备选对象只能是组织内的员工。

2）内升制选任管理人员的步骤

无论是组织有意识地培养，还是人才自荐，都少不了这样几个步骤：

（1）专家评价。前面已经提出，对一个管理人员，特别是直线主管，知识、能力及素质的要求都是比较高的。一个人是否达到了这些方面的要求，应该进行科学的评价。备选对象所具备的专业方面的知识和能力，尤其要经过专家确认。

（2）员工评议。组织内部选任的管理人员，具有较快适应工作的优点，但其前提是员工基础好。对已确定的选拔对象，有必要进行员工评议，了解群众对备选对象的看法和评价。

（3）组织考核。指组织通过规定的程序对备选对象的各个方面进行考核。

如果采用外求制，步骤相对简单，主要是要做好对应聘对象的考试、考查。考试可实行笔试、专家组面试、实验式面试等方式。考查则是对备选对象在试用期中的知识、能力和素质等的考查。

2.6　选聘应注意的问题

无论采用内升制还是实行外求制来选拔管理人员，都应注意如下几个问题：

1）机会均等，公正、公平竞争

走上管理岗位是个人实现其价值的途径之一。组织在选任管理人员时，应机会均等，实行公平、公开的竞争。也只有这样，才能将组织中最优秀的人才，组织外最理想的人才选拔出来。如果带有偏见，教条地以资历、学历或其他标准划线，就可能失去理想的人选。

2）用人所长

俗话说，寸有所长，尺有所短，人无完人。可以说世界上没有一个全才，人的能力大小，是否全面都是相对的。组织对于备选对象，应同决策一样，以"满意"标准来衡量，要看到其长处，发挥其长处。不然的话，就永远难以寻找到理想的管理人员了。

3）大胆启用年轻人

在选任管理人员时，应大胆启用年轻人。因为新陈代谢是自然规律，每一个人都会衰老、死亡，每一个管理职位上的人员都必然更替。及时地培养，启用年轻人是保证管理得以顺利进行、工作平衡要求的前提条件。

3.管理人员的选聘程序和方法

3.1　发布招聘信息

当组织中出现需要填补的管理职位时，应根据职位所在的管理层次，建立相应的选聘工作委员会或小组。工作小组既可是组织中现有的人力资源管理部门，也可是由各方面代表组成的专门或临时性机构。

选聘工作机构要以相应的方式，通过适当的媒介，公布待聘职务的数量、性质以及对候选人的要求等信息，向企业内外公开"招标"，鼓励那些自认为符合条件的候选人应聘。

公开招聘是向组织内外公布招聘信息。半公开招聘是只对组织内部公布补充空缺位置的信息。内部选拔一般由人力资源管理部门主持，公开招聘可由人力资源管理部门负责全部工作，也可为此成立临时性的机构。选聘工作机构应通过适当的媒介，公布待聘职务的数量、待聘职务要求的条件、给予聘用者的待遇、报名时间等信息，达到广开"才源"的目的。

3.2　初选

可以通过两种形式完成初选工作：

1）对报名应聘者进行初步资格审查

对内部选拔人员，可根据日常对重点培养对象和管理人员的工作的业绩考核档案，由人力资源管理部门和领导初步决定候选人。外部招聘的，要根据回收的应聘者填写的表格资料进行资格审查，初步认定合乎招聘条件的候选人。

2）面谈

这是一种直观的初步鉴定评价人员的形式。根据人力资源管理部门设定的谈话范围，目测候选人的仪表、举止、言谈，初步了解其语言表达能力、逻辑思维和思维敏捷的程度，以及知识的广度和对问题认识的深度。面谈可以比较直观地接触了解对方，形成初步印象。但需注意不要由第一印象产生偏见。

3.3 对初选合格者的测定和考核

对初选合格者可以通过测验、竞聘演讲和答辩，以及实际能力考核等不同形式来测定和考核其综合素质。

1）测验

这是通过考试和测试的方法评价候选人的智力、专业技术、适应性等基本水平和能力。

（1）智力测验。智力测验目的是衡量候选人的思维能力、记忆力、思想的灵敏度和观察复杂事物的能力等，以便日后委以更适当的工作。

（2）对受聘者必备条件的测试。必备条件包括承担某项工作的人员应具备的知识、必备经验和必备技能。必备知识指应具备的文化知识和专业技术知识，这是工作人员必备条件的基础；必备经验是应具备的实际经验和操作能力，是必备条件的中心；必备技能是在上述两方面的基础上，特定工作环节的工作人员应具备的应变能力、创造革新能力和综合处理能力。

2）竞聘演讲与答辩

这是知识与智力测验的补充。测验可能不足以完全反映一个人的基本素质，更不能表明一个人运用知识和智力的能力。发表竞聘演讲，介绍自己任职后的计划和打算，并就选聘工作人员或与会人员的提问进行答辩，可以为候选人提供充分展示才华、自我表现的机会。

3）案例分析与候选人实际能力考核

竞聘演说使每个应聘者介绍了自己"准备怎么干"，使每个人表明了自己"知道如何干"。但是"知道干什么或怎么干"与"实际干什么或会怎么干"不是一回事。因此，在竞聘演说与答辩以后，还需对每个候选人的实际操作能力进行分析。测试和评估候选人分析问题和解决问题的能力，可借助"情景模拟"或称"案例分析"的方法。这种方法是将候选人置于一个模拟的工作情景中，运用多种评价技术来观测考察他的工作能力和应变能力，以判断他是否符合某项工作的要求。

3.4 信息交流

在招聘和挑选工作中，应注意充分交流信息。交流信息有两个方面：企业向求职者提供有关公司和职位的情况，求职者向企业提供有关他们自己工作能力的情况。

某些企业和单位力图树立一个好的形象，强调个人得到发展和培养的机会，突出潜在的挑战，并指出提升的可能性。他们也会提供关于工资、福利待遇和工作岗位可靠程度的情况。这也可能做得过分，引起求职者不现实的向往。从长远看，这一做法可能有不好的副作用，人们容易对工作不满，人员大量流动或产生无法实现的梦想。当然，企业应该介绍自己有吸引力的好的方面，但应该实事求是地谈论机会的问题，并指出工作的局限性，甚至不利的方面。

另一方面，管理部门应该启发应聘者客观地显示他们的知识、才能、能力、天赋、动机以及过去的业绩。要了解这些情况，有很多方法和手段，我们将在以后进一步论述。自然，收集应聘者的材料可能走得太远，侵犯了应聘者的隐私。应聘人选只能忍受一定程度的面试、测评和公开个人情况。显然，管理者必须懂得克制，只询问对工作必要的和与工作有关的情况。

3.5 选定管理人员

挑选管理者是从人选中选出一个最符合职位要求的人。挑选可能是为补充一个特定的空缺职位，也可能是为今后管理人员的需要。因此，我们可以区别使用补充组织职位的挑选方法或是安置方法。用挑选方法时，招聘申请人来补充需要相当特殊条件的职位；用安置方法时，对个人的优缺点加以评估，为他找到合适的职位或甚至专门设计一个新的职位。

提升是在本单位范围内从前任职位调到需要更多才能、担负更大责任的职位上去。一般，伴之而来的是更高的地位和更多的工资。提升可能是对工作表现突出的报偿，也可能是企业为了更好地使用个人的才能和能力。前文论述挑选的各个方面，一般也可应用于提升。

挑选时还有许多重要的因素要考虑。正如我们先前提出的，管理职位需要有技术上、概念上与人工作以及解决问题等方面的才能。因为一个人不可能具备全部所需的能力，可能要挑选其他人来弥补其不足之处。例如，一个具有卓越的概念才能和设计才能的高级管理人员，可能需要得到有技术才能的人帮助。同样，一个具有较多营销和财务经历的管理人员，可能需要有一位经营方面的专家来帮助。

挑选管理人员时还必须考虑年龄问题。经常会发现公司内所有副总经理和中层管理人员都在同一年龄段的情况。这样就会产生几位在差不多层次的管理人员同时退休的情况。然而挑选人员时，不得非法地在年龄方面予以歧视。有计划地对劳动力进行规划，可以在组织结构范围内合理地分配不同年龄段的管理人员。

在上述各项工作的基础上，利用加权的方法，算出每个候选人知识、智力和能力的综合得分，并考虑到民意测验反映的受群众拥护的程度，并根据待聘职务的性质，选择聘用既有工作能力，又被同事和部属广泛接受的管理人员。

4.招聘管理人员的测试

4.1 气质类型的测试

1）气质的概述

气质是个体比较稳定的心理活动的动力特征。如情绪的强弱、思维的快慢、注意力集中时间的长短、注意力转移的难易，以及心理活动倾向于外部事物还是内心世界等等，都是气质特征的表现。它能够使管理者的全部心理活动都染上一种浓厚的色彩。气质具有稳定性。虽然在客观条件影响下，气质也会发生一定的变化，但是和其他心理特征相比，气质变化要缓慢得多。

气质类型测试

2）气质的种类

（1）属于胆汁质类型的管理者思维敏捷，工作热情，办事果断，雷厉风行，但也容易感情冲动，脾气暴躁，缺乏耐力。

（2）属于多血质类型的管理者机智敏锐，适应性强，能较快把握新事物；有很高的灵活性，善于交际，应变能力强；但往往注意力不稳定，兴趣容易转移，缺乏持续性。

（3）属于黏液质类型的管理者遇事沉着冷静，能很好克制自己的感情冲动；比较踏实，长于实干，不爱作空泛的清谈，善于忍耐，情绪不易外露，能很好克服困难，把事业坚持到底；但往往反应缓慢，稳定性有余而灵活性不足。

（4）属于抑郁质类型的管理者认真、一丝不苟，办事细心；善于觉察出别人不易觉察的细小事物；善于完成某项交办的具体任务，能克服困难，具有坚定性；但比较孤僻，行动迟缓，易优柔寡断。

4.2 心理测验技术

心理测验技术有很多，例如卡特尔的16PF，艾森克个性测验（简称EP比量表），加利福尼亚人格量表（简称CPI量表），明尼苏达多项人格测验（简称MMPI量表）等几个经典心理测验量表。

5. 管理人员的考评

5.1 管理人员考评的目的和作用

人员考评是为了确定某职位的人员是否确实符合要求，值得进一步提拔还是应当加以调整，管理人员的培训和培养工作的效果，管理人员的薪酬应当依据什么基准确定等。此外，通过考评，还可以起到互相学习、促进组织内部沟通的作用。因此，管理人员考评的目的有以下几个：

（1）考评作为决定人事提拔、调整工资或进行奖励的依据。

（2）将考评作为激励和改进人员配备的手段。

（3）激励管理者不断自我提高和自我完善。

5.2 管理人员考评的内容

一般来说，为确定工作报酬提供依据的考评看重管理人员的现时表现，而为人事调整或组织培训进行的考评则偏重对技能和潜力的分析。然而，组织具体进行的人事考评，往往是为一系列目的服务的。因此，考评的内容不能只侧重于某一方面，而应尽可能全面。公平的考评包括以下几个方面：

1）贡献考评

贡献考评是指考核和评估管理人员在一定时期内担任某个职务的过程中对实现企业目标的贡献程度，即评价和对比组织要求某个管理职务及其所辖部门提供的贡献与该部门的实际贡献。

贡献往往是努力程度和能力强度的函数。因此，贡献考评可以作为决定管理人员报酬的主要依据。贡献评估需要注意以下两个问题：应尽可能把管理人员的个人努力和部门的成就区别开来，即力求在所辖部门的贡献或问题中辨识出有多大比重应归因于主管人员的努力；贡献考评既是对下属的考评，也是对上级的考评，是考评上级组织下属工作的能力。

2）能力考评

能力考评是指通过考察管理人员在一定时间内的管理工作，分析他们是否符合现任职务所具备的要求，评估他们的现实能力和发展潜力，即任现职后素质和能力是否有所提高，从而能否担任更重要的工作。根据对管理人员的工作要求来进行能力考评，不仅具有方便可行、能够保证得到客观结论的好处，而且可以促使被考评者注重自己的日常工作，根据组织的期望改进和完善自己的管理方法和艺术，从而起到促进管理能力发展的作用。

5.3 管理人员的考评方法

管理者考评方法有很多，如排列法、成对比较法、强制比例法、关键事件法、评级量表法、行为锚定等级评价法、描述法和360°绩效考评法等。

1）排列法

将所有参加评估的人选列出来，就某一个评估要素展开评估，首先找出该因素上表现最好的员工，将其排在第一的位置，再找出在该因素上表现差的员工，将他排在最后一个位置，然后找出次最好、次最差，依此类推。评估要素可以是整体绩效，也可以是某项特定的工作或体现绩效某个方面。排列法是绩效考评中比较简单易行的一种综合比较的方法。这种方法的优点是简单易行，花费时间少，能使考评者在预定的范围内组织考评并将下属进行排序，从而减少考评结果过宽和趋中的误差。

2）成对比较法

成对比较法也称配对比较法、两两比较法等。成对比较法是对员工进行两两比较，任何两位员工都要进行一次比较。两名员工比较之后，相对较好的员工记"1"，相对较差的员工记"0"。所有的员工相互比较完毕后，将每个人的得分相加，总分越高，绩效考核的成绩越好，在涉及的人员范围不大、数目不多的情况下可采用此方法。

3）强制比例法

强制比例法即在绩效考评开始之初，对不同等级的人数有一定的比例限制，是根据被考核者的业绩，将被考核者按一定的比例分为几类（最好、较好、中等、较差、最差）进行考核的方法。强制比例法也可以避免考评者过分严厉或过分宽容的情况发生。

4）关键事件法

关键事件法也称重要事件法，由美国学者弗拉赖根和伯恩斯在1954年提出，通用汽车公司在1955年运用这种方法获得成功。关键事件法，它是通过对工作中最好或最差的事件进行分析，对造成这一事件的工作行为进行认定，从而做出工作绩效评估的一种方法，它是由上级主管者记录下属平时工作中的关键事件：一种是做得特别好的；另一种是做得不好的。在评估期内，上级管理人员对下级员工的各种杰出表现或者不良的行为都需记录在案，评估时应引述具体的行为，而非记载笼统的个性特征。这样，每个员工都有一张关键事件表，在考评时能提供丰富的事例，指出哪些是符合要求的行为，哪些是不理想的行为。在预定的时间，通常是半年或一年之后，利用积累的记录，由主管者与被测评者讨论相关事件，为测评提供依据。这种方法包含了三个重点：第一，观察；第二，书面记录员工所做的事情；第三，有关工作成败的关键性事实。这种方法的主要原则是认定员工与职务有关的行为，并选择其中最重要、最关键的部分来评定其结果。

关键事件法对事不对人，以事实为依据，考核者不仅要注重对行为本身的评价，还要考虑行为的情境，可以用来向被考评者提供明确的信息，使他们知道自己在哪方面做得较好，在哪方面做得不好。

5）评级量表法

评级量表法是最古老也是用得最多的考核方法之一。评级量表法把员工的绩效分成若干项目，每个项目后设一个量表，由考核者做出考核。评级量表法之所以被用得最多是因为考核者发现它极易完成，而且费时又少，又好学，并且有效性也很高。

6）行为锚定等级评价法

行为锚定等级评价法也称为定位法、行为决定性等级量表法或行为定位等级法，是由美国学者P. C. 史密斯和德尔于20世纪60年代提出的。行为锚定等级评价法是一种将同一职务工作可能发生的各种典型行为进行评分度量，建立一个锚定评分表，以此为依据，测评员工工作中的实际行为并确定等级、分值的考评办法。

行为锚定等级评价法实质上是把关键事件法与评级量表法结合起来，兼具两者之长。行为锚定等级评价法是关键事件法的进一步拓展和应用。它将关键事件和等级评价有效地结合在一起，通过一张行为等级评价表可以发现，在同一个绩效维度中存在一系列的行为，每种行为分别表示这一维度中的一种特定绩效水平，将绩效水平按等级量化，可以使考评的结果更有效。

7）描述法

描述法是比较常见的以一篇简短的书面鉴定来进行评估的方法。评估的内容、格式、篇幅和重点等多种多样，完全由评估者自由掌握，不存在标准规范。这种方法的优点在于形式灵活、反馈简捷。这种方法的缺点在于评估结果在很大程度上取决于评估者的主观意愿和文字水平；此外，由于没有统一的标准，不同员工之间的评估结果是很难比较的。

8）360°绩效考评法

360°绩效考评法最早是由美国英特尔公司首先提出并加以实施的。360°绩效考评法是一种从不同角度获取组织员工工作行为表现的信息和资料，并对其进行分析和评估的方法。

员工的绩效受到来自上司、同事、下属、客户以及员工自己等全方位的考评，在考评结束后，将考评结果反馈给员工，员工可以清楚地认识到在职业发展过程中存在的不足、长处与未来发展的需求，组织可依据反馈报告为员工制订职业发展计划。

360°绩效考评法打破了由上级考核下属的传统考核制度，让员工参与管理的方式，在一定程度上有利于提高员工的工作满意度，提升工作的自主性和积极性，使员工对组织更忠诚。

但360°绩效考评法需要多个评估者参与评鉴，组织中所有的员工都既是考核者又是被考核者，考核培训工作难度大，考核时间耗费多，考核成本较高。

6. 管理人员的培训

管理人员的培训是人员配备职能中的一个重要的方面。其目的是要提高组织中各级主管人员的素质、管理知识水平和管理能力，以适应管理工作的需要，适应新的挑战和要求，从而保证组织目标的实现。加强管理人员的培训，不但能充实组织的后备人才队伍，而且能够丰富管理者个人的知识，增强管理者个人的素质，提高管理者个人的技能，同时可以辨识个人的发展潜力，特别是对那些在培训中表现突出的管理人员，则可能意味着更多被提升的机会。由于培训为管理人员的发展和职务晋升提供了美好的前景，使他们的未来在一定程度上得到保障，从而增加了他们的职业安全感和对组织的忠诚感，促进了管理队伍的稳定。

6.1 管理人员培训的目标

为了提高管理队伍素质，促进个人发展的培训工作，必须实现以下四个方面的具体目标：

1）传递信息

通过培训，要使管理人员了解组织在一定时期内的生产特点、产品性质、工艺流程、营销政策、市场状况等方面情况，熟悉公司的生产经营业务。

2）改变态度

通过对管理人员，特别是新聘管理人员的培训，使他们逐步了解组织文化，接受组织的价值观念，按照组织认同的行动准则从事管理工作。

3）更新知识

为了使企业的活动跟上技术进步的步伐，使管理人员能够有效地管理具有专门知识的生产技术人员，可以利用培训的方法，对他们的科学、文化、技术知识进行及时的补充和更新。

4）挖掘潜能

管理人员培训的另一个主要目的，便是根据管理工作的要求，努力提高管理人员在决策、用人、激励、沟通、创新等方面的管理能力。

6.2　管理人员培训的方法

1）理论培训

理论培训是提高主管人员理论水平的一种主要方法。尽管主管人员当中有些已经具备了一定的理论知识，但还需要在深度和广度上接受进一步的培训。理论培训有助于提高受训者的理论水平，有助于他们了解某些管理理论的最新发展动态，有助于在实践中及时运用一些最新的管理理论和方法。

2）工作轮换

工作轮换是使受训者在不同部门的不同主管位置或非主管位置上轮流工作，使其全面了解整个组织不同的工作内容，得到各种不同的经验。作为培养管理技能的一种重要方法，工作轮换不仅可以使受训者丰富基础知识和管理能力，掌握公司业务与管理的全貌，而且可以培养他们的协作精神和系统观念，使他们明确系统的各个部分在整体运行和发展中的作用，从而在解决具体问题时，能自觉地从系统的角度出发，处理好局部与整体的关系。工作轮换包括非主管工作的轮换、主管职位的轮换等。

3）设立副职和助理职务

副职的设立是要让受训者同有经验的主管人员一道密切工作，副职对于培训主管人员都是很有益的。这种方法可以使配有副职的主管人员起到教员的作用，通过委派受训者一些任务，并给予具体的帮助和指导，培养他们的工作能力。而对受训者来说，这种方法又可以为他们提供实践机会，观摩和学习现职主管人员分析问题、解决问题的能力和技巧。

4）临时职务代理

临时性职务空缺，组织可以考虑由受培训者临时代理该主管的工作。安排临时性的代理工作，具有和设立助理职务相类似的好处，它可以帮助受培训者体验高层管理工作，在代理期限内充分展示其管理才能，弥补其管理能力面的不足。

5）研讨会

研讨会是指各有关人员在一起对某些问题进行座谈或决策。通过举行研讨会，组织中的一些上层主管人员与受训者一道讨论各种重大问题，可以为他们提供一个机会，观察和学习上级主管人员在处理各类事务时所遵循的原则和具体如何解决各类问题，取得领导工作的经验。同时，也可以通过参与组织一些大政方针的讨论，了解和学习利用集体智慧来解决各种问题的方法。

第五节　组织变革

1.组织变革的概念

组织变革是组织发展过程中的一种经常性活动，哈佛大学教授拉里·格雷纳指出，组织变革伴随着企业成长的各个时期，组织变革与组织演变相互交替，进而促使组织发展。组织变革是任何组织都不可回避的问题，是否顺利地引导组织变革是衡量管理工作有效性的重要标志。

组织变革是组织保持活力的一种重要手段，在组织为开放有机体的前提下，组织必须随着内在及外在的环境变化，进行调适与改变。组织变革是组织为适应内外环境及条件的变化，对组织的目标、结构及组成要素等适时而有效地进行各种调整和修正。传统观点认为，组织变革是指对组织的权力结构、组织规模、沟通渠道、角色设定、组织与其他组织之间的关系，以及对组织成员的观念、态度和行为，成员之间的合作精神等进行有目的的、系统的调整和革新，以适应组织所处的内外环境、技术特征和组织任务等方面的变化，提高组织效能。

1.1 组织变革的目的

组织变革往往有很多目的，如完善组织结构、优化组织功能、和谐组织气氛、增强应变能力等，但增强应变能力应是其最主要的目的，这主要体现在以下三个方面：

（1）组织变革使组织更具环境适应性。环境因素具有不可控性，组织要想在动荡的环境中生存并得以发展，就必须顺势调整、改变自己的任务目标、组织结构、决策程序、人员配备、管理制度等，只有如此，组织才能有效地把握各种机会，识别并应对各种威胁，使组织更具环境适应性。

（2）组织变革使管理者更具环境适应性。组织中的管理者是决策的制定者和组织资源的分配人，管理者必须要能清醒地认识到自己是否具备足够的决策、组织和领导能力来应对未来的挑战。因此，一方面，管理者需要调整过去的领导风格和决策程序，使组织更具灵活性和柔性；另一方面，管理者要能根据环境的变化要求重构层级之间、工作团队之间的各种关系，使组织变革的实施更具针对性和可操作性。

（3）组织变革使员工更具环境适应性。组织变革的最直接感受者就是组织的员工。通过变革改变员工观念、态度、行为方式等，就可以使员工更能适应组织和外部环境的要求。

1.2 组织变革的原因

组织变革往往是在面对危机的时候才变得分外重要，危机会通过各种各样的形式表现出来，成为组织变革的先兆。亨利·西斯克（W. L. Sisk）认为一个组织在下列情况下应考虑进行变革：①决策效率低或经常出现决策失误；②组织沟通渠道阻塞、信息不灵、人际关系混乱、部门协调不力；③组织职能难以正常发挥，目标不能如期实现，人员素质低下，产品产量及质量下降等；④缺乏创新。

组织进行变革有多种原因，这些原因可以归纳为外部原因和内部原因两大类。

外部原因有以下几个：

（1）社会经济环境的变化。社会经济不断发展，人民生活水平不断提高，使得市场更为广阔，产品更新换代速度加快，加上工作自动化程度的提高等，均会迫使组织进行变革。社会经济环境还包括国家的经济政策、法规以及环境保护、国民经济增长速度的变化、产业结构的调整、竞争观念的改变等。

（2）科学技术的发展。科学技术的迅速发展及其在组织中的应用，如新发明、新产品、自动化、信息化等，使得组织的结构、组织的运行要素等都产生了巨大变化，这些变化也会推动组织不断地进行变革。

（3）管理理论与实践的发展。管理的现代化，新的管理理论和管理实践，都要求组织变革过去的旧模式,对组织要素和组织运行过程的各个环节进行合理的协调和组织,从而对组织提出变革的要求。

内部原因有以下几个:

(1)组织目标的选择与修正及组织战略发生变化。组织的目标与战略并不是一成不变的,当组织目标与战略在实施过程中与环境不协调时,需要对目标与战略进行修正。

(2)组织结构与职能的调整和改变。组织会根据内、外环境的要求对自身的结构进行适时的调整与改变,如管理幅度和层次的重新划分、部门的重新组合、各部门工作的重新分配等。

同时,组织在发展的过程中,亦会不断抛弃旧的不适用的职能并不断承担新的职能,如社会福利事业、防止公害、保护消费者权益等。这些均会促使组织进行不断的变革。

(3)组织员工的变化。随着组织的不断发展,组织内部员工的知识结构、心理需要以及价值观等都会发生相应的变化。现代组织中的员工更注重个人的职业发展和管理中的平等自主。组织员工的这些变化必将带动组织的变革。

(4)技术条件的变化,如组织实行技术改造,引进新的设备要求技术服务部门的加强以及技术、生产、营销等部门的调整。

(5)组织成长要求。企业处于不同的生命周期时对组织结构的要求也各不相同,如小企业成长为中型或大型企业,单一品种企业成长为多品种企业,单厂企业成为企业集团等。

2. 组织变革的类型

根据变革的内容,组织变革可以划分为四种类型:

(1)战略性变革:指组织对其长期发展战略或使命所做的变革。

(2)结构性变革:组织需要根据环境的变化适时对组织的结构进行变革,并重新在组织中进行权力和责任的分配,使组织变得更为柔性灵活、易于合作。

(3)流程主导性变革:指组织紧密围绕其关键目标和核心能力,充分应用现代信息技术对业务流程进行重新构造。这种变革能对组织结构、组织文化、用户服务、质量、成本等各个方面产生重大的变革。

阿里巴巴组织结构变革

(4)以人为中心的变革:指组织通过对员工进行培训、教育等引导,使他们能够在观念、态度和行为方面与组织达成一致。

根据变革的速度,组织变革可以划分为两种类型:

20世纪70年代,拉里·格雷纳在《组织成长过程中的演化与变革》一文中,把组织变革分为渐进式变革和激进式变革。

(1)渐进式变革。渐进式变革是通过对组织进行小幅度的局部调整,力求通过一个渐进的过程,实现初态组织模式向目的态组织模式的转变。渐进式变革依靠持续的、小幅度变革来达到目的,这种方式的变革对组织产生的震动较小,而且可以经常性地、局部地进行调整,直至达到目的。渐进式变革代表一系列持续性变革,这些变革能够维持企业组织的一般平衡,通常只影响到企业组织运行中的一部分。

(2)激进式变革。激进式变革要求打破原有企业组织的框架,目的在于建立一个新的平衡。激进式变革能够以较快的速度达到变革目标,因为这种变革模式对组织进行的调整是大幅度的、彻底的、全面的,所以变革过程就会较快;但是同时,激进式变革会导致组织的平稳性差,严重的时候会导致组织崩溃,这就是为什么许多组织变革反而加速了组织灭亡的原因。

根据组织所处的经营环境,组织变革可以划分为两种类型:

(1)主动性变革。这种变革的动力来源于组织内部,并在事先预见的基础上做出变革决策。如果管理者能及时地预测到未来的危机,就可以提前进行必要的变革。

(2)被动性变革。被动性变革是在外部存在压力的情况下进行的组织变革。如果组织已经存在有形的可感觉到的危机,并且已经为过迟变革付出了一定的代价;或已经存在根本性的危机,再不进行战略变革,组织将面临倒闭和破产,面对这种情况,被动性的变革已显得迫不得已。

3.组织变革的内容

结构变革是对组织的构成要素、整体布局和运作方式所做的较大调整。一般包括划分或合并新的部门、改变职位及其权责范围、协调各部门之间的关系、调整管理幅度和管理层次、下放部分自主权等。结构所涉及的内容主要有权力分配、结构调整、工作设计、绩效评估、报酬制度和控制系统设计等。管理者的任务就是要对如何选择组织设计模式、如何制订工作计划、如何授予权力以及授权程度等一系列行动做出决策,管理者应该根据实际情况灵活改变其中的某些要素组成。

对于这些变革内容进行具体分析,能帮助我们更好地理解结构变革的内涵。

(1)权力重新分配。结构变革首先要考虑的问题就是组织的集权与分权问题。组织所处的环境不同,组织发展的阶段不同,组织正规化程度,这些都会影响到组织的集权和分权的程度。因此,组织的管理者要根据形势的变化对组织权力进行重新分配。

(2)结构再设计。它包括对结构要素的调整(如合并或增设部门、增减管理层次等)和整个结构的重新设计(如从直线制结构到直线职能制结构)以及组织整体的结构扩张(如通过兼并、收买、控股等方式扩张)或缩减(如通过卖出或取消分支机构等形式收缩)。

(3)工作再设计。管理者可以通过重新设计职位体系和工作程序、修订职务说明书、丰富职务内容、实行弹性工作日制等方式来变革组织结构。

(4)绩效评估和奖励制度的改变。组织发展的不同阶段,对员工的要求会有很大差别,同时,员工的需要也会发生较大的变化,因此,管理者必须及时改变对员工的评价和奖励制度,以适应变化的要求。

(5)控制系统的改变。组织的控制系统包括对财务、人力资源、生产过程、产品质量、投资计划等方面的控制。组织控制系统要随技术、市场、内部资源情况作出相应的调整。

4.对任务与技术的变革

任务与技术的变革主要是指对组织各部门、各层次工作任务进行重新组合,改革原有的工作流程,更新企业的生产设备,采用新工艺、新方法,进行技术革新挖潜,实行控制技术和生产进度等一套新的管理技术,从而提高生产效率和产品质量,实现组织变革的目的。

组织任务的变革可以通过工作任务的丰富化、工作范围的扩大化等措施对各个部门或各个层级的工作任务进行重新组合。组织的技术变革是指管理人员通过改变从原料的投入到转变成为产品的整个过程所使用的技术促使人们的工作内容、工作顺序、工艺程序的改变,以达到影响人的行为、提高工作绩效的目的。改变技术意味着运用各种新技术去提高工作效率，具体形式有设备更新和工艺流程的变革。不同类型的技术对组织结构和下级员工的工作行为会产生不间的影响，这些影响包括：①影响工作分工与工作内容；②影响下级的社会关系；③影响工作环境；④影响管理者所需要的技能；⑤影响工作的类型；⑥影响员工工资；⑦影响工作时间。因此，在考虑技术变革问题时，不仅要考虑新技术可能带来的效益，而且还要考虑新技术可能对组织结构和下级员工的行为带来影响。

5. 对人员的变革

无论是组织结构的变革，还是任务和技术的变革，都离不开人的重要作用，都是通过改革人的观念和态度而实现的。人员的变革是指员工在态度、技能、期望、认知和行为上的改变，主要包括知识的变革、态度的变革、个人行为的变革以至整个群体行为的变革。变革的主要任务是组织成员之间在权力和利益等资源方面的重新分配。要想顺利实现这种分配，组织必须注重员工的参与，注重改善人际关系并提高人际沟通的质量。人员变革的目的是努力创造一种良好的组织气氛，促进组织成员之间相互关系的改变，使组织中个人和群体更加有效地工作。

变革模型有以下几个代表。

美国社会心理学家库尔特·卢因（Kurt Lewin，1890—1947）的变革模型是组织变革模型中最具影响的模型之一。1951年，库尔特·卢因在《社会科学中的场论》中提出一个包含解冻、改变（changing）、再冻结（refreezing）三个步骤的有计划组织变革模型，用以解释和指导如何发动、管理和稳定变革过程。

5.1　解冻

这一步骤一方面需要对旧的行为与态度加以否定，另一方面要使组织成员认识到变革的紧迫性。要做到这点，可以采用比较评估的办法，把本单位的总体情况、经营指标和业绩水平与其他优秀单位或竞争对手加以一一比较，找出差距和解冻的依据，明确变革的紧迫性，促使组织成员"解冻"现有态度和行为并接受新的工作模式。此外，应注意创造一种开放的氛围和心理上的安全感，减少变革的心理障碍，提高变革成功的信心。解冻阶段的主要任务是发现组织变革的动力，营造危机感，塑造出改革乃是大势所趋的气氛，并在采取措施克服阻力的同时具体描绘组织变革的蓝图，明确组织变革的目标和方向，形成可靠的比较完善的组织变革方案。

5.2　改变

库尔特·卢因认为，改变是一个学习过程，需要给组织成员提供新信息、新行为模式和新的视角，指明改变方向，实施改变，进而形成新的行为和态度。这一步骤中，应该注意为新的工作态度和行为树立榜样，可以采用角色模范、导师指导、专家演讲、群体培训等多种途径。改变阶段主要任务是按照所拟订的改革方案的要求开展具体的组织变革运动，使组织从现有的组织结构模式向目标模式转变。

5.3　再冻结

再冻结阶段的主要任务是组织必须采取措施保证新的行为方式和组织形态能够不断得到强化和巩固，即利用必要的强化手段使新的态度与行为固定下来，使组织变革处于稳定状态。

为了确保组织变革的稳定性，需要注意使组织成员有机会尝试和检验新的态度与行为，并及时给予正面的强化；同时，加强群体变革行为的稳定性，促使形成稳定持久的群体行为规范。

系统管理学派主要代表人物弗里蒙特·卡斯特（Fremont E. Kast）和詹姆斯·罗森茨韦克（James E. Rosenzweig）在系统理论学派的"开放系统模型"的基础上融合了贝塔朗菲（L. Von. Beertalanffy）的"一般系统理论"，加入组织变革因素分析，形成了"系统变革模型"。所谓"开放的系统模型"主要强调组织既是一个人造的开放系统，同时也是由各个子系统有机联系而组成的一个整体。该模型包括输入、变革元素和输出三个部分。

输入部分包括内部的强项和弱点、外部的机会和威胁。其基本构架则是组织的使命、愿景和相应的战略规划。企业组织用使命来表示其存在的理由；愿景是描述组织所追求的长远目标；战略规划则是为实现长远目标而制订的有计划变革的行动方案。

5.4 变革元素

变革元素包括目标、人员、社会因素、方法和组织体制等元素。这些元素相互制约和相互影响，组织需要根据战略规划，组合相应的变革元素，实现变革的目标。

5.5 输出

输出部分包括变革的结果。根据组织战略规划，从组织、部门群体、个体三个层面，增强组织整体效能。

1970年，罗森茨韦克与卡斯特合著的《组织与管理：系统方法与权变方法》一书中，把组织变革分为六个步骤：

（1）审视状态：对组织本身、组织取得的成就和缺陷进行回顾、反省和检查，分析研究组织所处的内外部环境，为组织变革作准备。

（2）察觉问题：识别和总结组织中存在的问题，确定组织变革需要；并向组织中有关部门提供有关变革的确切信息。

（3）辨明差距：拿组织的现状与所期望的状态比较，进一步探明问题，发现差距，明确变革的方向。

（4）设计方法：提出和评定多种备选方法，经过讨论和绩效测量，做出选择。

（5）实行变革：根据所选方法及行动方案，实施变革行动；在实际变革中要尽量减少或控制因变革而产生的负面作用。

（6）反馈效果：评价效果，实行反馈。经过这样的及时反馈，进一步观察外部环境状态与内部环境的一致程度，对变革的结果给予评定。若有问题，再次循环此过程。

另外，还有约翰·科特的组织变革模型。

1996年，美国哈佛大学教授约翰·科特出版了畅销全球的《领导变革》一书。

在《领导变革》中，科特认为，组织变革失败往往是由于高层管理部门犯了以下错误：没能建立变革需求的急迫感；没有创设负责变革过程管理的有力指导小组；没确立指导变革过程的愿景，并开展有效的沟通；没能系统计划并获取短期利益；没能对组织文化变革加以明确定位等。

科特为此提出了指导组织变革规范发展的八个步骤：增强紧迫感；建立强有力的领导联盟；构建愿景规划；有效沟通愿景；授权他人实施这种愿景规划；计划并夺取短期胜利；巩固已有成果，深化变革；使新的工作办法制度化。这八个步骤必须依顺序执行，否则成功机会非常微小。

增强紧迫感。当企业的全体成员都感到现在的状况很好的话，那么变革是无从谈起的。

因此，要想变革，首先就要增加员工的紧迫感。要想增加紧迫感，就必须消除造成自满情绪的根源，或尽可能缩小其影响。企业的领导人要制造出一些危机，让工都有危机的意识。例如，允许出现财政亏损；通过同竞争对手进行对比，让经理们了解公司存在的问题和与对手的差距；在决策过程中定出更高的标准；鼓励每位员工多从外部收集有关业绩的信息；高层管理人员停止发表乐观言论。这些措施都能有效地增加企业的紧迫感。

建立强有力的领导联盟。对于21世纪来说，要进行企业的重大变革，仅靠最高管理者单打独斗是不行的。企业需要组建一个联合指挥团队，通过这个团队，要集体做决策共同对决策负责。当然，这个团队也要有一个好的领导，没有好的领导是不会获得成功的。

构建愿景规划。好的愿景能够引导员工向着目标努力工作。企业的愿景应该是可想像的、具有吸引力的、可行性的、灵活性的并且有好的传播性。从长远看，如果没有正确的设想，产品的重新策划、企业的调整和其他改革计划就绝不会发挥作用。

有效沟通愿景。愿景不是设想出来就行了，只有少数几个关键人物理解这一设想不是好现象，只有在参与这项事业或活动的大多数人就所实现的目标和行动方向达成共识时，设想所蕴含的力量才能得到释放。为此，有效的沟通就显得非常重要。

授权他人实施这种愿景规划。要使传播设想真正有效，只靠口头、书面的沟通形式还不够，还得进行相应的改革，要更多的授权，以使更多成员能够采取行动。

计划并夺取短期胜利。重大变革都要花去大量的时间，但多数人都希望能够快速地看到成果，来说明自己的努力没有白费，持怀疑态度的人可能会提出更高的标准。对此，科特提出了"创造短期收益"的问题，并且认为，组织的短期成效对改革计划起了肯定的作用，短期的业绩能够促进改革总目标的实现。

巩固已有成果，深化变革。当变革成果已开始明朗时，这同时也是变革举步维艰的时期，由于功成名就，组织开始滋生自满的情绪，往往导致成果得而复失。特别是由于改革成果已经出现，许多人便会出现坐地分成的念头，一旦得不到改革成果，或认为分配不公平，便会使别人也得不到。对此现象，科特从组织内部找原因，认为以往变革失败的原因有两点：其一，以往的管理方式往往过于集中，根本无法应付20个以上的复杂变革计划；其二，变革计划的负责人没有协调他们之间的行动，造成彼此牵制，产生阻力妨害变革成功。因此这时候千万不能放松，一定要坚持下去，把变革进行到底。

使新的工作办法制度化。科特认为，将变革作为一种新的行为规范与企业文化固定下来往往是最后实现的变革，这一步骤在变革中是必不可少的。文化对长期经营绩效有巨大的正相关性。科特认为，新模式的文化应是"以变化为支点的企业文化"，这种文化会帮助企业适应一个迅速变化的环境，并大大胜过财力更强的竞争者。

思考题

1. 如何理解组织的作用？怎样建立组织结构？
2. 什么是组织设计？组织设计对组织结构的建立有何意义？
3. 如何设置管理层次和管理宽度？
4. 部门化的方法有几种？各有何优缺点？
5. 不同类型的组织结构有何特点？各适用于哪些组织？
6. 在组织中如何设置集权和分权？
7. 为什么要授权？如何进行有效的授权？
8. 正式组织和非正式组织有什么区别？怎样利用好非正式组织？
9. 人员配备是为了达到什么样的目的？要遵循哪些原则？

第四章　领　导

【学习目标】

1. 理解和掌握领导的定义；
2. 理解和掌握领导相关的理论；
3. 理解过程型和内容型的激励理论；
4. 了解沟通的定义和类型；
5. 了解冲突及其管理。

第一节　领导与领导者

案例导入

马云说："小企业成功靠精明；中等企业成功靠管理；大企业成功靠的是诚信。"但我相信马云的成功不仅仅是这其中的某一面，而更是多种因素的结合，而他的领导艺术也正蕴含于此！

"靠智慧，胸怀，眼光"——领导有效控制企业的法宝。

1. 靠智慧控制

在阿里巴巴公司，人们之所以去听谁的，不是因为这个人是 CEO，是什么长什么主任，而是因为他说的对。这就要求一个企业领袖要有过人智慧以驾驭企业，而不是手中有多少股票。马云拥有的股份大概也只有 10% 左右的比例，这不足以驾驭阿里巴巴。从第一天开始，马云就没想过用控股的方式控制阿里巴巴。事实上，阿里巴巴也不允许任何一个股东或者任何一方投资者控制它。马云说："我觉得这个公司需要把股权分散，管理和控制一家公司是靠智慧。"马云不仅没有控股阿里巴巴，甚至还是一个 IT 外行，也就是说连在技术上也是没有控制这家公司。可是，马云的公司却还是连续四年被《福布斯》评为全球最佳 B2B 网站。马云的管理团队也成了哈佛 MBA 案例。马云告诉记者，我虽没控股，但我控制了阿里巴巴这个团队。其实，我也没有控制团队。我永远相信一点，就是不要让别人为你干活。这就是智慧的力量，它远胜于知识本身！

2. 靠胸怀控制

马云认为，作为一个一把手，有 70% 的人相信你的时候，你已经很幸福了，你不要为那 30% 的人耿耿于怀，心胸要宽点。因为这是个社会学概念，"六个人中一定有人杰，七个人中一定有混蛋"。马云要的是，每个人为一个共同的目标和理想去干活。他讨厌员工为他工作。他说，再有本事的企业领袖，也别指望你的员工会全听你的，这很不现实。就拿他今天讲的这个话题，如果大家听了以后全都同意他的看法，那他讲的一定是废话！

3. 靠眼光控制

在公司管理的过程中，要想真正领导这个团队就必须要有独到的眼光，必须比人家看得远、胸怀比人大。所以马云花很多时间参加各种论坛，全世界奔跑：看硅谷的变化、看欧洲的变化、看日本的变化、看竞争者、看投资者、看你的客户。马云一年365天，在杭州的时间少，而在国内外四处跑的时间反而多。他说，读千卷书还要行万里路。一个企业家老是窝在家里，他就会自大，就会狭隘，这对他的事业发展是十分不利的。

二、"当名好老师"——领导者实现企业目标的职责

1. 自我拥有健康的价值观

马云说，他见过世界上许多成功的企业，发现在那些成功的 CEO 的办公室里，办公桌前总是挂着自己最喜欢的人的照片，椅子后也都是挂着企业团队，个人朋友等支持、帮助过自己的人的照片。这些企业家的成功，是因为他们面对微笑，天天开心；因为他们拥有企业成长的最稳固的靠山。相反，那些失败的企业，整个屋子里都充满铜臭味。马云认为，当一个企业领导人满脑子都是美元、人民币的时候，他说话时肯定满嘴是港元，那他的企业就不会走得远。

2. 树立培养职工积极的价值观

谁都知道现在的阿里巴巴公司，有一个汇聚世界精英的团队。但是，平时在用人上，"精英"却不是首选，甚至连第二都排不上。阿里巴巴选的是对公司的价值观有认同感的人。但凡进公司就有一个月的专门培训，从第一天起，他们说的就是共同的价值观、团队精神。他们告诉刚来的员工，所有的人都是平凡的人，平凡的人在一起，做件不平凡的事。在阿里巴巴的平时考核中，业绩很好，价值观特别差，也就是每年销售可以卖得特别高，但是他根本不讲究团队精神，不讲究质量服务的人，他们会毫不手软的刷掉他！在马云的眼中，"创办一家伟大的公司比上市更为重要"！

3. 做好本职工作

平时，马云就爱去帮助别人。和其他老师一样，他希望自己的学生成为全校最好的学生，在社会上真正有用，并超过他。事实上，每位员工来公司的时候，第一堂课就是马云为他们上的。在阿里巴巴管理学院，马云在那里为他们上课，教的不是理论，而是学校里学不到的企业实战案例。马云说："当老师很有意思。你如果把你自己懂的东西跟别人分享，那是无尚的幸福。"

4. 从小做起

在中国，很多企业刚开张时，人还没几个，就在一个高档写字楼，租下了一个很大的办公室。这样，新招的员工看到这架子，就会觉得，这家公司肯定不错，好好在这里发展，会出人头地的。马云分析说，"这就给新员工对公司过高的心理期望值。其实，刚办的企业要发展，本身肯定有许多的困难，而新来的人却是冲着你的'好'，你的'规模'来的，对面临的困难总是估计不足。于是，久而久之，这家公司的人又会变得越来越少，最后，就会撑不下去。"就目前的阿里巴巴，可以说并不缺钱，但大多数分公司的办公地点，却都在居民点的单元房里。不仅是福州，就是东京、纽约，都有能力租当地最多的办公地点，但阿里巴巴没有。为什么？他们要让所有的员工知道，来阿里巴巴，就是要把阿里巴巴从小做到大，把分公司的公办室从小单元房搬到当地最高级的写字楼。

5. 重人用人

在古代，"重人"是中国传统管理的一大要素。王者要夺取天下，治好国家，办好事业，人是第一位的。马云认为，一个企业最大的财富之一也是员工。因此他提出"把钱存在员工身上"的理念。阿里巴巴公司四年来扎根西子湖畔，在那里训练人马，训练团队，了解客户，了解市场，员工已达到1400名，可能是当今中国互联网企业中员工人数最多的公司。马云说："我们认为与其把钱存在银行，不如把钱投在员工身上，我们坚信员工不成长，企业是不会成长的。"马云解释说，"每个人都有潜力：你信不信一百米要跑13秒的你，如果后面是老虎在追，你一百米可以跑出11秒。这就是潜能，是一个企业领导需要去挖掘的工作。"所以当马云在回答记者"你认为这世上缺乏人才吗？"，就十分肯定地说，"不！"

（根据网络资料整理）

1. 领导的定义

关于什么是领导，不同的管理学家给予了不同的定义。

切斯特·巴纳德认为：领导是上级影响下级的行为，以及劝导下属遵循某个特定行动方针的能力。

哈罗德·孔茨认为：领导是影响力，是影响人们心甘情愿和满腔热情地为实现群体目标而努力的艺术或过程。

约翰·科特认为：领导是在一定的组织或团体内，统御和指导人们为实现一定的目标而进行的一种社会实践活动。

斯蒂芬·P·罗宾斯认为：领导是领导者所做的事情，领导是领导者的一种能够影响一个群体实现目标的能力；是领导者带领并影响某个群体以实现目标的一个过程。

理查德·L·达夫特认为：领导是为了实现组织目标而对他人施加影响的能力。该定义抓住了一个要点：在实现目标的过程中，领导者要与其他人员打交道。

王利平认为：领导是拥有权力的个人或集团向他人施加影响，使之为实现预定目标而努力的过程。

周三多提出：所谓领导就是指指挥、带领、引导和鼓励部下为实现目标而努力的过程。

综上所述，领导是指一个激励、引导和影响个人或组织在一定的条件下实现组织目标的行动过程。领导包含四个要素：①领导的本质是影响力，并且是基于下属的追随与服从；②领导就是通过影响组织成员来达到组织的目标；③领导者必须有下属或追随者，领导必须与组织成员进行各种交换；④领导是一个对组织成员施加影响的动态过程。

2. 领导的作用

领导在组织活动中具有重要的作用，体现在以下几个方面：

1）指挥作用

指挥是领导者通过运用权力，发挥领导影响力，带领组织员工去实现组织目标的活动。领导者有责任指导组织各项活动的开展，帮助人们认清形势，明确目标及实现目标的途径。一般地，指挥活动有三种方式：一是有效命令，领导者向组织员工下达清晰并具有可操作性的命令；二是适当授权，授权的目的是调动组织成员行为和思维的积极性，保证领导者的命令得到更好的落实。

2）协调作用

在组织实现其既定目标的过程中，人与人之间、部门与部门之间发生各种矛盾和冲突及在行动上出现偏离目标的情况是不可避免的。因此，领导者的任务之一就是协调关系、调解矛盾，保证各个方面都朝着既定的目标前进。协调作用主要体现在以下两个方面：

（1）组织方面的协调。在领导活动中，由于社会分工导致不同部门之间很容易产生摩擦和冲突，例如稀缺资源的争夺、分工不明确、权力交叉等，使各部门之间不能很好地配合工作，难以发挥集体优势，从而影响了组织的整体表现。组织方面的协调就是帮助各部门避免冲突，减小摩擦，协调一致，群策群力地实现组织目标。

（2）人员方面的协调。领导者需要对组织成员进行调整，激发大家的潜能和热情，消除破坏性的不良因素，以保证组织的有序发展。

3）激励作用

领导者为了使组织内的所有人都最大限度地发挥其才能，就必须关心下属，激励和鼓舞下属的斗志，诱发下属的事业心、忠诚和献身精神，发掘、充实和加强人们积极进取的动力，以实现组织的既定目标。

4）沟通作用

领导者是组织的各级首脑和联络者，在信息传递方面发挥着重要作用，是信息的传播者、监听者、发言人和谈判者，领导者必须能通过正式的沟通，例如命令、指示、政策等，以及非正式的沟通在管理的各层次中起到上情下达、下情上达的作用，如此则可以使组织团结一致，以保证组织决策与活动顺利地进行。

3. 领导与管理

领导与管理是很容易混淆的，其实两者是紧密联系而又有区别。领导者是决策者，管理者是执行者。任何一个企业，都必须既有领导又有管理。只有领导而无管理，则领导的意图和目的往往比较难以实现；同样，如果只有管理而无领导，管理的愿望和目的也难以达到。领导者与管理者虽有相同之处，但绝不可以混为一谈，正确认识两者的区别与联系有助于对日常的管理活动进行更好的把握，从而促进组织的发展。正如哈佛商学院约翰·科特教授（John P. Kotter）在1990年出版的《变革的力量——领导与管理的差异》中提出：领导与管理是两种并不相同而又互为补充的概念和行为体系。管理包括规划和预算、组织和人员配置、控制和解决问题三个方面，好的管理可以日复一日地给企业带来高效率和高效益。与此相对应，领导的过程包括建立愿景与战略、沟通战略并获得支持、激励行为三方面，令组织应对成长、演变、新机会和新挑战。管理与处理复杂情况有关，领导与应对变革有关；管理更注重事，领导更注重人；管理目标的实现依靠实质性的监控机制或手段，领导目标的实现更加依赖情感、价值观的倾向性引导。

3.1 领导与管理的联系

领导与管理都以实现组织目标为目的。领导要确定组织目标，并通过引导、激励下属，使其发挥主观能动性来实现组织预期目标；管理则是通过把人、财、物等各类资源进行合理有效地整合在一起来实现既定目标的。领导与管理的最终目的是一致的，都是为了确保组织具有明确的目标并促进目标的达成。两种活动在很多方面都具有共性：一是领导与管理都需要做出决策，使其团队有明确的工作指向；二是不管是领导还是管理，都需要确定完成任务所需要的人力、物力以及财力等，并通过合理的配置使这些资源的效用最大化；三是领导与管理都需要采取一系列手段，诸如激励、约束、控制等，影响群体共同完成工作任务和组织目标。

领导与管理都是以组织的存在为前提的。组织是一切领导活动和管理活动的载体，为领导与管理活动提供了发挥作用的空间。在实现组织目标的过程中，领导和管理都必须以组织为依托，不存在游离于组织之外的领导活动或管理活动。

领导与管理必须高度的结合。管理活动目标的实现离不开领导行为，领导行为的强化与完善也不能脱离不断深化的管理实践。领导需要确立目标和愿景规划，并设计好完成该工作目标的一系列计划和执行方法；管理则需进一步设计完成任务的具体事项，制订计划以及有关管理和评估的措施与标准，将现有的资源合理配置，通过强制性的方式完成任务。

3.2　领导与管理的区别

美国通用电气的杰克·韦尔奇这样比喻：把梯子正确地靠在墙上是管理的职责，领导的作用在于保证梯子靠在正确的墙上。德鲁克也曾经说过领导（do right things）解决管理过程中的战略性问题；确定方向与愿景、协调关系和激励员工，做正确的事情，以打破陈规而着力变革。管理（do things right）解决效率问题，主要在于计划、组织和控制，具有一定程度的可预见性，并把事情做对，以建立企业秩序。二者的区别具体来讲：

第一，领导是战略导向，管理是战术导向。领导具有战略性，是从战略的高度对组织的方向、目标、方针等重大问题进行运筹谋划，并对组织中的人和事进行宏观统驭，注重组织长期的和宏观目标的实现；而管理则具有战术性，是在领导制定的全局性战略的指导下，着眼于某项具体任务，不断进行计划、组织、协调、控制等活动，并在每个领域都制订具体的行动方案，保证决策的执行效率，注重短期的和具体任务的完成。

第二，领导是全局导向，管理是细节导向。领导需要高瞻远瞩，需要把握的是组织的走向和战略问题，保证组织上下能够作为一个整体出现，领导只有专注于全局才能更好地把握组织前进的方向，而事无巨细地过问琐事只会影响战略的有效实施。管理需要注重细节，需要细化领导所制定的战略，将宏观战略分解为每个人的具体工作。

第三，领导是未来导向，管理是现实导向。领导面向未来，主要引导组织积极变革，开拓新的局面，以促进群体或组织系统的动态演化为主，为群体或组织系统确立未来目标指引方向，创造长远优势；而管理者面向现实，注重具体生产过程，通过协调把人、财、物等各类资源合理有效地组织起来，使组织正常运转并完成既定目标。

第四，领导是机会导向，管理是秩序导向。领导者是开放的、动态的，他们以敏锐的眼光和超常的智慧寻找发展的机遇，判定风险所带来的效益，希望通过有挑战性的努力获取更大的效益。管理者则十分着重秩序，希望建立良好的秩序，维持现状，恪守长期形成的管理原则和制度。

4. 领导者与管理者的关系

1977年，美国哈佛大学商学院领导学教授亚伯拉罕·扎莱兹尼克在《哈佛商业评论》上发表了论文《管理者与领导者：两者有什么不同》，其中提出了领导者与管理者之间的差异，包括商务活动既需要管理者，同时也需要领导者。管理者与领导者是极为不同的两种人，他们在动机、个人历史及想问题做事情的方式上存在着差异。他认为，管理者如果说不是以一种消极的态度，也是以一种非个人化的态度面对目标的；领导者则以一种个人的、积极的态度面对目标。管理者倾向于把工作视为可以达到的过程，这种过程包括人与观念，两者相互作用就会产生策略和决策；领导者的工作具有高度的冒险性，他们常常倾向于主动寻求冒险，当机遇和奖励很高时尤其如此。管理者根据自己在事件和决策过程中所扮演的角色与他人发生关系；而领导者关心的是观点，以一种更为直觉和移情的方式与他人发生关系。

斯蒂芬·P·罗宾斯认为：管理者是被任命的，他们拥有合法的权力进行奖励和处罚，其影响力来自于他们所在的职位所赋予的正式权力。领导者则可以是任命的，也可以是从一个群体中产生出来的，领导者可以不运用正式权力来影响他人的活动。

（1）权威基础不同。领导者和管理者依赖的权威基础及其运作方式有着明显的区别。领导者的权威基础在于职位权力与个人权力的总和，而管理者的权威基础更多地依赖于职位权力。领导者不一定是管理者，而管理者也不一定是领导者。

（2）存在空间不同。领导者既存在于正规的组织中，也存在于其他非正规的群体中；管理者只存在于正式组织中。有的管理者可以运用职权迫使人们去从事某一件工作，但不能影响他人去追随他，这样的管理者并没有在扮演领导者的角色；有的人没有正式职权，却能以个人影响力去影响其他人，他就是一位领导者（非正式领导者，也称为非委任领袖）。

（3）思维方式不同。管理者是一个问题的解决者，管理者的精力投向一般是较为专门的业务和具体的程序。而领导者主要的投向则是该组织的发展方向或该部门的人际关系协调及其成员需要的满足程度，并引发整个组织的变革，为整个组织和全体人员注入一种精神和希望。故有人把领导界定为"是为别人创造理想和有能力把理想变成现实并使之持续下去的过程"。因此，管理者一般履行一种技术化、程序化的思维方式，而领导者则履行一种社会化、非程序化的思维方式。

（4）目标态度不同。管理者往往倾向于以一种不带个人情感的态度对待目标。管理者的目标通常是源于需要而非欲望，相应地，这一目标也会深深地根植于组织的历史和文化之中。领导者以富于个性化和积极的态度对待目标。领导者对待目标的态度是积极的而非消极的，他们提出设想而非回应设想。领导者对于改变行为模式、激发下属想像力和改变下属预期、确立具体的设想和目标等方面的影响，决定着一个组织的发展方向。这种影响的结果，改变了人们对于什么是意愿的、什么是可能的、什么是必需的等问题进行思考的方式。

第二节　领导理论

案例导入

这个由美国南加州大学统计学研究所与科罗拉多大学行为研究所共同开发的系统拥有了超过1800万个全球案例。其中经过可信度和有效度检验，且对受测者进行测后追踪与验证的案例也已有400多万个。PDP已经被众多知名跨国公司采用，其结果显示：如果以正确的方法进行测试，PDP的准确度会高达96%。

有意思的是，这个系统中的"个人领导特质"分析，无论方法多么严谨复杂，表述却非常直观，明确地将个人领导特质归纳为五种类型：老虎型、孔雀型、考拉型、猫头鹰型和变色龙型。并且，这个系统中也已经吸纳了不少中国企业界领导者的测试案例。

当然，每一位管理者也都可以参与这样的测试，了解自己的领导特质和领导风格，并主动向着正确的方向、学习正确的方法，把自己打造成更优秀的管理者。

老虎型——支配性强。这类领导者约占参加测试总人数的 15%。他们共同的个性特质包括：胸怀大志、目标远大、勇于开创和冒险、敢于挑战未知、竞争性强、不妥协、积极自信、有敏锐的分析力、看问题直指核心、目标导向。他们的行事风格是：作决策时，往往喜欢运用权威；他们作为下属时，也往往工作效率高、自我管理能力强。

孔雀型——表达力强。这类领导者约占参加测试总人数的 15%。他们共同的个性特质有：社交能力极强、热情幽默、口才好、说服力强、乐观和善、具同情心、善于察言观色、会打扮、懂得自我宣传。他们的行事风格包括：对自己充满自信，也能信任别人。他们担当领导时，擅长说服人和鼓舞团队士气，也擅长有效分配工作，建立较强支持体系。

考拉型——平易稳健。这类领导者约占测试人数的 20%。他们共同的个性特征包括：平易随和、敦厚可靠、冷静自持、避免冲突、不苛求、不自私、稳健、生活简朴。他们的行事风格是：即使面对困境也能泰然自若，不只着眼短期的成绩，更重视长期的发展规划。除非外在有压力，他们通常不会强迫自己在组织中成为领导者。

猫头鹰型——追究精确。这类领导者约占测试人数的 20%。他们的个性特质是：喜欢思考、不喜欢过多的口头表达、性格内敛、做事条理分明、具有责任感、重视承诺和纪律、有完美主义倾向。他们的行事风格是：对于是非黑白和公平，有严格的个人标准；对冒险的事情，十分小心；宁肯不做，也不要做错。而作为下属时，他们会尊重领导者的权威。

变色龙型——灵活中庸。这类领导者约占测试人数的 30%。他们的适应力和灵活性很强，擅长整合内外资源、兼容并蓄，以合理化及中庸之道待人处世。他们的行事风格是：会依据组织或所处环境的任务要求随时调整自己，面临新环境或变化时能迅速充分地融入环境和适应变化。

书中认同约翰·科特的观点：我不认为领导能力是能够教出来的，但我们可以帮助人们去发现并挖掘自身所具备的领导潜力。

而同时，要成为卓有成效的领导者，你就必须能在截然不同的领导风格之间灵活切换。

（根据网络资料整理）

领导类型测试

领导类型测试(答案)

早在 20 世纪 30 年代，心理学家们就对领导者的特质进行了大量的研究，希望发现领导者与非领导者在个性、社会、生理或智力因素等方面的差异。但是没有取得理想的成效。从 20 世纪 40 年代末到 70 年代，随着行为科学的崛起，对领导特质理论的研究进入了科学化的实验阶段，领导者的自然特征、社会特征、智力与能力、个性等因素逐渐得到研究者的重视，形成了众多的理论观点。20 世纪 80 年代以后，随着知识经济时代的来临，特质理论的研究取得了新的成果。

1. 早期特质理论

早期一些管理学家和心理学家以领导者的个性、生理或智力因素为观测点，试图区分领导者与非领导者的差别，从中找出一个成功的领导者应具备的各种品质，以作为选拔领导者的依据。1948 年，斯托格第尔把这些领导特性归纳为六类：①身体性特性；②社会背景性特性；③智力性特性；④个性特性；⑤与工作有关的特性；⑥社交性特性。

总的来说，早期特质理论的研究主要集中在以下几个方面：

1）生理特质

领导者的自然相貌、身体状况、音容笑貌和仪表举止等。

2）个性特质

领导者的性格、气质，包括自信、热情、正直、负责、果断、沉着、魅力等。领导者的智力特征，如记忆力、判断力、逻辑思维能力以及应变能力等。

3）工作特质

领导者的工作特点，包括责任心、创造性和事业心等。

4）社会特质

领导者的社会要素，包括沟通能力、指挥能力、协调能力、控制能力、人际关系等。

除此以为，比较著名的还有亨利的特质理论和吉塞利的特质理论。

1949年行为科学家亨利在调查研究的基础上归纳了一个成功的领导者应具备12点品质：

一是成就感，把工作看成是最大的乐趣，对工作的关注和追求超过了对金钱、报酬和职位晋升的关注和追求；

二是干劲大，工作积极努力，希望承担富有挑战性的工作；

三是尊重上级，能以积极的态度对待上级，希望上级帮助自己进步，与上级关系好；

四是组织能力强，能把混乱的事情组织得有条理；

五是判断力强，能在较短的时间内对各种备择方案加以权衡并迅速做出选择；

六是自尊心强，对自己的能力有充分的自信，目标坚定不移，不受外界干扰；

七是思维敏捷，富有进取心；

八是竭力避免失败，不断接受新任务，树立新的奋斗目标；

九是讲求实际，重视现在，而不大关心不确定的未来；

十是眼睛向上，对上级亲密而对下级疏远；

十一是对父母没有情感上的牵扯，一般不同父母住在一起；

十二是忠于组织，忠于职守。

20世纪60年代美国学者吉塞利调查了美国90个企业的300名经理，旨在研究有效领导者的特质。吉塞利研究了领导者的个性因素与领导效率的关系。他认为，凡是自信心强而魅力大的领导者，成功的概率较大。到了70年代吉塞利又进一步指出影响领导效率的五种激励特征和八种品质特征，这在《管理才能探索》一书中概括了。

五种激励特征是：对工作稳定性的需要；对金钱奖励的需要；对指挥权力的需要；对自我实现的需要；对职业成就的需要。

八种品质特征是：创造与开拓；指挥能力的大小；自信心强弱；是否受下级爱戴和亲近；判断能力强弱；成熟程度高低；才能大小；男性或女性。

吉塞利认为，影响领导效率最重要的因素是指挥能力、职业成就与自我实现的需要，才能、自信心、判断能力等；其次是对工作稳定性和金钱奖励不重视、同下级亲近、创造与开拓、成熟程度等，至于性别则关系不大。

早期的领导特质理论研究大多采用归纳研究法，所得出的天才领导者的特质存在一定的差异，各特质因素之间的相关性不大，甚至相互矛盾。随着研究的深入和实践的反馈，许多被认为具有天才领导者特质的人并没有成为领导者，传统的领导特质理论受到质疑。

2.现代特质理论

现代领导特质理论认为，领导者的特性和品质并非全是与生俱来的，很多领导者并没有天赋的个性特质，并且很多拥有良好特质的人也并未成为领导者。领导特质可以在领导实践中形成，也可以通过训练和培养的方式予以造就。

2.1　皮奥特威斯基和罗克的领导特质理论

皮奥特威斯基和罗克在其 1963 年出版的著作中总结了成功经理人的个人特征，包括能与各种人士就广泛的题目进行交谈的能力；在工作中既能"动若脱兔"地行动，又能"静若处子"地思考问题；关心局势，对周围生活中发生的事情感兴趣；在处于孤立环境和局势时充满自信；待人处事灵巧机敏，在必要时也能强迫人们拼命工作；在不同的情况根据需要，有时幽默灵活，有时庄重威严；既能处理具体问题，也能处理抽象问题；既有创造力，又愿意遵循管理惯例；能顺应形势，知道什么时候该冒险，什么时候该谋求安全；作决策时有信心，征求意见时谦虚等。

2.2　鲍默尔的研究结论

美国普林斯顿大学教授威廉·鲍默尔（William Baumol）针对美国企业界的实际情况，提出了企业领导者应具备的 10 项条件：合作精神、决策能力、组织能力、精于授权、善于应变、勇于负责、勇于求新、敢担风险、尊重他人、品德超人。

2.3　德鲁克的研究结果

美国管理学家德鲁克在《有效的管理》一书中指出了五种有效领导者的特性，并指出它们是可以通过学习掌握的。

（1）知道时间该花在什么地方，领导者支配时间常处于被动地位，所以有效的领导者都善于系统地安排与利用时间。

（2）致力于最终的贡献，他们不是为工作而工作，而是为成果而工作。

（3）重视发挥自己的、同事的、上级的和下级的长处。

（4）集中精力于关键领域，确立优先次序，做好最重要的和最基本的工作。

（5）能作出切实有效的决定。

3.特质理论的新发展

20 世纪 80 年代后，随着知识经济的发展对领导者的素质提出了新的要求，特质理论又有了新的发展。

美国学者库赛基和波斯纳从 1980 年开始调查近千家企业及政府行政部门，而后又在 1987 年和 1995 年进行了两次调查。他们发现作为一个成功的领导者排在前四位的特质是：诚实、有远见、懂得鼓舞人心、能力卓越。

美国领导学者德克兰研究特质理论时提出了领导者的宪法模型。他认为，美国宪法随着时代的变化在具体观点和解释方面也会发生相应的变化，但其中基本的优良品质仍然会保留。

德克兰认为这些基本优良品质可以分为四个方面：

第一，个性。领导者要公正、诚实、开放、有道德且值得信赖。他们为人诚恳，待人平等，有自知之名，善于调查，思想开放，勇于进取。

第二，想像力。领导者要富有创造力和创造性思维，能够把理想转变为切实可行的目标。

第三，行为。成功的领导者的行为表现出一定的共性，包括勤奋工作、目光远大，不因循守旧，开拓创新，大胆思考，态度积极，乐观向上，能够保持组织团结，经常与组织成员交流，容忍别人犯错误。

第四，信心。领导者取得成功的一个关键因素是自信。健康的自信有助于领导者承担风险。所谓健康的自信，是指自信建立在对自己清醒的认识和对环境的正确评估之上，而不是傲慢自大和自我主义。领导者的自信是增强成员的信心，推动组织进步的保证。

以上特性论对领导者的特质进行研究，在这个时期并没有把具有某些特质的领导命名为某种类型，后来出现了新特性论，新特性论中最有名的要数较近期的领袖魅力理论（House，1976），另外类似的有变革型领导（Bass，1985）、愿景型领导（Sashkin，1988）等等，这些形成了后来领导风格理论的研究。

魅力型领导理论（charismatic leadership theory）是指领导者利用其自身的魅力鼓励追随者并作出重大组织变革的一种领导理论。豪斯（Robert House）于 1977 年指出，魅力型领导者有三种个人特征，即高度自信、支配他人的倾向和对自己的信念坚定不移。豪斯在社会科学的各项研究成果的基础上认定，一个具有魅力的领导者比一个没有魅力的领导者更能影响下属的行为。该理论说明了追随者的自我牺牲行为和他们对愿景以及集体的认同，说明了魅力型领导变革了追随者的自我概念，把追随者的认同和组织的集体认同联系在一起。

Bass 早期认为变革型领导主要包括三个维度：魅力—感召领导（charismatic – inspirational leadership）、智能激发（intellectual stimulation）和个性化关怀（individualized consideration）（Bass，1985，1995）。其后，Bass 等进一步把"魅力—感召领导"区分为两个维度：领导魅力和感召力。变革型领导风格是指领导者通过领导魅力（或称为理想化影响力）（charisma or idealized influence）、领导感召力（inspirational motivation）、智力激发（intellectual stimulation）和个性化关怀（individualized consideration）（Bass，1985，1999）等四种变革型领导行为，使员工最大限度地发掘自己的潜力来实现最高水平的绩效表现（Bass&Avolio，1990）。

Nanus 在其"愿景领导"（visionary leadership）一书中正式提出"愿景领导"一词并强调在所有领导功能中，领导者对愿景的影响最深远，同时许多有关领导研究的亦发现有效能的领导者往往是具有愿景的领导者。Nanus（1992）认为所谓的愿景领导是指组织可靠的、真实的、具吸引力的未来，它代表所有目标努力的方向，能使组织更成功、更美好。远景包括组织长期的计划与未来发展的景象，是组织现况与未来景象间的桥梁。对于领导者而言，它提供行动的目标，并帮助领导者，超越目前的情境，达到组织的改进与成长。在组织发展的过程中，远景领导在组织发展的过程中，远景领导者常会提出真知灼见，并驱使成员采用新的行动去完成新的目标，因此也常被视为革新者或理想的楷模。

总之，领导特质理论着重从领导的品行、素质、修养出发来探讨领导的有效性，试图从领导特征的角度论证特质和领导效果的关系，无论是传统领导特质理论还是现代领导特质理论，都强调了领导者应具有较多的适应领导工作的人格特质。随着研究的不断深入，不仅被当做领导者特质的条目越来越多，而且又出现了新的特质理论，并发展为后来的领导风格理论。应当说这种理论是有客观实践为依据的,对丰富领导理论做出了贡献。一些研究表明,领导者卓越的才智、广泛的兴趣、强烈的成就感及对员工的关系和尊重,与领导的有效性有很大关系。另外,现代领导,特性理论从领导者的职责出发,系统分析了领导者应具备的条件,这对培养、选择和审核领导者也是有帮助的。但这种理论也有明显的不足之处,即忽视了情境因素,忽略了因果关系。由于各种各样的研究角度不同,得出的结论包罗万象,说法不一,各有特色,甚至互相矛盾,而且几乎每一种特质都有很多的例外,况且任何人都不可能具备所有这些特质。因此,只能把良好的领导特质当成提高领导有效性的重要条件,而不应把领导特征视为决定领导效能的唯一因素。

4.领导行为理论

由于领导特质理论研究存在着内在局限性,从 20 世纪 40 年代起,对领导有效性的研究逐步转向了对领导者行为的研究。领导行为理论(behavioraJ theories)认为,领导行为的不同对领导效能和组织绩效的影响较大,有效的领导行为可以通过后天的培训和塑造获得。领导行为理论研究的是领导者在领导过程中的领导行为与他们的领导效率之间的关系,研究重点放在领导者的行为风格对领导有效性的影响上。这方面的代表主要有库尔特·勒温的领导作风理论、伦西斯·利克特(Reusis Li kert)的领导系统理论、俄亥俄州立大学的领导行为四分图理论、布莱克和莫顿的管理方格理论等。

4.1 勒温的领导作风理论

领导风格理论(average leadership style,ALS)是由美国依阿华大学的研究者、著名心理学家勒温和他的同事们从 30 年代起就进行关于团体气氛和领导风格的研究。勒温等人发现,团体的任务领导并不是以同样的方式表现他们的领导角色,领导者们通常使用不同的领导风格,这些不同的领导风格对团体成员的工作绩效和工作满意度有着不同的影响。勒温等研究者力图科学地识别出最有效的领导行为,他们着眼于三种领导风格,即专制型、民主型和放任型的领导风格。

勒温认为,这三种不同的领导风格,会造成三种不同的团体氛围和工作效率。

专制型的领导者只注重工作的目标,仅仅关心工作的任务和工作的效率。但他们对团队的成员不够关心,被领导者与领导者之间的社会心理距离比较大,领导者对被领导者缺乏敏感性,被领导者对领导者存在戒心和敌意,容易使群体成员产生挫折感和机械化的行为倾向。

专制型(aulocratic)团队的权力定位于领导者个人手中,领导者只注重工作的目标,只关心工作任务的完成和工作效率的高低,对团队成员个人不太关心。在这种团队中,团队成员均处于一种无权参与决策的从属地位。团队的目标和工作方针都由领导者自行制定,具体的工作安排和人员调配也由领导者个人决定。团队成员对团队工作的意见不受领导者欢迎,也很少会被采纳。

领导者根据个人的了解与判断来监督和控制团队成员的工作。这种家长式的作风导致了上级与下级之间存在较大的社会心理距离和隔阂,领导者对被领导者缺乏敏感性,被领导者对领导者存有戒心和敌意,下级只是被动、盲目、消极地遵守制度,执行指令。团队中缺乏创新与合作精神,而且易于产生成员之间的攻击性行为。

民主型的领导者注重对团体成员的工作加以鼓励和协助,关心并满足团体成员的需要,营造一种民主与平等的氛围，领导者与被领导者之间的社会心理距离比较近。在民主型的领导风格下，团体成员自己决定工作的方式和进度，工作效率比较高。

民主型（democratic）团队的权力定位于全体成员，领导者只起到一个指导者或委员会主持人的作用，其主要任务就是在成员之间进行调解和仲裁。团队的目标和工作方针要尽量公诸于众，征求大家的意见并尽量获得大家的赞同。具体的工作安排和人员调配等问题，均要经共同协商决定。

有关团队工作的各种意见和建议将会受到领导者鼓励，而且很可能会得到采纳，一切重要决策都会经过充分协商讨论后做出。民主型的领导者注重对团队成员的工作加以鼓励和协助，关心并满足团队成员的需要，能够在组织中营造一种民主与平等的氛围。在这种领导风格下，被领导者与领导者之间的社会心理距离较近，团队成员的工作动机和自主完成任务的能力较强，责任心也比较强。

放任型的领导者采取的是无政府主义的领导方式，对工作和团体成员的需要都不重视，无规章、无要求、无评估，工作效率低，人际关系淡薄。

放任型（laissez－faire，free－rein）团队的权力定位于每一个成员，领导者置身于团队工作之外，只起到一种被动服务的作用，其扮演的角色有点像一个情报传递员和后勤服务员。领导者缺乏关于团体目标和工作方针的指示，对具体工作安排和人员调配也不做明确指导。

领导者满足于任务布置和物质条件的提供，对团体成员的具体执行情况既不主动协助，也不进行主动监督和控制，听任团队成员各行其是，自主进行决定，对工作成果不做任何评价和奖惩，以免产生诱导效应。在这种团队中，非生产性的活动很多，工作的进展不稳定，效率不高，成员之间存在过多的与工作无关的争辩和讨论，人际关系淡薄，但很少发生冲突。

勒温等人试图通过实验决定哪种领导风格是最有效的领导风格。他们分别将不同的成年人训练成为具有不同领导风格的领导者，然后将这些人充当青少年课外兴趣活动小组的领导，让他们主管不同的青少年群体。进行实验的群体在年龄、人格特征、智商、生理条件和家庭社会经济地位等方面进行了匹配，也就是说，几个不同的实验组仅仅在领导者的领导风格上有所区别。这些青少年兴趣小组进行的是手工制作的活动，主要是制作面具。结果发现，放任型领导者所领导的群体的绩效低于专制型和民主型领导者所领导的群体；专制型领导者所领导的群体与民主型领导者所领导的群体工作数量大体相当；民主型领导者所领导的群体的工作质量与工作满意度更高。基于这个结果，勒温等研究者最初认为民主型的领导风格似乎会带来良好的工作质量和数量，同时群体成员的工作满意度也较高，因此，民主型的领导风格可能是最有效的领导风格。但不幸的是，研究者们后来发现了更为复杂的结果。民主型的领导风格在有些情况下会比专制型的领导风格产生更好的工作绩效，而在另外一些情况下，民主型领导风格所带来的工作绩效可能比专制型领导风格所带来的工作绩效低或者仅仅与专制型领导风格所产生的工作绩效相当，而关于群体成员工作满意度的研究结果则与以前的研究结果相一致，即通常在民主型的领导风格下，成员的工作满意度会比在专制型领导风格下的工作满意度高。

表 4 - 1　勒温的领导作风理论

领导方式	特点	效果
专制型领导	独断专行、奉命行事，以命令和纪律约束，社会心理距离较大	没有责任感，情绪消极，士气低落
民主型领导	群体讨论政策、下属自由度高、主要依靠影响力、积极参与群体活动	成员关系融洽，比较团结，组织成员有工作积极性和创新性
放任型领导	权力定位于组织每一个成员，无政府式管理，悉听尊便	效率最低，能达到组织成员的社交目标，但难以实现工作目标

4.2　伦西斯·利克特（Reusis Likert）的领导系统理论

1947 年以后，利克特及其密歇根大学社会研究所的同事，曾进行了一系列的领导研究，其对象包括企业、医院及政府各种组织机构。1961 年，他们把领导者分为两种基本类型，即"以工作为中心"（job - centered）的领导与"以员工为中心"（employee - centered）的领导。前者的特点是：任务分配结构化，严密监督，工作激励，依照详尽的规定行事；而后者的特点是：重视人员行为反应及问题。利用群体实现目标，给予组织成员较大的自由选择的范围。这一理论是利克特和他的同事对以生产为中心的领导方式和以人为中心的领导方式进行比较研究后所得出的成果，它集中体现于利克特所著的《管理的新模式》和《人群组织：管理和价值》两本著作中。具体来说有以下几条结论：

（1）高生产效率和低生产效率的部门，职工的士气可能无差别。

（2）部门领导者凡是关心职工的，生产效率就高；经常施加压力的，生产效率则低；部门领导者与下级和职工接触多的，生产效率就高；反之生产效率则低。

（3）部门领导人注意向下级授权，听取下级意见并让他们参与决策的，生产效率就高；相反，采取独裁领导方式的，生产效率则低。

利克特根据大量研究材料，证明单纯依靠奖惩来调动职工积极性的管理方式将被淘汰。只有依靠民主管理，从内部来调动职工的积极性，才能充分发挥人力资源的作用。而独裁管理方式不仅永远不能达到民主管理所能达到的生产水平，也不能使职工对工作产生满足感。据此，利克特倡议员工参与管理。他认为有效的领导者是注重于面向下属的，他们依靠信息沟通使所有各个部门像一个整体那样行事。群体的所有成员（包括主管人员在内）实行一种相互支持的关系，在这种关系中，他们感到在需求价值、愿望、目标与期望方面有真正共同的利益。由于这种领导方式要求对人采取激励方法。因此利克特认为，它是领导一个群体的最为有效的方法。利克特假设了四种管理风格，以此作为研究和阐明他的领导原则：

（1）专制权威式（exploitative authoritative）：主管人员发布指示，决策中没有下属参与；主要用恐吓和处分，有时也偶尔用奖赏去激励人们；惯于由上而下地传达信息，把决策权局限于最高层；等等。

（2）温和专制式（benevolent authoritative）：用奖赏兼某些恐吓及处罚的方法去鼓励下属；允许一些自下而上传递的信息；向下属征求一些想法与意见，并允许把某些决策权授予下属，但加以严格的政策控制。

（3）民主协商式（consultative）：主管人员在做决策时征求、接受和采用下属的建议；通常试图去酌情利用下属的想法与意见；运用奖赏并偶尔兼用处罚的办法和让员工参与管理的办法来激励下属；即使下情上达，又使上情下达；由上级主管部门制定主要的政策和运用于一般情况的决定，但让较低一级的主管部门去作出具体的决定，并采用其他一些方法商量着办事。

（4）民主参与式（participative）：主管人员向下属提出挑战性目标，并对他们能够达到目标表示出信心；在诸如制定目标与评价目标所取得的进展方面，让群众参与其事并给予物质奖赏；即使上下级之间的信息畅通，又使同级人员之间的信息畅通；鼓励各级组织作出决定，或者将他们自己与其下属合起来作为一个群体从事活动。

利克特认为：风格（1）是极端专制的领导系统，效果最差。权力集中在最高一级，下级无任何发言与自由，领导与下层存在不信任气氛，因而组织目标难以实现；风格（2）是温和式专制领导，权力控制在最高层，但领导者对下级较和气，授予中下层部分权力，下层自由非常少，奖惩并用，上下有点沟通，但是表面的、肤浅的，领导不放心下级，下级对上级存有畏惧心理，工作主动性差，效率有限；风格（3）是民主协商式领导，领导者对下级有一定信任，重要问题决定权仍在最高一级，中下级对次要问题有决定权，上下级联系较深，在执行决策时，能获得一定的相互支持；风格（4）是参与民主式领导，上下关系平等，有问题民主协商，参与讨论，领导最后决策，按分工授权，下级也有一定的决策权；上下级有充分沟通，相互信任，感情融洽，上下都有积极性。利克特发现，那些用管理方法（4）去从事管理活动的管理人员，一般都是极有成就的领导者，以此种方法来管理的组织，在制定目标和实现目标方面是最有成绩的。他把这些主要归之于员工参与管理的程度，以及在实践中坚持相互支持的程度。

四种风格中只有第四种参与性的管理方式才是效率高的管理方式。因为：

（1）参与式的管理在对待所有其他成员、上级、工作、组织方面的相互信赖度高。

（2）对组织及其目标极为明确，并能有效地调动所有主要的激励力量来达到目标，彼此都很合作。

（3）该组织的工作群体的成员之间具有高度的群体忠诚心，组织的上下级之间呈现出积极和信任的态度，同时表现出对团队的重视，以及在个人的相互作用和群体的活动等方面表现出高水平的技能。

（4）组织效绩的测定主要用来自我激励，而不是用于外部控制。

表4-2　利克特的领导系统理论

领导方式	下级对领导人的信心与信任	下级感到与领导人在一起的自由度	在解决工作问题方面领导人征求和采纳建议的程度	奖惩措施
专制权威式	毫无信心与信任	根本没自由	很少采纳	恐吓、威胁和偶然报酬
温和专制式	有点信心与信任	非常少的自由	有时采纳	报酬和有形无形的惩罚
民主协商式	有较大信心与信任	有较大自由	一般能听取并积极采纳	报酬和偶然惩罚
民主参与式	有充分信心与信任	有充分自由	经常听取并总是积极采纳	优厚报酬、启发自觉

4.3 领导行为四分图理论

领导行为四分图理论是由美国俄亥俄州立大学的领导行为研究者们在 1945 年提出来的，他们列出了一千多种刻画领导行为的因素，通过高度概括归纳为两个方面：着手组织和体贴精神。研究结果认为，领导者的行为是组织与体贴精神两个方面的任意组合，即可以用两个坐标的平面组合来表示。用四个象限来表示四种类型的领导行为，它们是：高组织与高体贴，低组织与低体贴，高组织与低体贴，高体贴与低组织。这就是所谓的"领导行为四分图"理论。

着手组织是指领导者规定他与工作群体的关系，建立明确的组织模式、意见交流渠道和工作程序的行为，具体包括设计组织机构、明确职责、权力、相互关系和沟通办法，确定工作目标与要求，制定工作程序、工作方法与制度。

体贴精神是建立领导者与被领导者之间的友谊、尊重、信任关系方面的行为，具体包括尊重下属的意见，给下属以较多的工作主动权，体贴下属的思想感情，注意满足下属的需要，平易近人，平等待人，关心群众，作风民主。

研究者们认为，组织与体贴精神不是一个连续带的两个端点，不是注重了一个方面必须忽视另一方面，领导者的行为可以是这两个方面的任意组合，即可以用二维坐标表示。

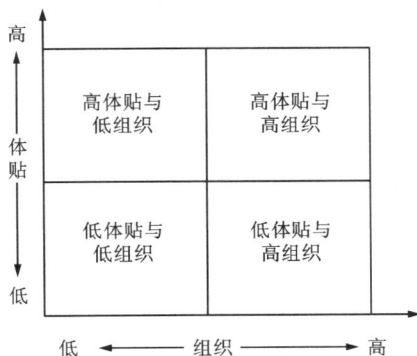

图 4 - 1 领导行为四分图

四种领导行为中，究竟哪种最好呢？结论是不肯定的，要视具体情况而定。例如有人认为在生产部门中效率与"组织"之间的关系成正比，而与"体贴"的关系成反比，而在非生产部门中情况却恰恰相反。一般来说，高组织与低体贴带来更多的旷工、事故和抱怨。许多其他的研究证实了上述的一般结论，但也有人提供了相反的证据。出现这种情况的原因是他们只考虑了"组织"和"体贴"两个方面，而没有考虑领导所面临的环境。

4.4 管理方格理论

这个理论是由美国德克萨斯大学的行为科学家罗伯特·布莱克(Robert R. Blake)和简·莫顿(Jane S. Mouton)在 1964 年出版的《管理方格》一书中提出的。管理方格图的提出改变以往各种理论中"非此即彼"式(要么以生产为中心，要么以人为中心)的绝对化观点，指出在对生产关心和对人关心的两种领导方式之间，可以进行不同程度的互相结合。

管理方格理论(Management Grid Theory)是研究企业的领导方式及其有效性的理论，这种理论倡导用方格图表示和研究领导方式。他们认为，在企业管理的领导工作中往往出现一些极端的方式，或者以生产为中心，或者以人为中心，或者以 X 理论为依据而强调靠监督，或者以 Y 理论为依据而强调相信人。为避免趋于极端，克服以往各种领导方式理论中的"非此即彼"的绝对化观点，他们指出：在对生产关心的领导方式和对人关心的领导方式之间，可以有使二者在不同程度上互相结合的多种领导方式。为此，他们就企业中的领导方式问题提出了管理方格法，使用自己设计的一张纵轴和横轴各 9 等分的方格图，纵轴和横轴分别表示企业领导者对人和对生产的关心程度。第 1 格表示关心程度最小，第 9 格表示关心程度最大。全图总共 81 个小方格，分别表示"对生产的关心"和"对人的关心"这两个基本因素以不同比例结合的领导方式。

管理方格图中，"1.1"方格是贫乏的管理，表示对人和工作都很少关心，这种领导必然失败。"9.1"方格是任务式的管理，表示重点放在工作上，而对人很少关心。领导人员的权力很大，指挥和控制下属的活动，而下属只能奉命行事，不能发挥积极性和创造性。"1.9"方格是乡村俱乐部式管理，表示重点放在满足职工的需要上，而对指挥监督、规章制度却重视不够。"5.5"方格是中间式管理，表示领导者对人的关心和对工作的关心保持中间状态，只求维持一般的工作效率与士气，不积极促使下属发扬创造革新的精神。只有"9.9"方格是团队式管理，表示对人和工作都很关心，能使员工和生产两个方面最理想、最有效地结合起来。

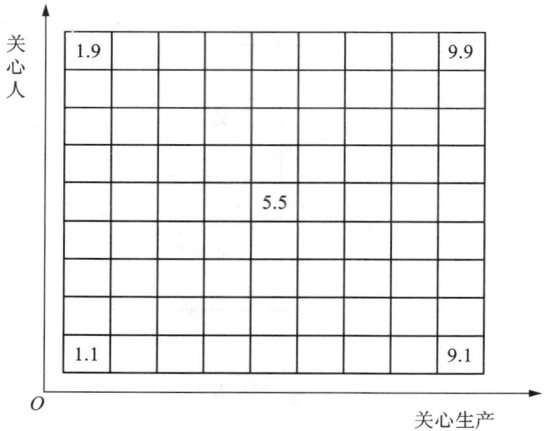

图 4 - 2 管理方格理论

管理方格法启示我们在实际管理工作中，一方面要高度重视手中的工作，要布置足够的工作任务，向下属提出严格的要求，并且要有纪委规章作保障；另一方面又要十分关心下属个人，包括关心他们的利益，创造良好的工作条件和工作环境，给予适度的物质和精神的鼓励等。从而，使下级机构及其工作人员在责、权、利等方面高度统一起来，以提高下属的积极性和工作效率。

5. 领导的权变理论

领导权变理论主要研究与领导行为有关的情境因素对领导效力的潜在影响。主要有弗雷德·菲德勒(Fred Fiedler)的权变模型、罗伯特·坦南鲍姆(Robert Tannenbaum)和沃伦·施密特(Warren Schmidt)的领导行为连续体理论、豪斯的路径—目标理论、保罗·赫塞(Paul

Hersey)和肯尼思·布兰查德(Ken neth Blanchard)的情境领导理论等。

领导权变理论的出现，标志着现代西方领导学研究进入了一个新的发展阶段。

5.1　领导行为连续体理论

坦南鲍姆和沃伦·施密特于1958年提出了领导行为连续体理论。他们认为，经理们在决定何种行为(领导作风)最适合处理某一问题时常常产生困难。他们不知道是应该自己做出决定还是授权给下属做决策。为了使人们从决策的角度深刻认识领导作风的意义，他们提出了下面这个连续体模型。

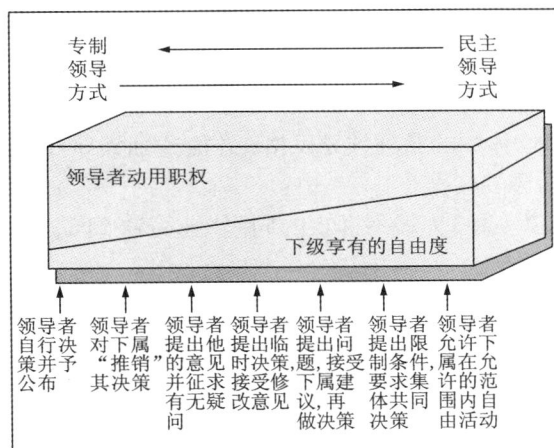

图4-3　领导行为连续体理论

从左到右分别是：

(1)领导做出决策并宣布实施。在这种模式中，领导者确定一个问题，并考虑各种可供选择的方案，从中选择一种，然后向下属宣布执行，不给下属直接参与决策的机会。

(2)领导者说服下属执行决策。在这种模式中，同前一种模式一样，领导者承担确认问题和做出决策的责任。但他不是简单地宣布实施这个决策，而是认识到下属中可能会存在反对意见，于是试图通过阐明这个决策可能给下属带来的利益来说服下属接受这个决策，消除下属的反对。

(3)领导者提出计划并征求下属的意见。在这种模式中，领导者提出一个决策，并希望下属接受这个决策，他向下属提出一个有关自己的计划的详细说明，并允许下属提出问题。这样，下属就能更好地理解领导者的计划和意图，领导者和下属能够共同讨论决策的意义和作用。

(4)领导者提出可修改的计划。在这种模式中，下属可以对决策发挥某些影响作用，但确认和分析问题的主动权仍在领导者手中。领导者先对问题进行思考，提出一个暂时的可修改的计划。并把这个暂定的计划交给有关人员进行征求意见。

(5)领导者提出问题，征求意见做决策。在以上几种模式中，领导者在征求下属意见之前就提出了自己的解决方案，而在这个模式中，下属有机会在决策做出以前就提出自己的建议。领导者的主动作用体现在确定问题，下属的作用在于提出各种解决的方案，最后，领导

163

者从他们自己和下属所提出的解决方案中选择一种他认为最好的解决方案。

（6）领导者界定问题范围，下属集体做出决策。在这种模式中，领导者已经将决策权交给了下属的群体。领导者的工作是弄清所要解决的问题，并为下属提出做决策的条件和要求，下属按照领导者界定的问题范围进行决策。

（7）领导者允许下属在上司规定的范围内发挥作用。这种模式表示了极度的团体自由。如果领导者参加了决策的过程，他应力图使自己与团队中的其他成员处于平等的地位，并事先声明遵守团体所做出的任何决策。

在上述各种模式中，坦南鲍姆和施米特认为，不能抽象地认为哪一种模式一定是好的，哪一种模式一定是差的。成功的领导者应该是在一定的具体条件下，善于考虑各种因素的影响，采取最恰当行动的人。当需要果断指挥时，他应善于指挥；当需要员工参与决策时，他能适当放权。领导者应根据具体的情况，如领导者自身的能力，下属及环境状况、工作性质、工作时间等，适当选择连续体中的某种领导风格，才能达到领导行为的有效性。

5.2　费德勒模型

费德勒以一种"你最不喜欢的同事"（简称 LPC）量表来反映和测定领导者的领导风格。

他把领导方式假设为两大类：以人为主和以工作为主。一个领导如果对其最不喜欢的同事都能给予好的评价，就被认为对人宽容、体谅，注重人际关系和个人声望，是以人为主的领导；如果领导者对其不喜欢的同事批评得体无完肤，则被认为惯于命令和控制，是只关心工作的领导者。与此同时，他还把影响领导有效性的环境因素归结为以下三种：

1）领导者与下属之间的相互关系

领导者与下属之间的相互关系指领导者得到被领导者的拥护和支持的程度，即领导者是否受下属的喜爱、尊敬和信任，是否能吸引并使下属愿意追随他。领导者与下属之间相互信任、相互喜欢的程度越高，领导者的权力和影响力就越大；反之，其影响力就越小。这是影响领导有效性最重要的因素。

2）职位权力

职位权力是指与领导者职位相关的正式职权及其从上级和整个组织各个方面所得到的支持程度，即领导者现居职位能对下属所拥有的实有权力，包括领导者的地位、权威与责罚、升贬、任免、加薪、指派等能力。职权是否明确、充分，在上级和整个组织中所得到的支持是否有力，直接影响到领导的有效性。一个领导者对其下属的雇用、工作分配、报酬、提升等的直接决定权越大，其对下属的影响力也越大。

3）任务结构

任务结构是指下属所从事的工作或任务的明确性，包括目标对成员来说是否清晰、成果的可测度、解决问题的方法是否具有正确性及完成任务的途径和手段的多少等。如果所领导的群体要完成的任务是清楚的，组织纪律明确，成员有章可循，则工作质量比较容易控制，领导也可更加有的放矢；反之，工作规定不明确，成员不知道如何去做，领导者就会处于被动地位。

菲德勒将这三个环境变数任意组合成 8 种群体工作情境，对 1200 个团体进行了观察，收集了把领导风格与工作环境关联起来的数据，得出了在各种不同情况下使领导有效的领导方式。

表 4 - 3　费德勒模型

领导风格及工作环境	序号	1	2	3	4	5	6	7	8
领导风格	以人为主　高　LPC　低　工作为主								
工作环境	上下级关系	好	好	好	好	差	差	差	差
	任务结构	明确	明确	不明确	不明确	明确	明确	不明确	不明确
	职位权力	强	强	强	弱	强	强	强	强
	情景有利性	有利	有利	有利	适中	适中	适中	适中	不利

　　菲德勒的研究结果表明，根据群体工作情境，采取适当的领导方式可以把群体绩效提高到最大限度。当情境非常有利或非常不利时，采取工作导向型领导方式是合适的；但在各方面因素交织在一起且情境有利程度适中时，以人为重的领导方式更为有效。菲德勒认为，个体的领导风格是稳定不变的，个体的 LPC 分数决定了他最适合于何种情境条件。因此，提高领导有效性的途径只有两条：第一条是替换领导者以适应情境。如果领导者不能适应他所在的领导情境，那么只能用另外一个领导者来替换他。第二条是改变情境以适应领导者，即重新建构任务结构和领导职位权力，使环境符合领导者的风格。

5.3　情境领导理论

　　1969 年，组织行为学家保罗·赫塞（Paul Hersey）和管理学家肯·布兰查德在合著《组织行为学》一书中全面阐述了情境领导理论（situational leadership theory）。该理论认为，领导者的行为要与被领导者的成熟度相适应才能取得有效的领导效果。作为影响领导方式有效性的权变因素，成熟度（maturity）指下属对自己直接行为负责任的意愿和能力，它由工作成熟度和心理成熟度两项要素构成。工作成熟度是指一个人工作的知识和技能；心理成熟度则是指一个人做事的意愿和动机。

　　情境领导理论的核心是情境领导模型。情境领导模型由两部分构成：被领导者的成熟度水平和领导者的行为模式。工作行为表示领导者用单向沟通的方式向下属说明该干什么、何时、何地、用何种方法完成任务；关系行为表示领导者用双向沟通的方式，即用心理的、培育社会感情的措施指导下属，并照顾职工的福利。下属成熟度可分为四个阶段：第一阶段（M1），对执行某任务既无能力又不情愿，既不胜任工作又不能被信任；第二阶段（M2），缺乏能力，但愿意从事必要的工作任务；第三阶段（M3），有能力，但不愿意做领导希望他去做的事；第四阶段（M4）的，既有能力，又愿意做领导让他去做的事。

　　还有四种领导者行为模式：告知或命令式（高工作—低关系）（S1），这时领导者需要提供清晰和具体的指令，明确告诉下属具体该干什么、怎么干以及何时何地去干，不重视人际关系和激励；推销或说服式（高工作—高关系）（S2），这时领导者既要表现出高度的任务取向以弥补下属能力的缺乏，又要表现出高度的关系取向以使下属"领会"领导者的意图，要同时提

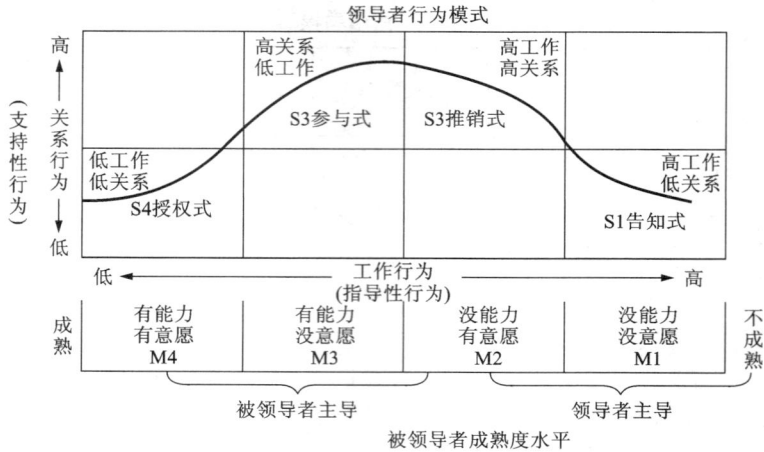

图4-4 情境领导模型

供指导性行为和支持性行为，领导者重视人际关系，采用激励手段调动下属的积极性；参与式（低工作—高关系）（S3），这时领导者的主要角色是提供便利条件与沟通渠道，与下属共同决策，运用支持与参与风格，同时采用激励手段，鼓励群体积极性；授权式（低工作—低关系）（S4），领导者授权给下属，由其独立自主开展工作，完成任务，这时领导者是不需要做太多工作的，换句话说，这时领导并非必要。下属成熟度与领导方式之间的对应关系为：当下属成熟程度为M1时，选择S1告知式领导方式；当下属成熟程度为M2时，选择S2推销式领导方式；当下属成熟程度为M3时，选择S3参与型领导方式；当下属成熟程度为M4时，选择S4授权式领导方式。

可见，当下属的成熟度越来越高时，领导者不仅要不断降低对他们活动的控制，还要不断减少关系行为。就如同家长与孩子的关系一样，当孩子越来越成熟并能承担责任时，家长需要逐渐放松控制。

5.4 路径—目标理论

加拿大多伦多大学伊万斯（Martin G. Evans）于1968年提出"路径—目标"模式，他的同事罗伯特·豪斯（Robert House）于1971年做了扩充和发展，形成一种权变理论。罗伯特·豪斯把激发动机的期望理论和领导行为理论结合起来，提出了路径—目标理论（path - goal theory）。该理论主要阐述了领导者能够做些什么来激励下属努力实现目标，其基本点是有效的领导者通过下列方式激励下属实现目标：①明确下属试图从工作中得到的结果；②用其期望的结果奖励那些取得高绩效和完成工作目标的下属；③为下属指明完成工作目标的路径，清除任何有碍取得高绩效的障碍，并向下属表明自己对他们的能力充满信心。

按照路径—目标理论，领导者的角色是帮助员工理解应该完成什么（目标）和如何完成（路径），但是领导者必须确定每位员工的风格。路径—目标模型提出了四种领导方式：

（1）指挥型领导（directive leadership）。领导者对下属需要完成的任务进行说明，包括对他们有什么希望，如何完成任务，完成任务的时间限制等。给下属明确任务目标，明确职责，严密监督，通过奖惩控制下属的行为。当工作任务模糊不清、变化大或下属对工作不熟悉，没有把握，感到无所适从时，这种方式是合适的。

（2）支持型领导（supportive leadership）。领导者对下属的态度是友好的、可接近的，他们关注下属的福利和需要，平等地对待下属，尊重下属的地位，能够对下属表现出充分的关心和理解，在下属有需要时能够真诚帮助。这种领导方式特别适用于工作高度程序化，让人感到枯燥乏味的情境。

（3）参与型领导（participative leadership）。参与型领导者能同下属一道进行工作探讨，征求他们的想法和意见，将他们的建议融入到团体或组织将要执行的那些决策中去。当任务相当复杂，需要组织成员间高度的相互协作时，或当下属拥有足够完成任务的能力并希望得到尊重和自我控制时，采用这种方式是合适的。

（4）成就导向型领导（achievement - oriented leadership）。领导者为员工设立较高的期望；员工在实现挑战性目标时，与员工对能力的自信进行沟通，并且努力塑造意愿行为。这是参与型领导方式的一种特殊类型，它主要强调目标设置的重要性，领导者通过为下属设置富有挑战性的目标和鼓励下属完成这些任务来管理下属。只要下属能完成目标，他们就有权自主决定怎么做。领导者鼓励下属将工作做到尽量高的水平。这种领导者为下属制定的工作标准很高，寻求工作的不断改进。除了对下属期望很高外，成就导向型领导者还非常信任下属有能力制定并完成具有挑战性的目标。

途径—目标理论强调领导的有效性取决于领导行为、下属、任务之间的协调配合，对于一个领导者来说，没有什么固定不变的领导方式，领导者可以而且应该根据不同的环境因素来调整自己的领导方式，因此，领导者必须对工作的一般环境和员工的特殊特征两个因素进行分析。在工作环境中，领导者必须确认员工的任务是否已经结构化了；正式权力系统是否最适合于指挥型或是参与型领导，以及现在的工作群体是否满足了员工的社会和尊重需要。领导者必须评估与每位员工有关的三个主要因素。第一个因素是控制点。这是针对员工成就来源的不同观点：员工成就是来自于个人努力（内部点，这更适合于参与型风格），还是来自于外部力量（外部点，这更适应于指挥型方法）。第二个因素是员工接受他人影响的意愿。如果该变量较高，则指挥型方法更能取得成功；如果较低，则更适合于参与型风格。第三个因素是自我觉察的任务能力。对自身能力更加自信的员工最适合于支持型领导。相反，对自身的任务能力缺乏自信的员工更易受到成就导向型领导者的影响。

5.5 领导者—参与模型

1973 年维克多·弗罗姆（Victor Vroom）和菲利普·耶顿（Phillip Yetton）提出了领导者—参与模型（leader - participation model），该模型将领导行为与参与决策联系在一起。由于认识到常规活动和非常规活动对任务结构的要求各不相同，研究者认为领导者的行为必须加以调整以适应这些任务结构。弗罗姆和耶顿的模型是规范化的——它提供了根据不同的情境类型而遵循的一系列的规则，以确定参与决策的类型和程度。这一复杂的决策树模型包含 7 项权变因素（可通过"是"或"否"选项进行判定）和 5 种可供选择的领导风格。弗罗姆和亚瑟·加哥（Arthur Jago）后来又对该模型进行了修订。新模型包括了与过去相同的 5 种可供选择的领导风格，但将权变因素扩展为 12 个，其中 10 项按 5 级量表评定。

这 12 项权变因素如下：

（1）质量要求：这一决策的技术质量有多重要？

（2）承诺要求：下属对这一决策的承诺有多重要？

（3）领导者的信息：你是否拥有充分的信息做出高质量的决策？

（4）问题结构：问题结构是否清晰？

（5）承诺的可能性：如果是你自己做决策，下属是否一定会对该决策做出承诺？

（6）目标一致性：解决问题所达成的目标是否一定会对该决策作出承诺？

（7）下属的冲突：下属之间对于优选的决策是否会发生冲突？

（8）下属的信息：下属是否拥有充分的信息进行高质量的决策？

（9）时间限制：是否有相当紧张的时间约束限制了下属的能力？

（10）下属的分布范围：把分散在各地的下属召集在一起的代价是否太高？

（11）动机—时间：在最短的时间内做出决策对你来说有多重要？

（12）动机—发展：为下属的发展提供最大的机会对你来说有多重要？

弗罗姆建议管理者对上述 12 项问题采用自问自答的方式，来帮助确定面对某个具体问题时采用的领导风格。例如，对"你是否拥有充分的信息做出高质量的决策"，如果答案是否定的，那么自己独立决策的独裁 I 领导方式就不可取。又如，"下属对这一决策的承诺有多重要"。如果回答是肯定的，下属参与程度最低的独裁 I 和独裁 II 领导方式可能不合适。弗罗姆和其他人的研究表明，与这个模型一致的决策一般是成功的，与这个模型不一致的决策一般是失败的。下属好像更喜欢与这个模型一致的决策。

该模型认为对于某种情境而言，5 种领导行为中的任何一种都是可行的。它们是：独裁 I（AI），独裁 II（AII），磋商 I（CI），磋商 II（CII）和群体决策 II（GII），具体描述如下：

AI：你使用自己手头现有的资料独立解决问题或作出决策。

AII：你从下属那里获得必要的信息，然后独自作出决策。在从下属那里获得信息时，你可以告诉或不告诉他们你的问题。在决策中下属的任务是向你提供必要信息而不是提出或评估可行性解决方案。

CI：你与有关的下属进行个别讨论，获得他们的意见和建议。你所作出的决策可能受到或不受下属的影响。

CII：你与下属们集体讨论有关问题，收集他们的意见和建议，然后你所作出的决策可能受到或不受到他们的影响。

GII：你与下属们集体讨论问题，你们一起提出和评估可行性方案，并试图获得一致的解决办法。

弗罗姆和加哥运用计算机程序简化了新模型的复杂性。不过，如果这其中不存在"灰色带"（即变量十分清晰，能够以"是"或"否"准确回答），没有严格的时间限制，并且下属在地域上也不分散时，管理者依然可以运用决策树来选择他们的领导风格。

弗罗姆和杰戈认为，领导的有效性是决策的有效性减去决策成本，再加上参与决策的人的能力开发而实现的价值的函数。做出有效的决策是可能的，但如果这些决策对发展下属的能力没有作用或作用太小，或者决策过程很昂贵，那么这些决策会降低组织整体人力资本水平。因此，领导风格可能是时间驱动的，或者是发展驱动的。

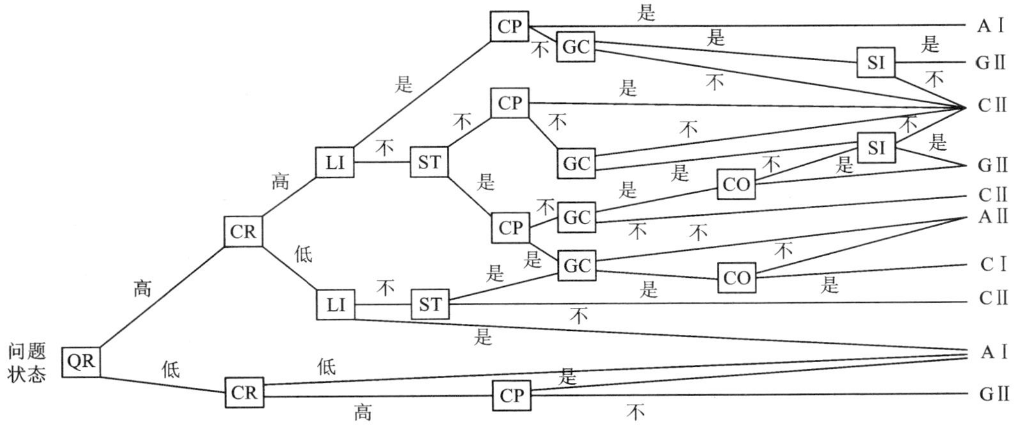

图 4 – 5　领导者—参与模型

第三节　激励理论

案例导入

企业激励员工的十大案例

一、美国西南航空员工激励

美国西南航空的内部杂志经常以"我们的排名如何"这个部分让西南航空的员工知道他们的表现如何。在这里，员工可以看到运务处针对准时、行李处置、旅客投诉案等三项工作的每月例行报告和统计数字；并将当月和前一个月的评估结果做比较，制订出西南航空公司整体表现在业界中的排名；还列出业界的平均数值，以利员工掌握趋势，同时比较公司和平均水准的距离。西南航空的员工对这些数据具有十足的信心，因为他们知道，公司的成就和他们的工作表现息息相关。当某一家同行的排名连续高于西南航空几个月时，公司内部会在短短几天内散布这个消息。到最后，员工会加倍努力，期待赶上人家。西南航空第一线员工的消息之灵通是许多同行无法相比的。

二、索尼公司的内部招聘制度

有一天晚上，索尼董事长盛田昭夫按照惯例走进职工餐厅与职工一起就餐、聊天。长期以来他一直保持着这个习惯，以培养员工的合作意识和与他们的良好关系。这天，盛田昭夫忽然发现一位年轻职工郁郁寡欢，满腹心事，闷头吃饭，谁也不理。于是，盛田昭夫就主动坐在这名员工对面，与他攀谈。几杯酒下肚之后，这个员工终于开口了："我毕业于东京大学，有一份待遇十分优厚的工作。但是，进入索尼之前，对索尼公司崇拜得发狂。当时，我认为我进入索尼，是我一生的最佳选择。但是，现在才发现，我不是在为索尼工作，而是为课长干活。坦率地说，我这位课长是个无能之辈，更可悲的是，我所有的行动与建议都得课长批准。我自己的一些小发明与改进，课长不但不支持，不解释，还挖苦我癞蛤蟆想吃天鹅肉，有野心。"

三、日本松下员工激励

日本松下公司每季度都要召开一次各部门经理参加的讨论会，以便了解彼此的经营成果。开会以前，把所有部门按照完成任务的优劣情况从高到低分别划分为 A、B、C、D 四级。会上，A 部门首先报告，然后依次是 B、C、D 部门。这种做法充分利用了人们争强好胜的心理，因为谁也不愿意排在最后。

四、安利员工激励

安利被评为 2001 年中国 10 个最佳顾主。在安利的内部网上，员工可以随时发表自己的建议和不满，公司有专门的人员处理网站上的员工意见，并且迅速向员工作出回应。安利在中国有 60 个地区中心，2000 名员工，每个月各地区中心和安利总部都要召开一次员工大会，所有的高层经理都会利用这个机会和员工见面，听取员工意见。许多问题，大家坐下来沟通一下，马上就能解决掉。人力资源总监会出现在不同地区的会场上，随时了解员工的动向，并把安利的使命传达给每一位员工。

五、Lawson 员工激励

Lawson 是日本第二大连锁便利店，当 TakeshiNiinami 在 5 月份接任 Lawson 的总裁职务时，当初的过度扩张给 Lawson 留下了太多的分店，随着日本的通货紧缩压低零售价钱，许多分店都亏损了；该公司所涉足的新业务，如自动取款机（ATM）和网上购物中心，都未能带来收益，该公司的快餐不但以"单调乏味"而著称，现在又有了"令人恐怖"的名声。此时，Niinami 就像一阵旋风一样接管了 Lawson，在日本的企业界，他那晒得黝黑的脸庞已为人所熟知。

在接任 Lawson 总裁后不久，Niinami 就定下了巡视 Lawson 旗下的所有分店（在全日本共有 7648 家）的计划，而且"我总是试图与 Lawson 员工进行直截了当的沟通，也许他们有时会想，'那个讨厌的家伙！'但我总是很直率"。这种直言不讳的作风让 Lawson 员工萎靡不振的士气得到了显著的改善。摩根士丹利的分析师 Michinori Shimizu 认为，改善 Lawson 各分店与高级管理层之间的沟通是 Niinami 上任伊始对公司作出的最大贡献。他指出，Niinami 的直率作风有助于提高士气，因为这让员工感到：激进的改革正在进行之中。他在该报告中建议投资者买进 Lawson 的股票，"整个公司的气氛有所改善，Lawson 已经变为这样一家公司，在那里，员工可以自由地向上级发表意见"。有鉴于 Niinami 的努力，Lawson 高涨的士气正在逐步转化为更漂亮的经营业绩，虽然整个经济形势不好，虽然竞争对手 SevenEleven 的实力不凡，但在日经指数过去 3 个月的暴跌中，Lawson 的股价依然保持了稳定，实现了初步的成功。

六、通用汽车员工激励

通用汽车为了提高劳动生产率曾实施过一次企业再造、改革计划，对汽车生产装配操作加强控制。

改革后，工人把它看作是恢复了 20 世纪 30 年代"血汗工厂式"的管理，让自己以同样的工资做更多的工作。随着作业越来越容易、简单和重复，对工人的技能要求降低了，工人无法对工作产生兴趣，不满大大增加，工人的不满指责从 100 条增加到 5000 条。最后工人举办了一次罢工，企业损失 4500 万美元。此后屡次发现装配线停工的事，因为工人怠工，汽车没有进行必要的检验就出厂，出现了大量质量问题。

通用汽车公司组织了恢复正常工作环境的活动。他们对全厂工人进行了问卷调查，与各级领导管理人员一起举行了一系列会议，最后得出以下结论：

工人认为管理部门不关心他们的需要、情感等问题。

170

工人的工作无保障，他们认为管理部门不事先通知或进行协商就改变他们的工作计划，增加或取消加班时间，随意通知他们停工，工人们不知如何与公司合作。

工人们认为管理部门对他们改进工作方法和工厂业务的意见没有兴趣。

有些工人对劳动环境提出了种种意见但迟迟得不到改善，对繁重的、机械的、重复劳动感到厌倦和不满。

许多工人对公司的目标和计划不了解，企业和员工之间缺乏共同的目标，公司想干什么，为何要这样干，工人无法知道，因此没有能形成凝聚力。

第一线的管理人员认为，他们也不十分了解整个管理部门的目标和计划，因此没有把这些目标和计划同他们每天对工人的管理工作结合起来。

经过上述诊断，公司发现产生危机的主要根源是管理部门和工人之间缺乏及时的沟通，缺乏必要的交往。公司全面决定实施"交流计划"，内容是：

每天用5分钟在工厂广播与汽车工业、公司和工厂有关的新闻。这些新闻主要涉及销售、库存和生产计划的状况，使工人对公司的情况有大体的了解。其内容也张贴在工厂的各处布告栏里面。

消息公报：作为工厂经理和工人之间一种直接交流的方法，所有有关工厂业务的主要消息都直接传给工人，并贴在布告栏里面，包括新产品、轮班、生产计划、每周生产和新订货等变化。工厂经理还告诉大家该厂存在的问题，征求工人对解决这些问题的意见。

管理部门发展了一种作业轮换计划，对轮换工作有兴趣的工人给予必要的训练，帮助他们扩大在同一装配工作组内的工作能力，其中包括大约30种各不相同的但基本上属于同一技术水平的工作。

交往计划实行一段时间后看到了效果，恢复了正常生产，不满下降到前一年的1/3，生产效率也有明显提高。这就是一种参与激励。

七、德国企业里的工厂委员会

在德国企业里，参与管理主要通过工厂委员会的协商、董事会的共同决策、监事会的制衡及其他一些方式实现。工厂委员会由不包括管理阶层的所有员工选举代表组成，委员会定期与雇主举办联合会议。法律规定雇主有义务向工厂委员会提供各种信息和有关文件，尤其是涉及财务生产、工作流程的改变等方面。员工超过100人的企业，工厂委员会必须委任一个财务委员会，定期与管理层会面，了解公司的财务状况；1000人以上的企业，每季度雇主还必须书面报告企业各方面的情况。委员会几乎可以对企业中所有重大的决策与举措表达看法。在工作时间、工资福利等方面，委员会还具有共同决策权，特别是当发现劳动条件的改变损害了员工的人性化需要时，可以要求雇主予以改变或赔偿。

八、DELL公司员工激励案例

DELL公司培训销售人员时把销售经理比喻为销售新人的"太太"，销售经理像太太一样不断地在新人耳边唠叨、鼓励，才能让新人形成长期的良好销售习惯，从而让销售培训最终发挥作用。培训由培训经理和销售经理一起完成。销售新人不但向直线经理汇报，还要向培训经理汇报。培训经理承担技能培训和跟踪、考核职能(每周给销售新人排名，用E-mail把排名情况通知他们。没有压力，就没有动力！)，销售经理承担教练和管理职能，通过新人的最终执行，达到提高业绩的目的。先是为期三周的集中培训，由专家讲解销售的过程和技巧，邀请有经验的销售人员来分享经验。然后每周末召开会议，销售经理与培训经理都参加，检查新人上周进度，讨论分享工作心得，分析新的销售机会，制定下周的销售计划。销售经理与培训经理、新人们一起讨论新人的成长、下一步的走向。最终，"太太"在工作中能够自觉指导新人运用销售技巧，及时鼓励新人、有效管理新人。"太太式培训"的效果十分惊人，用数字可以说明。DELL销售代表每季度平均销售额是80万美元，没有"太太式培训"的时候，新人第一季度平均销售为20万美元，经过这样培训，新人在第一季度的平均业绩达到56万美元，远远高于以前销售新人20万的销售。

九、日立公司内的"婚姻介绍所"

在把公司看作大家庭的日本，老板很重视员工的婚姻大事。例如，日立公司内就设立了一个专门为员工架设"鹊桥"的"婚姻介绍所"。一个新员工进入公司，可以把自己的学历、快乐喜爱、家庭背景、身高、体重等资料输入"鹊桥"电脑网络。当某名员工递上求偶申请书，他（或她）便有权调阅电脑档案，申请者往往利用休息日坐在沙发上慢慢地、仔细地翻阅这些档案，直到找到满意的对象为止。一旦他被选中，联系人会将挑选方的一切资料寄给被选方，被选方如果同意见面，公司就安排双方约会。约会后双方都必须向联系人报告对对方的看法。日立公司人力资源部的管理人员说：由于日本人工作紧张，职员很少有时间寻找合适的生活伴侣。我们很乐意为他们帮这个忙。另一方面，这样做还能起到稳定员工、增强企业凝聚力的作用。

十、沃尔玛的员工激励

世界零售巨头沃尔玛公司的创始人山姆·沃尔顿，早在创业之初就为公司制定了三条座右铭："顾客是上帝"、"尊重每一个员工"、"每天追求卓越"。

（根据网络资料整理）

1. 激励的概念

激励（motivation）是一个适用于各种动机、欲望、需要、希望的一个通用术语。领导者激励下属，就是使下属的动机和欲望得到满足，从而使下属产生领导者所希望和要求的行为。这里的动机和欲望、希望和要求都属于心理或精神状态。激励过程本身是一个内部的心理过程。尽管它直接引起行为，却并不是能够直接观察到的。

激励是指影响人们内在需求或动机，从而加强、引导和维持行为的活动或过程。"激励"一词作为心理学术语，指的是持续激发人的动机的心理过程。通过激励，在某种内部或外部刺激的影响下，使人始终维持在一个兴奋状态中。也就是通常所说的如何调动人的积极性的问题。激励是建立在激发人的动机，使人产生内在动力并朝着所期望的目标前进的心理活动过程这一基础之上的。需要引起动机，动机引起行为，行为又指向一定的目标。这说明，人的行为都是由动机支配的，而动机则是由需要引起的，人的行为都是在某种动机的策动下为了达到某个目标有目的的活动。所谓需要，是指人们对某种目标的渴求和欲望，它既包括基本的需求，如生理需求，也包括各种高层次的需求，如社交、成就等。所谓动机，是指诱发、活跃、推动、指导和引导行为指向一定目标的心理过程。

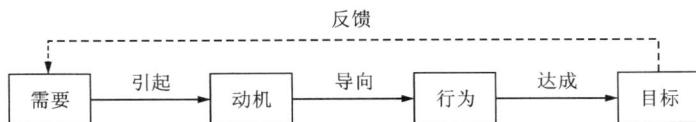

图 4 − 6　激励原理示意图

2. 激励的类型

2.1　物质激励与精神激励

物质激励作用于人的生理方面，是对人物质需要的满足；精神激励作用于人的心理方面，是对人精神需要的满足。随着人们物质生活水平的不断提高，人们对精神与情感的需求越来越迫切。

2.2　正激励与负激励

正激励就是当一个人的行为符合组织的需要时，通过奖赏的方式来鼓励这种行为，以达到持续和发扬这种行为的目的。负激励就是当一个人的行为不符合组织的需要时，通过制裁的方式来抑制这种行为，以达到减少或消除这种行为的目的。

正激励与负激励作为激励的两种不同类型，目的都是要对人的行为进行强化，不同之处在于二者的取向相反。正激励起正强化的作用，是对行为的肯定；负激励起负强化的作用，是对行为的否定。

2.3　内激励与外激励

内激励是指由内酬引发的、源自于工作人员内心的激励；外激励是指由外酬引发的、与工作任务本身无直接关系的激励。所谓内酬是指工作任务本身的刺激，即在工作进行过程中所获得的满足感，它与工作任务是同步的。追求成长、锻炼自己、获得认可、自我实现、乐在其中等内酬所引发的内激励，会产生一种持久性的作用。所谓外酬是指工作任务完成之后或在工作场所以外所获得的满足感，它与工作任务不是同步的。如果一项又脏又累、谁都不愿干的工作有一个人干了，那可能是因为完成这项任务，将会得到一定的外酬——奖金及其他额外补贴，一旦外酬消失，他的积极性可能就不存在了。所以，由外酬引发的外激励是难以持久的。

2.4　内容型激励理论

1）需要层次论

马斯洛是美国心理学家，人本主义心理学的主要创建者，早期曾从事动物社会心理学的研究，1940 年曾在美国社会心理学杂志上发表《灵长类优势品质和社会行为》一文，之后转入人类的社会心理学研究，1943 年出版《人类动机的理论》一书。马斯洛的人本主义心理学思想，主要载于他 1954 年出版的《动机与人格》。马斯洛在该书中，将动机视为由多种不同性质的需要所组成，故而称为需要层次论（needs hierarchical theory），他在书中将动机分为五层，即生理需要、安全需要、爱与归属的需要、尊重需要、自我实现的需要，在 1970 年新版书内又改为七个层次，加上了知的需要和美的需要。知的需要，指对己对人对事物变化有所理解的需要；美的需要，指对美好事物欣赏并希望周遭事物有秩序、有结构、顺自然、循真理等心理需要。但流传更广的是五个层次的需要理论：①生理需要，指维持生存及延续种族的需要；②安全需要，指希求受到保护与免于遭受威胁从而获得安全的需要；③爱与归属的需要，指被人接纳、爱护、关注、鼓励及支持等的需要；④尊重需要，指获取并维护个人自尊心的一切需要；⑤自我实现需要，指在精神上追求真善美合一的人生境界，亦即个人所有需要或理想全部实现的需要。

以马斯洛看来，人类价值体系中存在两类不同的需要，一类是沿生物谱系上升方向逐渐变弱的本能或冲动，称为低级需要和生理需要，这些需要有一共同性质，都是由于生理上或心理上有某些欠缺而产生的，故而又称匮乏性需要；另一类是随生物进化而逐渐显现的潜能或需要，是后来才发展出来的，称为高级需要。

这两类需要的关系表现为：

（1）这五种需要像阶梯一样从低到高，但这种次序不是完全固定的。

（2）一个层次的需要相对地满足了，就会向高一层次发展。这五种需要不可能完全满足，越到上层，满足的百分比越少。

（3）同一时期内，可以同时存在几种需要，因为人的行为是受多种需要支配的。但是，每一时期内总有一种需要是占支配地位的。任何一种需要并不因为下一个高层次需要的发展而消失，各层次的需要相互依赖与重叠，高层次的需要发展后，低层次需要仍然存在，只是对行为影响的比重减轻了而已。

（4）人的需要取决于他已经得到什么，还缺什么，只有未满足的需要能够影响行为，需要满足了就不再是一股激励力量。

2）双因素理论

弗雷德里克·赫茨伯格（Frederick Herzberg，1923—2000）是美国心理学家、行为科学家，双因素理论（two factor theory）的创始人。20世纪50年代末期，赫茨伯格和同事们对匹兹堡附近一些工商业机构的约200位专业人士作了一次调查，他们通过考察这群会计师和工程师的工作满意感与生产率的关系，积累了影响这些人员对其工作感情的各种因素的资料，发现存在两种性质不同的因素：激励因素和保健因素。双因素激励理论是赫茨伯格最主要的成就，最初发表于1959年出版的《工作的激励因素》一书，在1966年出版的《工作与人性》一书中对1959年的论点从心理学角度作了理论上的探讨和阐发，1968年他在《哈佛商业评论》（1—2月号）上发表了《再论如何激励职工》一文，从管理学角度再次探讨了该理论的内容。

激励因素是那些能满足个人自我实现需要的因素，包括成就、赏识、挑战性的工作、增加的工作责任，以及成长和发展的机会，这些因素涉及对工作的积极感情，又和工作本身的内容有关。这些积极感情和个人过去的成就、被人认可以及担负过的责任有关，它们的基础在于工作环境中持久的而不是短暂的成就。如果这些因素具备了，就能对人们产生更大的激励。

保健因素包括公司政策和管理、技术监督、薪水、工作条件以及人际关系等。这些因素涉及工作的消极因素，也与工作的氛围和环境有关。也就是说，对工作和工作本身而言，这些因素是外在的，而激励因素是内在的，或者说是与工作相联系的内在因素。保健因素的满足对职工产生的效果类似于卫生保健对身体健康所起的作用。保健从人的环境中消除有害于健康的事物，它不能直接提高健康水平，但有预防疾病的效果；它不是治疗性的，而是预防性的。当这些因素恶化到人们认为可以接受的水平以下时，就会产生对工作的不满意。但是，当人们认为这些因素很好时，它只是消除了不满意，并不会导致积极的态度，这就形成了某种既不是满意又不是不满意的中性状态。

赫茨伯格的双因素理论，具有两个独特的方面：首先，这个理论强调一些工作因素能导致满意感，而另外一些则只能防止产生不满意感；其次，对工作的满意感和不满意感并非存在于单一的连续体中。赫茨伯格的理论认为，满意和不满意并非共存于单一的连续体中，而是截然分开的，这种双重的连续体意味着一个人可以同时感到满意和不满意，它还暗示着工作条件和薪金等保健因素并不能影响人们对工作的满意程度，而只能影响对工作的不满意程度。赫茨伯格的基本观点是：他认为传统的"满意"与"不满意"互为对立的观点是不确切的。"满意"的对立面是"没有满意"；而"不满意"的对立面应该是"没有不满意"。

3）"ERG"理论

奥德弗是美国耶鲁大学行为学家、心理学家，他发展了马斯洛需要层次理论，提出了"ERG 需要理论"。1969 年，奥德弗在《人类需求新理论的经验测试》一文中修正了马斯洛的观点，将需求层次进行重组后提出了三种人类需求，即生存需求（existence needs）、关系需求（relatedness needs）以及成长需求（growth needs），因此称作 ERG 理论。

（1）生存需要。指的是全部的生理需要和物质需要，如吃、住、睡等。组织中的报酬，对工作环境和条件的基本要求等，也可以包括在生存需要中。这一类需要基本上与马斯洛的需要层次中生理需要和部分的安全的需要相对应。

（2）相互关系需要。指人与人之间的相互关系、联系（或称之为社会关系）的需要，这一类需要类似马斯洛需要层次中部分的安全需要，全部的归属或社会需要，以及部分的尊重需要。

（3）成长需要。指一种要求得到提高和发展的内在欲望，它指人不仅要求充分发挥个人潜能、有所作为和成就，而且还有开发新能力的需要。这一类需要可与马斯洛需要层次中部分的尊重需要及整个自我实现需要相对应。

ERG 理论具有如下几个特征：

（1）需要并存。ERG 理论认为在任何时间这三个水平的需要都有可能被同时激活，或者甚至是只有一个高水平需要被激活。同时，ERG 理论并不强调需要层次的顺序，认为某种需要在一定时间内对行为起作用，而当这种需要得到满足后，可能去追求更高层次的需要，也可没有这种上升趋势。任何时候，人们追求需要的层次顺序并不那么严格，优势需要也不一定那么突出，因而激励措施可以多样化。

（2）需要降级。ERG 理论认为，各个层次的需要受到的满足越少，越为人们所渴望；较低层次的需要越是能够得到较多的满足，则较高层次的需要就越渴望得到满足；如果较高层次的需要一再受挫而得不到满足，人们会重新追求较低层次需要的满足。这一理论不仅提出了需要层次上的满足存在上升趋势，而且也指出了遇到挫折而倒退的趋势，当较高级需要受到挫折时，可能会降而求其次。

（3）满足后未必减弱。ERG 理论还认为，某种需要在得到基本满足后，其强烈程度不仅不会减弱，还可能会增强，尤其是成长需要，不仅没有限度，并且每当获得某项满足后，成长需要实际上会得到进一步加强，这就与马斯洛的观点不一致了。

4）成就需要激励理论

20 世纪 50 年代美国哈佛大学教授麦克利兰通过对人的需要和动机进行研究提出了成就

需要激励理论。麦克利兰提出：人类的许多需要都不是生理性的，而是社会性的，时代不同、社会不同、文化背景不同，人的需求就不同，所谓"自我实现"的标准也不同；而且社会性需求不是先天的，而是后天的，得自于环境、经历和培养教育等。麦克利兰通过实验研究，认为在生存需要基本得到满足的前提下，人的最主要的需要有：对成就的需要（need for achievement）、对（社会）交往的需要（need for affiliation）和对权力的需要（need for power）。这三种需要是三种平行，但在人们需要结构中有主次之分，作为人们的主需求在满足了以后往往会引出更多更大的需求，也就是说拥有权力者更追求权力、拥有亲情者更追求亲情而拥有成就者更追求成就。

同时，由于他认为其中成就需要的高低对人的成长和发展起到特别重要的作用，因此其理论被称为成就需要理论。

（1）成就需求是争取成功、希望做得最好的需要。麦克利兰认为，具有强烈的成就需要的人渴望将事情做得更为完美，提高工作效率，获得更大的成功，他们追求的是在争取成功的过程中克服困难、解决难题、努力奋斗的乐趣，以及成功之后的个人的成就感，他们并不看重成功所带来的物质奖励。他发现高成就需求者喜欢设立具有适度挑战性的目标，不喜欢凭运气获得的成功，不喜欢接受那些在他们看来特别容易或特别困难的工作任务。

（2）亲和需要是建立友好亲密的人际关系的需要。亲和需求就是寻求被他人喜爱和接纳的一种愿望。高亲和动机的人更倾向于与他人进行交往，至少是为他人着想，这种交往会给他带来愉快。高亲和需求者渴望亲和，喜欢合作而不是竞争的工作环境，希望彼此之间的沟通与理解，他们对环境中的人际关系更为敏感。有时，亲和需要也表现为对失去某些亲密关系的恐惧和对人际冲突的回避。亲和需要是保持社会交往和人际关系和谐的重要条件。麦克利兰的亲和需要与马斯洛的感情上的需要、奥德弗的关系需要基本相同。

（3）权力需要是影响或控制他人且不受他人控制的需求。不同的人对权力的渴望程度也有所不同。权力需求较高的人对影响和控制别人表现出很大的兴趣，喜欢对别人发号施令，注重争取地位和影响力。他们常常表现出喜欢争辩、健谈、直率和头脑冷静；善于提出问题和要求；喜欢教训别人并乐于演讲。他们喜欢具有竞争性和能体现较高地位的场合或情境，他们也会追求出色的成绩，但他们这样做并不像高成就需求的人那样是为了个人的成就感，而是为了获得地位和权力或与自己已具有的权力和地位相称。权力需要是管理成功的基本要素之一。

3. 过程型激励理论

3.1 期望理论

期望理论是美国心理学家维克托·弗罗姆在 1964 年出版的《工作与激励》一书中提出的，它主要研究需要与目标之间的规律，着重分析使"激励因素"起到更大作用所必需的条件。期望理论的基本内容包括弗罗姆的期望公式和期望模式。

弗罗姆认为决定动机水平的因素有两个，即期望与效价，动机水平等于期望值和效价的乘积。公式表示

动机水平＝期望值×效价，即 $M = E \times V$

其中：

M（motivation）——动机水平，是直接推动或使人们采取某一行动的内驱力。这是指调动

76

一个人的积极性，激发出人的潜力的强度，是一个人工作积极性的高低和持久程度，它决定着人们在工作中会付出多大的努力。

　　E（expectancy）——期望值，这是指根据以往的经验进行的主观判断，达成目标并能导致某种结果的概率，是个人对某一行为导致特定成果的可能性或概率的估计与判断，影响人实现需要和动机的信心强弱。

　　V（valence）——目标效价，指达成目标后对于满足个人需要其价值的大小，它反映个人对某一成果或奖酬的重视与渴望程度，影响个人的工作态度。

　　怎样使激发力量达到最好值，弗罗姆提出了人的期望模式：个人努力——个人绩效——组织奖励——个人需要的满足——个人努力。这应该是一个不断循环的过程。

　　（1）个人努力和个人绩效的关系。这两者的关系取决于个体对目标的期望值。期望值又取决于目标是否合适个人的认识、态度、信仰等个性倾向，及个人的社会地位，别人对他的期望等社会因素。即由目标本身和个人的主客观条件决定。

　　（2）个人绩效与组织奖励的关系。人们总是期望在达到预期成绩后，能够得到适当的合理奖励，如奖金、晋升、提级、表扬等。如果没有相应的有效的物质和精神奖励来强化，时间一长，积极性就会消失。

　　（3）组织奖励和个人需要满足的关系。奖励什么要造合各种人的不同需要，要考虑效价。要采取多种形式的奖励，满足各种需要，最大限度地挖掘人的潜力，最有效地提高工作效率。

　　（4）个人需要的满足与新的行为动力之间的关系。当一个人的需要得到满足之后，他会产生新的需要和追求新的期望目标。需要得到满足的心理会促使他产生新的行为动力，并对实现新的期望目标产生更高的热情。

　　3.2　公平理论

　　公平理论提出了社会生活和管理实践中的一个重要现象，即人们总是把自己的努力与所得的报酬进行纵向和横向的比较，以求综合平衡。美国心理学家亚当斯于20世纪60年代先后发表了一系列研究成果：1962年的《工人关于工资不公平的内心冲突同其生产率的关系》、1964年的《工资不公平对工作质量的影响》、1965年的《社会交换中的不公平》，在这些著作中他提出一种激励理论——公平理论，又称社会比较理论。公平理论是在比较中探讨个人做出的贡献与所取得的报酬之间的比值是否平衡的理论，主要研究利益分配（特别是工资报酬分配）的合理性、公平性对员工积极性的影响。

　　公平理论认为，人的工作态度和积极性不仅受其所得的绝对报酬的影响，而且还受其所得的相对报酬的影响。人们一方面把自己现在付出的劳动和所得的报酬进行历史的比较（纵向比较），另一方面，还把自己付出的劳动和所得的报酬与他人付出的劳动和所得的报酬进行社会比较（横向比较）。只有当比例相当时，才会认为公平，心情才会舒畅。如果发现比例不当，就会认为不公平，内心就会不满。

　　公平理论可以用公平关系式来表示。设当事人 a 和被比较对象 b，则当 a 感觉到公平时有下式成立：

$$OP/IP = OC/IC$$

其中：OP——自己对所获报酬的感觉；

　　　　OC——自己对他人所获报酬的感觉；

　　　　IP——自己对个人所作投入的感觉；

IC——自己对他人所作投入的感觉。

当上式为不等式时，也可能出现以下两种情况：

1）OP/IP

在这种情况下，他可能要求增加自己的收入或减小自己今后的努力程度，以便使左方增大，趋于相等；第二种办法是他可能要求组织减少比较对象的收入或者让其今后增大努力程度以便使右方减小，趋于相等。此外，他还可能另外找人作为比较对象，以便达到心理上的平衡。

2）OP/IP > OC/IC

在这种情况下，他可能要求减少自己的报酬或在开始时自动多做些工作，但久而久之，他会重新估计自己的技术和工作情况，终于觉得他确实应当得到那么高的待遇，于是产量便又会回到过去的水平了。

除了横向比较之外，人们也经常做纵向比较，只有相等时他才认为公平，如下式所示：

$$OP/IP = OH/IH$$

其中：OP——对自己报酬的感觉；

　　　IP——对自己投入的感觉；

　　　OH——对自己过去报酬的感觉；

　　　IH——对自己过去投入的感觉。

当上式为不等式时，也可能出现以下两种情况：

（1）OP/IP

当出现这种情况时，人也会有不公平的感觉，这可能导致工作积极性下降。

（2）OP/IP > OH/IH

当出现这种情况时，人不会因此产生不公平的感觉，但也不会觉得自己多拿了报偿，从而主动多做些工作。调查和试验的结果表明，不公平感的产生，绝大多数是由于经过比较认为自己报酬过低而产生的；但在少数情况下，也会由于经过比较认为自己的报酬过高而产生。

调查和试验的结果表明，不公平感的产生，绝大多数是由于经过比较认为自己报酬过低而产生的；但在少数情况下，也会由于经过比较认为自己的报酬过高而产生。

第一，它与个人的主观判断有关。

第二，它与个人所持的公平标准有关。

第三，它与绩效的评定有关。

第四，它与评定人有关。

公平理论认为，当员工感到不公平时，员工可能会采取以下六种选择中的一种：

（1）改变自己的投入；

（2）改变自己的产出；

（3）歪曲对自我的认知；

（4）歪曲对他人的认知；

（5）选择其他参照对象；

（6）离开该领域。

公平理论提出的基本观点是客观存在的，但公平本身却是一个相当复杂的问题：第一，它与个人的主观判断有关。上面公式中无论是自己的或他人的投入和报酬都是个人感觉，而一般人总是对自己的投入估计过高，对别人的投入估计过低。第二，它与个人所持的公平标准有关。上面的公平标准是采取贡献率，也有采取需要率、平均率的。第三，与绩效的评定有关。我们主张按绩效付报酬，并且各人之间应相对均衡。但如何评定绩效？是以工作成果的数量和质量，还是按工作中的努力程度和付出的劳动量？是按工作的复杂、困难程度，还是按工作能力、技能、资历和学历？不同的评定办法会得到不同的结果。第四，它与评定人有关。绩效由谁来评定，是领导者评定还是群众评定或自我评定，不同的评定人会得出不同的结果，评定往往会出现松紧不一、回避矛盾、姑息迁就、抱有成见等现象。

公平理论也为组织管理者公平对待每一个职工提供了一种分析处理问题的方法，提示管理者要引导职工形成正确的公平感，多看到他人的长处，认识自己的短处，客观公正地选择比较基准，多在自己所在的地区、行业内比较，尽可能看到自己报酬的发展和提高，避免盲目攀比而造成不公平感，不要让职工的公平感将影响整个组织的积极性。另外也提示领导者的管理行为必须遵循公正原则。以及报酬的分配要有利于建立科学的激励机制。

3.3 行为修正型激励理论

1）强化理论

强化理论（reinforcement theory）是美国哈佛大学教授斯金纳提出的。1938年，斯金纳出版了《有机体的行为》一书，在巴甫洛夫条件反射理论的基础上，提出了强化理论。强化理论讨刺激和行为的关系，斯金纳认为人的行为只是对外部环境刺激所做的反应，是受外部环境刺激而进行调节和控制的，改变外部刺激就能改变行为。强化的主要功能，就是按照人的心理过程和行为的规律，对人的行为予以导向，并加以规范、修正、限制和改造。它对人的行为的影响，是通过行为的后果反馈给行为主体这种间接方式来实现的。人们可根据反馈的信息，主动适应环境刺激，不断地调整自己的行为。按照强化理论，只要控制行为的后果（奖惩），就可以达到控制和预测人的行为的目的，所以，管理者可通过正强化、负强化和消退强化等手段来有效地激发员工的积极性。

正强化是指对人的某种行为给予肯定和奖赏，以使其重复这种行为，具体形式如表扬、赞赏、晋升、授予名誉、授予责任和权力、增加工资奖金等方式。负强化是指对大的某种行为给予否定或惩罚，以使其行为减弱与消退，以防止类似的行为再发生，具体形式如公开批评、间接批评、警告、记过、降职、减薪、罚款、开除等。消退强化是指对原先可接受的某种行为强化的撤销，由于在一定时间内不予强化，此行为将自然下降并逐渐消退。

2）归因理论

1958年，海德在他的著作《人际关系心理学》中，从通俗心理学的角度提出了归因理论（attribution theory），该理论主要解决的是日常生活中人们如何找出事件的原因。海德认为人有两种强烈的动机：一是形成对周围环境一贯性理解的需要；二是控制环境的需要。而要满足两个需求，人们必须有能力预测他人将如何行动。因此海德指出，每个人（不只是心理学家）都试图解释别人的行为，并都具有针对他人行为的理论。

海德认为事件的原因无外乎有两种：一是个人倾向归因，是把个人行为的根本原因归结为个人的自身特点，如能力、兴趣、性格、努力程度等；二是情境归因，是把个人行为的根本原因归为外部力量，如环境条件、社会舆论、企业的设备、工作任务、天气的变化等。一般人在解释别人的行为时，倾向于个人倾向归因；在解释自己的行为时，倾向于情境归因。某个事件为什么发生？海德认为回答这个问题的关键是弄清事件的原因是在于个人（内部原因）还是在于环境（外部原因），或者两者兼而有之。内部原因包括动机（想做这件事）和能力（能做这件事）。

研究者用归因研究的某些发现分析了奖励等外部激励措施在激励员工行为上作用的有限性。毫无疑问，奖励等外部激励措施属于外在的力量，按照归因研究发现，当这种力量存在时，将会妨碍或降低员工对自己行为的内部归因。他们会觉得自己的行为是受外在的激励措施控制或驱动的，与自己的内在兴趣无关。外在的奖励越多，力量越大，他们就越不可能正视自己内在的兴趣和动机。所以，虽然奖励也许有助于提高员工的外部动机，但却损害了他们的内部动机。如果你对员工本来很乐意做的事情付了报酬，他们很可能会失去对这种工作本身的内在兴趣，转而为获得报酬而工作，一旦有一天报酬降低了，他们的工作积极性也将随之降低（类似于消退强化的现象）。更为严重的是，如果员工觉得你奖励他们只是为了控制他们，让他们为你多干活，奖励就成了负面的因素，不但起不到调动积极性的作用，还会造成他们的逆反心理，降低他们的工作积极性。因此，管理者应该慎重地、适当地使用奖励等外部激励措施，应以不损害员工对工作的内在兴趣和动机为限。显然，归因决定了外在激励措施的意义及作用：只有当员工知道受到奖励的原因，并认为当之无愧的时候，奖励才会起到正面的作用。更确切地说，只有当员工将获得的奖励归因于自己的能力或实际的工作表现，视为对自己工作能力或成绩的承认时，奖励才能起到应有的激励作用。因此，在使用外部激励措施时，管理者应考虑到员工会对其做出什么样的归因，要奖得适时、奖得恰当，不宜不加分析地乱施奖励，以免将员工的行为引导到不适当的方向上去。

归因理论既不要求增加工资奖金，也不要求改善环境条件，它强调通过改变员工对所发生事件的归因认知来激励和引导其行为，因此属于认知的或内在的激励论。在管理工作中当员工完成任务受挫折时，管理人员要及时了解员工的归因倾向，才能帮助员工自己正确总结经验教训和顺利进行归因，使员工胜不骄、败不馁，进一步严格要求自己，更加发奋努力。

4. 激励原则与方法

在实际工作过程中。应遵循一些基本的原则：

（1）目标结合原则。在激励机制中，设置目标是一个关键环节，目标设置必须同时体现组织目标和员工需要的要求。并且目标设置要清晰明确，切忌含糊不清，模棱两可。

（2）物质和精神激励相结合的原则。物质激励是基础，精神激励是根本。在两者结合的基础上，逐步过渡到以精神激励为主。

（3）内外激励相结合的原则。外激励措施只有转化为被激励者的自觉意愿，才能取得激励效果，因此，引导、激发被激励者的内在热情是激励过程的内在要求。

（4）正负激励相结合的原则。正激励就是对员工的符合组织目标的期望行为进行奖励，负激励就是对员工违背组织目标的非期望行为进行惩罚。正负激励都是必要而有效的，这不仅作用于当事人，而且会间接地影响其他组织成员。

（5）公平合理原则。奖惩要公平，并且激励的措施要适度，要根据所实现目标本身的价值大小确定适当的激励量。

（6）按需激励原则。组织成员的需要因人而异、因时而异，并且只有满足最迫切需要（主导需要）的措施，其效价才高，其激励强度才大。因此，领导者必须进行深入地调查研究，不断了解员工需要层次和需要结构的变化趋势，有针对性地采取激励措施，才能收到实效。

（7）及时性原则。要把握激励的时机，激励越及时，越有利于将人们的激情推向高潮，使其创造力连续有效地发挥出来。同时要注意激励频率，激励频率是指在一定时间内进行激励的次数，只有区分不同情况，采取相应的激励频率，才能有效发挥激励的作用。

有效的激励必须从需要出发，并综合运用各种激励方法。基本的激励方法有：目标激励、榜样激励、工作生动化、参与管理、绩效薪金制、产权激励等。

1）目标激励

目标激励是指设置适当的目标来激发人的动机和行为，达到调动人的积极性的目的。通过在组织中全面推行目标管理，加强员工对组织管理的参与意识和行动，目标激励以明确的组织目标为依据，对其进行纵向和横向的层层分解，形成各层次、各部门乃至每一位员工的具体目标，各层次、各部门及每一位员工都以目标为标准，在实施目标的过程中，实行自我激励和自我控制。

2）榜样激励

榜样的力量是无穷的，让大家有目标、有方向、有标杆。典型也可以是多方面的，如年度销售先进个人、年度销售状元、运营支持先进工作者等。典型的意义在于其榜样作用、示范效应，促使员工认同公司的价值观导向，让员工有学习的对象，有对比的对象。

3）工作生动化

组织完全可以通过工作扩大化、工作轮换和工作丰富化来弥补工作枯燥乏味的不足，使工作生动有趣。工作扩大化是指在横向水平上增加工作内容，但工作难度和复杂程度并不增加，以减少工作的枯燥单调感。工作轮换是在同一层次和能力要求的工作之间进行调换。这样做可以增强员工对岗位的新鲜感，提升员工对岗位的良好体验，工作可以更愉快，可以让员工工作更有动力。工作丰富化是在纵向层次上赋予员工更复杂、更系列化的工作，让员工参与工作规则的制定、执行和评估，使员工获得更大的自由度和自主权，满足其成就需要。

工作生动化的三种方式中工作丰富化的激励作用最大。工作丰富化的具体方式包括让员工完成一件完整的、更有意义的工作；让员工在工作方法、工作程序、工作时间和工作进度等方面拥有更大的灵活性和自主性；赋予员工一些原本属于上级管理者的职责和控制权，促进其成就感和责任感；及时评价与反馈，让员工对工作进行必要的调整；组建自主性工作团队，独立自主地完成重大的、复杂的工作任务。

4）参与管理

参与管理就是让下级员工在一定的层次和程度上分享上级的决策权，以激发员工的主人翁精神，形成员工对企业的归属感、认同感，进一步满足员工自尊和自我实现的需要。

5）绩效薪金制

绩效薪金制是一种最基本的激励方法，其要点就是将绩效与报酬相结合，完全根据个人绩效、部门绩效和组织绩效来决定各种工资、奖金、利润分成和利润分红等的发放。实行绩效薪金制能够减少管理者的工作量，使员工自发地努力工作，不需要管理者的监督。

6）产权激励

企业可以采取股票期权（stock options）、员工持股计划（employee stock owner plans，ESOP）以及管理层收购（management buy – outs，MBO）等产权激励手段和方法。

第四节　沟　通

案例导入

案例对话：

美国老板：完成这份报告要花费多少时间？

希腊员工：我不知道完成这份报告需要多少时间。

美国老板：你是最有资格提出时间期限的人。

希腊员工：十天吧。

美国老板：你同意在 15 天内完成这份报告吗？

希腊员工：没有做声。（认为是命令）

15 天过后，

美国老板：你的报告呢？

希腊员工：明天完成。（实际上需要 30 天才能完成。）

美国老板：你可是同意今天完成报告的。

第二天，希腊员工递交了辞职书。

问题：

请从沟通的角度分析美国老板和希腊员工的对话，说明希腊员工辞职的原因并提出建议。

沟通（communication）是信息发送者凭借一定的媒介将信息发送给既定的对象即接收者，并寻求反馈以达到相互理解的过程，而信息则应是接收者所能理解的信息。沟通既可以是单纯的信息交流，也可以是思想、情感、态度的综合交流。

1. 沟通的过程

沟通是一个过程，完整的沟通过程包括七个环节。思想或信息、信息编码、信息传递、信息接收、信息解码、理解、反馈。完整的沟通需要具备三个基本构成要素：信息发送者、信息传递渠道、信息接收者。

沟通始于某种思想或信息的发送者，然后以发送者和接收者双方都能理解的方式进行编码。信息是通过联系发送者和接收者的渠道进行传递的，信息可以是口头的或书面的，可以通过面对面交谈、电话、微信、微博、电子邮件、QQ、备忘录、信函以及正式报告等方式和渠道来传递。从沟通渠道传来的信息，需要经过接收者的收受才能达成共同的理解，信息的收受包括信息接收、解码和理解三个环节。首先，收受信息的人必须处于接收状态才可能收受传来的信息；其次为解码，即将收到的信息符号理解、恢复为思想；然后用自己的思维方式去理解这一思想。为了检查、核实沟通是否达到预期的效果，沟通往往还需要反馈的环节，只有通过反馈，信息发送者才能最终判断信息的传递是否有效。当然整个过程有可能受到噪声的干扰。噪声是影响沟通的一切消极、负面因素。通常可以把沟通噪音定义为妨碍资讯沟

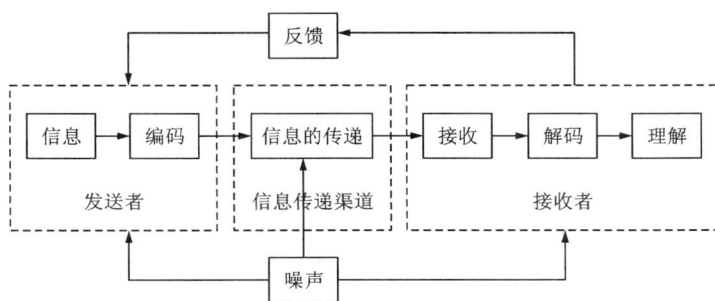

图 4-7 沟通的过程

通的任何因素。它存在于沟通过程的各个环节,并有可能造成资讯损耗或失真。

2.沟通的分类

依据不同的分类标准可以把沟通分为不同的类型。

1)工具式沟通和感情式沟通

按照沟通的目的划分,沟通可以分为工具式沟通(tool type communication)和感情式沟通(emotional communication)。工具式沟通是信息发送者将信息、知识、想法、要求传达给信息接收者,从而影响和改变接收者的行为。感情式沟通是指通过表达感情,获得对方精神上的同情或谅解,从而改善相互间人际关系。

2)语言沟通和非语言沟通

根据沟通中使用的信息载体的不同,可将沟通分为语言沟通(verbal communication)和非语言沟通(nonverbal communication)。语言沟通以语言文字为基础,又可细分为口头沟通、书面沟通及电子数据语言沟通三种形式。书面沟通又可细分为正式文件、备忘录、信件、公告、留言便条、内部期刊、规章制度、任命书等多种具体形式。按照电子数据采用的具体设施和工具、媒介的不同,电子数据语言沟通又可细分为电话沟通、电报沟通、电视沟通、电影沟通、电子数据沟通、网络沟通、多媒体沟通七种主要形式。

非语言沟通指通过某些媒介而不是讲话或文字来传递信息。非语言沟通内涵十分丰富,包括身体语言沟通、副语言、物体的操纵等多种形式。

3)正式沟通和非正式沟通

按照组织系统,沟通可以分为正式沟通(formal communication)和非正式沟通(informal communication)。在正式组织中,成员间所进行的沟通,因其途径的不同可分为正式沟通与非正式沟通两类。正式沟通指在组织中依据规章制度明文规定的原则进行的沟通,例如,组织间的公函来往、组织内部的文件传达、召开会议、上下级之间的定期情报交换等。非正式沟通和正式沟通不同,它的沟通对象、时间及内容等各方面,都是未经计划和难以辨别的。非正式沟通是由于组织成员的感情和动机上的需要而形成的。其沟通途径是通过组织内的各种社会关系,这种社会关系超越了部门、单位以及层次。

4)单向沟通和双向沟通

沟通按照是否进行反馈,可以分为单向沟通(unilateral communication)和双向沟通

（bilateral communicate）。单向沟通是指发送者和接受者这两者之间的地位不变（单向传递），一方只发送信息，另一方只接收信息。单向沟通中双方无论语言或情感上都不进行信息的反馈。如作报告、发指示、下命令等。双向沟通中，发送者和接收者两者之间的位置不断交换，且发送者是以协商和讨论的姿态面对接收者的，信息发出以后还需及时听取反馈意见，必要时双方可进行多次重复商谈，直到双方共同明确和满意为止，如交谈、协商等。

5）上行沟通、下行沟通和平行沟通

按信息传播的方向划分，有上行沟通（upward flow）、下行沟通（downward flow）和平行沟通（horizontal flow）。上行沟通是指自下而上的沟通，即信息按照组织职权层次由下向上流动，如下级向上级汇报情况、反映问题等。这种沟通既可以是书面的，也可以是口头的。为了做出正确的决策，领导者应该采取措施如开座谈会、设立意见箱和接待日制度等，鼓励下属尽可能多地进行上行沟通。对于上行沟通，下属应多出选择题，多做可行性分析，在和领导沟通时提前准备好问题的解决方案，而不是给领导提问题，谈话时要注意把握重点，言简意赅。

下行沟通是指自上而下的沟通，即在组织职权层次中，信息从高层次成员向低层次成员流动，如领导者以命令或文件的方式向下级发布指示、传达政策、安排和布置计划工作等。下行沟通是传统组织内最主要的一种沟通方式。

平行沟通主要是指同层次、不同业务部门之间以及同级人员之间的沟通，它能协调组织横向之间的联系，在沟通体系中是不可缺少的一环，具有业务协调的作用。

6）链式、轮式、Y式、环式和全通道式沟通

按沟通网络的基本形式划分，有链式、轮式、Y式、环式和全通道式沟通。沟通网络是指各种沟通路径的结构形式，它直接影响到沟通的有效性。正式沟通可以有链式、轮式、Y式、环式和全通道式五种网络形式。

链式沟通属于控制型结构，在组织系统中相当于纵向沟通网络。网络中每个人处在不同的层次中，上下信息传递速度慢且容易失真，信息传递者所接收的信息差异大。但由于结构严谨，链式沟通形式比较规范，在传统组织结构中应用较多。

轮式沟通又称主管中心控制型，在该种沟通网络图中，只有一名成员是信息的汇集发布中心，相当于一个主管领导直接管理几个部门的权威控制系统。这种沟通形式集中程度高，信息传递快，主管者具有权威性。但由于沟通渠道少，组织成员满意程度低，士气往往受到较大的影响。

Y式沟通又称秘书中心控制型，这种沟通网络相当于企业主管、秘书和下级人员之间的关系。秘书是信息收集和传递中心，对上接受主管的领导，这种网络形式能减轻企业主要领导者的负担，解决问题速度较快。但除主管人员以外，下级人员平均满意度与士气较低，容易影响工作效率。

环式沟通又称工作小组型沟通，该网络图中，成员之间依次以平等的地位相互联络，不能明确谁是主管，组织集中化程度低。由于沟通渠道少，信息传递较慢。但成员之间相互满意度和士气都较高。

全通道沟通是一个完全开放式的沟通网络，沟通渠道多，成员之间地位平等，合作气氛浓厚，成员满意度和士气均高。全通道沟通与环式沟通的相同之处在于，网络中主管人员不明确，集中化程度低，一般不适用于正式组织中的信息传递。

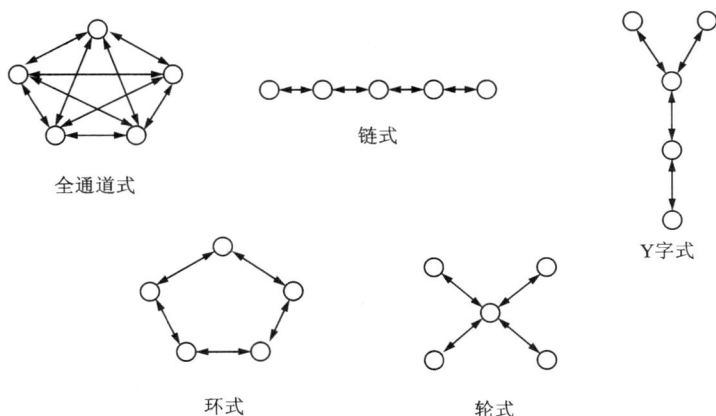

图 4 – 8 正式沟通的五种形式

3. 沟通的障碍及克服

沟通障碍主要来自三个方面：发送者的障碍、接收者的障碍和信息传播通道的障碍。

3.1 发送者

在沟通过程中，信息发送者的情绪、倾向、个人感受、表达能力、判断力等都会影响信息的完整传递。产生障碍的具体原因可能有：目的不明、表达模糊、选择失误、信息过滤等。

（1）目的不明。沟通只是一种桥梁或者手段，解决问题才是关键。信息发送者应对自己将要传递的信息内容、交流的目的有真正的了解，在信息沟通之前有一个明确的目的和清楚的概念，即"我要通过什么渠道向谁传递什么信息并达到什么目的"。如果不清楚自己到底要向对方阐明什么，那么，信息沟通的第一步便碰到了无法逾越的障碍。

（2）表达模糊。表达不清的信息，无论信息发送者头脑中的想法是多么清晰，其仍有可能受措辞不当、疏忽遗漏、缺乏条理、表达紊乱等问题的影响。

（3）选择失误。信息发送者若对传递信息的时机把握不准，缺乏审时度势的能力，则会大大降低信息交流的价值；若选择不恰当的沟通渠道，则会使信息传递受阻，或延误传递的时机；若沟通对象选择错误，无疑会造成不是对牛弹琴就是自讨没趣的局面，直接影响信息交流的效果。

（4）信息过滤。信息的过滤是指故意操纵信息，使信息显得对接收者更为有利。例如，管理者所告诉上司的信息都是他想听到的东西，这位管理者就是在过滤信息。当沿着组织层次向上传递信息时，为避免高层人员信息超载，发送者需要对信息加以浓缩和综合。而浓缩信息的过程受到信息发送者个人兴趣和对哪些信息更重要的认识的影响，因而也就造成了信息沟通中的过滤现象。

3.2 接收者

从信息接收者的角度看，产生障碍的原因主要有选择性知觉、信息超载、心理上的戒备、不善倾听和过早地评价、情绪等。

选择性知觉是指人们根据自己的兴趣、经验和态度而有选择地去解释所看到或所听到的信息。在沟通过程中，接收者会根据自己的需要、动机、经验、背景及其他个人特质有选择地去看或去听所传递给他的信息，在解码的时候，接收者还会把自己的兴趣和期望带进信息之中，而这些都可能造成信息曲解。

信息超载。人们在接收电子邮件、电话、传真以及参加会议和阅读有关专业资料时，会产生大量的信息数据，当接收者不能及时处理完他所接收到的所有信息时，超载现象就产生了。当信息超载时，他们倾向于筛掉、轻视、忽略或遗忘某些信息，或者干脆放弃进一步处理的努力，权当超载问题已经得到了解决。无论何种情况，结果都是信息缺失和沟通效果受到影响。

心理上的戒备。当人们感到自己正受威胁时，他们通常会以一种防卫的方式做出反应，这降低了相互理解的可能性。

不善倾听和过早地评价。聆听要全神贯注和自我约束，要避免对他人的发言进行过早的评价，普遍存在的问题是，急于对别人所说的加以判断，表示赞成或不赞成，而不是试图去理解谈话者的基本内容。

情绪。在接收信息时，接收者的情绪也会影响到他对信息的解释。不同的情绪感受会使个体对同一信息的理解截然不同。这种状态常常使我们无法进行客观而理性的思维活动，而代之以情绪性的判断。

3.3 信息传播通道

信息传播通道的问题也会影响到沟通的效果。信息传播通道障碍主要有以下几个方面：选择沟通媒介不当、媒介相互冲突、沟通渠道过长、外部干扰等。

（1）选择沟通媒介不当。例如对于重要事情而言，口头传达效果较差，书面沟通就会较好，因为接收者会认为"口说无凭""随便说说"而不加重视。

（2）媒介相互冲突。当信息用几种形式传送时，如果相互之间不协调，会使接收者难以理解传递的信息内容。渠道太长会造成消息衰减，从最高层传递信息到最低层，从低层汇总情况到最高层，中间环节太多，容易使信息损失较大。

（3）外部干扰。信息沟通过程中经常会受到自然界各种物理噪声、机器故障的影响或被另外事物干扰所打扰，也会因双方距离太远而沟通不便，影响沟通效果。

克服沟通障碍有以下几种方式。

第一，建立起彼此间的信任关系。

沟通中的心理隔膜会直接将沟通渠道切断。因此建立起彼此信任、能够推心置腹的上下级关系是良好沟通的关键一环。

第二，运用反馈。

很多沟通问题是直接由于误解或理解不准确造成的。如果管理者在沟通过程中使用反馈回路，则会减少这些问题的发生。为了核实信息是否按原有意图被接收，管理者可以询问有关该信息的一系列问题，但最好的办法是，让接收者用自己的话复述信息。如果管理者听到的复述正如本意，则可增强理解与精确性。

第三，简化语言、匹配渠道。

管理者（信息发送者）应注意简化语言、匹配渠道，易于接收者理解。管理者不仅需要简化语言，还要考虑到信息所指向的听众，以使所用的语言适合于接收者。

第五节　冲突及其管理

案例导入

2012 年 3 月 12 日，优酷和土豆共同宣布，已于 3 月 11 日签订最终协议，双方将以 100% 换股的方式合并。新公司命名为优酷土豆股份有限公司（Youku Tudou Inc.），土豆退市，优酷继续在纽交所交易，代码 YOKU；优酷创始人、董事长兼 CEO 古永锵任 CEO，土豆创始人、董事长兼 CEO 王微加入董事会；合并后双方平台仍独立运营。

受此消息影响，土豆当日盘前一度暴涨 192% 达 45.8 美元，优酷涨 17% 达 29.3 美元。开盘后土豆暴涨 156.6%，达到每股 39.5 美元，优酷也大涨 21% 至 31.15 美元。

优酷和土豆选用和平的方式解决了一直以来的"冲突"：因为，在合并前 3 个月，优酷和土豆曾各自发起维权行动，指责对方侵权，并索赔数亿；并且两家长期的口水和争斗让外界普遍认为，排名网络视频前两位的优酷和土豆早已势同水火。而合并后带来的大好消息，使得易观智库分析师黄萌认为，优酷与土豆的合并对双方都有利。二者不尽相同的用户群将融合成为更大的用户资源，整合后的产品线也将更加完整。合并将降低新公司的版权采购、后台资源等成本，从而提升其盈利水平。另外股价萎靡的土豆的经营压力也将因此得到缓解。

（根据网络资料整理）

1．冲突的定义及原因

冲突是人们在关于实质的或者情感的问题方面意见不一致。实质性冲突是指对资源配置、奖金分配、政策和程序、工作分派等方面的意见不一致。情感性冲突是指愤怒、不信任、不喜欢、怨恨或个性不合等感情方面的不一致。

人们之间存在差异的原因是多种多样的，但大体上可归纳为以下几种。

1）沟通差异

由于文化和历史背景不同、语义困难、误解及沟通过程中噪声的干扰都可能造成人们之间意见的不一致。沟通不良是产生冲突的重要原因，但不是主要的。

2）结构差异

观察管理中经常发生的冲突绝大多数是由组织结构的差异引起的。由于分工造成组织结构中垂直方向和水平方向各系统、各层次、各部门、各单位、各不同岗位的分化。组织愈庞大、愈复杂，组织分化愈细密，由于信息不对称和利益不一致，人们之间在计划目标、实施方法、绩效评价、资源分配、劳动报酬、奖惩等许多问题上都会产生不同看法，这种差异是由组织结构本身造成的。为了本单位的利益和荣誉许多人都会理直气壮地与其他单位甚至上级组织发生冲突。不少管理者，甚至把挑起这种冲突看做是自己的职责，或作为建立自己威望的手段。几乎每位管理者都会经常面临着与同事或下属之间的冲突。

3）个体差异

每个人的社会背景、教育程度、阅历、修养，塑造了每个人各不相同的性格、价值观和作风。人们之间这种个体差异造成了合作和沟通的困难，往往成为导致某些冲突的根源。

2. 冲突的分类

在组织范畴，冲突有多种类型。

2.1 根据内容分为目标冲突、利益冲突、认知冲突和感情冲突

目标冲突是由于双方的目标不一致、预期的结果不同所引起的冲突，组织内不同部门的工作侧重点不同，不同部门的员工发展目标也有区别，各自目标的差异导致在实现目标过程中不断产生分歧；利益冲突是由于组织内不同部门、群体、个体的利益诉求不完全一致甚至相互矛盾而导致的冲突；认知冲突是由于双方的教育背景、工作经验不同从而认识事物的角度完全不同而导致的冲突；感情冲突是由于双方在情绪上的相互抵触和对抗而导致的冲突。

2.2 根据范围分为人际冲突、群际冲突和组织间冲突

人际冲突发生在人与人之间，当他们的目标不同或利益不能协调时就可能产生冲突；群际冲突主要指部门之间的冲突，既包括同一层级的不同部门之间的横向冲突，也包括不同层级之间的纵向冲突；组织间冲突是指两个或两个以上的组织之间的冲突。

2.3 根据性质分为建设性冲突和破坏性冲突

建设性冲突对组织有益，会给组织带来正面的影响，如优化决策程序、改善沟通的效果、提高工作效率、增强竞争力等；破坏性冲突是指对组织有害的冲突，这一冲突的存在不仅导致员工之间互不信任、关系紧张、士气低落，而且使得企业的凝聚力下降、绩效下滑、内耗严重。

3. 冲突的管理

组织中的冲突有两重性——积极的一面和消极的一面。强度适宜的冲突可以刺激人们更努力地合作和创新。而冲突过多会影响合作和人际间的相互关系，冲突过少则可能导致自满、保守和固步自封。

3.1 冲突行为风格

面对冲突，不同的人会采取不同的行为。一个人面对冲突时的行为可通过合作性和武断性来描述。合作性是指个体满足其他人的需要和利害关系的愿望；武断性是指个体满足自己的需要和利害关系的愿望。由这两个方面可组合形成五种不同的冲突行为风格。

1）规避

不合作也不武断，否定冲突的存在，隐藏自己的真实感情。

2）迁就

合作而不武断，忽略差异，让他人的愿望占上风，在各方之间消除冲突以求和谐。

3）竞争

不合作而且武断，反对他人的愿望，进行输赢竞争，强制采用某种方案，使一方的愿望凌驾于另一方之上。

4）折中

中等程度的合作和武断，为了得到"可接受的"方案而讨价还价，使每一方都有得有失。

5）合作

既合作也武断，努力寻求能够满足各方需要的解决方案。

不同的冲突行为风格会导致完全不同的结果。规避或迁就通常会形成输—输冲突；没有

人能够实现其真正的需要，冲突潜在的原因并没有被消除，短期内的冲突似乎解决了或者消失了，但未来它仍然会再次发生。竞争或折中倾向于输—赢冲突：每一方都力图以他人的代价取胜，由于输赢冲突并不能消除冲突的根源，未来类似的冲突还可能发生。合作是相对而言最为有效的方式：可以协调潜在的差异，使问题的解决符合所有冲突各方的利益，是一种双赢冲突。

管理者常常需要花费大量的时间来处理组织内不同形式的冲突。管理者可以通过消除冲突产生的根源来彻底解决冲突，也可以先将冲突"压"下去，将冲突在一定的时期内控制起来。通常而言以下各种措施有利于解决组织中的冲突。

（1）追求更高的目标。

可使冲突双方将注意力集中于共同追求的目标上，为协调意见分歧提供一个共同的框架。

（2）扩大对各方的资源供应。

可解决由于对稀缺资源的竞争而引起的冲突。

（3）改变一个或更多的变量。

即将冲突各方中的一方或更多的人重新安置或者转移，可减少因为糟糕的人际关系而引起的冲突。

（4）改变报酬制度。

可以减少个人或者群体间为争取利益而产生的竞争。建立合作导向的报酬体系有助于鼓励团队精神，从而使冲突维持在建设性的限制之内。

（5）利用整合策略。

如联络渠道、特殊任务小组、跨职能团队等，可以改变沟通模式和协助解决冲突。

（6）加强培训。

以帮助人们在有冲突倾向的情况下更有效地沟通和工作。

冲突有可能影响组织绩效，当然组织有冲突的存在是自然现象，但冲突过大和过小都会影响到组织的运转与发展，如何在组织中形成较为适中的冲突就要清楚冲突与组织绩效之间的关系。美国人布朗曾对组织与绩效之间的关系展开过调查，他发现如果冲突水平太低组织改革与变化的困难就较大，冲突水平过高，又会给组织带来混乱的局面，甚至危及组织的生存。

（1）冲突水平为 A，即冲突很低或没有冲突的情况下，冲突的作用是破坏性的，组织里人们的关系充满冷漠和疏离，组织发展停滞不前，员工对工作缺乏热情与创意，对改革没有信心，工作绩效很低。

（2）冲突水平为 B，即冲突处于适中的情况下，冲突所起的作用是功能性的，组织能够进行持续的创新改革，同事之间关系相处和谐，工作绩效也很高。

（3）冲突水平为 C 时，冲突的作用是破坏性的。组织活动为无秩序，同事之间不合作，组织绩效也很低。以此看出在组织绩效管理中，冲突水平应维持在一定的程度，过低或没有会使整个组织的活动处于死水之中，在市场经济社会如果一个企业没有发展就会很快被淘汰。

如下表所示：

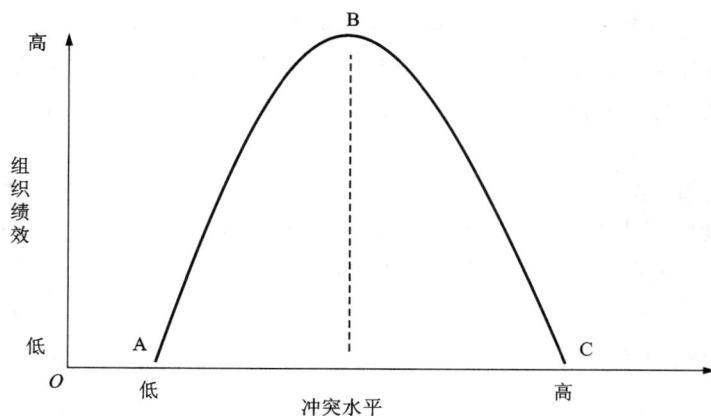

图4-9 组织绩效与冲突关系图

表4-4 冲突水平与组织绩效关系

情景	冲突水平	冲突类型	冲突属性	组织绩效
A	低或没有	破坏性	没有反应的 冷漠的	低
B	适量	建设性	有活力的 有创新的	高
C	高	破坏性	无秩序的 不合作的	低

4. 危机管控

有的冲突会酿成危机。例如消费者投诉引发危机、外媒报道引发企业危机、监管部门曝光引发危机等等。

在管控策略上应做到在第一时间作出反应。企业一定要抓住黄金24小时，在第一时间作出回应，快速组建危机处理小组，全权负责危机事件的处理工作，并主动向媒体说明情况。企业危机公关人员一定要明白，如果不希望媒体报道有所偏差，不希望媒体的聚焦报道产生乘数的影响力，最佳的办法就是立即回应，提供事实性的资讯。企业千万不要回避媒体问题，更不要沉默，积极预防可能的法律责任。如果企业负面事件中出现了人员伤亡和财产损失或公司存在重大的责任，企业危机公关人员应该马上通知保险公司和法律顾问，让他们迅速赶到现场，提供各种专业协助。

思考题

1. 什么是领导？领导都有哪些权力？
2. 有效的领导方式都有哪些特征？

190

3.关于领导方式的理论主要有哪些？各有特点？

4.什么是激励？激励存在的基础是什么？

5.什么是需求层次理论？对我们有什么启示？

6.什么是双因素理论？在组织中，如何鉴别激励因素和保健因素？

7.弗罗姆的期望概率理论对提高激励力有何借鉴？

8.什么是强化理论？在现实中如何运用？

9.激励的手段主要有哪些？在现实中如何有效的运用目标激励？

10.为什么说没有沟通就没有管理？

11.如何评价不同沟通方式的效能？

12.沟通中都存在哪些障碍？应如何克服？

13.组织冲突的存在原因有哪些？应如何化解？

第五章 控 制

【学习目标】

1. 掌握控制的含义，明确控制的必要性；
2. 掌握控制的类型；
3. 了解控制的过程和有效控制的基本要求；
4. 了解预算控制、财务比率分析、经营审计、生产控制等控制方法。

案例导入

蒙牛的牛奶技术含量

从前"风吹草低见牛羊"是一幅传统牧人放牧的悠闲景象，但今天，仅仅一包牛奶就要经过十多道工序和一百多项指标的检测。在人们关注牛奶的营养成分的同时，你可能不知道一些高、精科技已经运用到质量管理中。

牛奶工厂里的"数字化"。当牛奶进入工厂流程之后，便涉及入厂检验、均质闪蒸、无菌罐装、贮存、运输等多个环环相扣的细节，牛奶每天在蒙牛的生产线上源源不断地流动加工，同时也产生了大量的数据。而如何高效而准确的将这些数据运用在牛奶生产中呢？历时500多天的改造升级，蒙牛2015年实现了LIMS系统的全面应用，采用此系统后，检验人员只需扫描样品上的条形码，完成检验后，数据就会自动采集、传输到LIMS，并根据国家标准进行自动计算与判定。一个个数据"孤舟"通过LIMS连接在一起，由此变成了一艘强大的信息化"舰队"。蒙牛通过LIMS实现了近1300种检验方法的电子记录，93%的检测数据能自动采集并上传至LIMS系统。在蒙牛，LIMS系统和SAP体系的协同作业，为产业链业务信息化管理提高了效率和双重保障。例如在物料决策环节，当一批原奶或其他物料到厂，SAP系统就会立刻生成物流单号，并自动传输给LIMS系统执行规定的各项检测，随后LIMS系统会将检测合格报告回传给SAP系统，SAP系统才对物料放行，进入相应的下一步生产环节。由于LIMS的使用，质检和检验流程中的冗余步骤也大大简化，效率提升了五分之一。

除了奶源和生产，设备清洁也是影响乳品安全最直接的因素之一。听来简单，但具体操作时对温度、清洁剂浓度、冲刷力度的掌控却是个复杂的技术活。随着与法国达能的合作深入推进，蒙牛引进了达能公司升级的Neptune2.0技术，从Design(设计)、Installation(安装)、Operation(运行)、Modification(更改)四个阶段保障设备清洗效果合格。品质管控的终极目标是在出现问题之前就能事前预警，切断一切不安全的因素。蒙牛通过品控"前置"，大大提高了清洁系统的控制水平。

一个更远大的目标：打造"智慧型乳品工厂。2015年11月，蒙牛雅士利新西兰工厂以全球最先进的技术及完善的自动控制系统面世，完全自动化的生产，不但产品质量更加稳定可靠，生产效率也远高于国内水平，雅士利(新西兰)婴幼儿配方奶粉年产将达5.2万吨，为蒙牛品质管理全程智能化打造了一个参考样本。以国际化的品质标准背书,以技术创新为主要手段,蒙牛正在践行着"专注营养健康,每一天每一刻为更多人带来点滴幸福"的使命。

当人们自然的手捧一杯牛奶时,可能无法想像有无数的高端科技已融入其中。而以创新见长且不断突破自我的蒙牛,随着互联网的愈加成熟,正快速退去传统企业的外衣,朝"国际化+数字化"的发展方向不断迈进,"智慧型乳品工厂"的目标虽然远大,可蒙牛人却迈着稳健的步伐,逐步地实现着。

(根据网络资料整理)

控制是计划、组织、领导等管理职能的逻辑延续,是一项重要的管理职能。管理者必须依据组织内不同的目标和计划进行持续的监督和控制,以便在出现状况时会有相应的应对措施。控制在衡量计划完成情况、协调组织成员的行动、规范成员行为、确保工作进展与计划同步、规避风险、提高组织运营绩效、实现组织战略等方面发挥着重要作用,是每一位管理者必须具备的管理职能。

第一节 控制的定义

1. 控制的定义和必要性

不同的管理学家对于什么是控制给予了不同的理解。

法约尔指出:在一个企业中,控制就是核实所发生的每一件事是否符合所制订的计划、所发布的指示以及所确定的原则,其目的就是要指出计划实施过程中的缺点和错误,以便加以纠正和防止重犯。

海因茨·韦里克和哈罗德·孔茨提出:控制是对绩效进行衡量与矫正,以确保企业目标以及为实现目标所制定的计划能够得以完成,计划与控制密切相关。

斯蒂芬·P·罗宾斯提出:控制就是监控、比较和纠正工作绩效的过程。

托马斯·贝特曼(T. S. Bateman)和斯考特·斯奈尔(S. A. Snell)认为:控制就是采用正确的标准衡量计划的执行过程,目的是引导人们的行为,以达到组织的目标。

所以本书认为,控制是管理的一项基本职能,是管理者对组织的工作成效进行监督、衡量和评价,并检查组织是否按照既定的目标、计划、标准和方法运行,具体体现为发现偏差、分析原因、采取措施、纠正偏差,从而确保组织目标的实现的管理活动过程。

从控制的定义中可以看出控制在管理活动中表现为如下几个特点:

(1)控制是计划职能的逻辑延续。计划并不意味着组织能够自动执行,还需要具体的纠偏措施来保证实际工作与计划一致。

(2)控制是通过"监督"和"纠偏"来实现的。

(3)控制是一个管理活动过程,是动态的活动过程。

之所以要进行控制是因为计划在执行过程中总会出现一定的偏差。正如亨利·西斯克(H. L. Sisk)所指出:"如果计划从来不需要修改,而且在一个全能的领导人指导之下,由一个完全均衡的组织完美无缺地来执行,那就没有控制的必要了。"因此,控制是必要的,是保证组织计划与实际运作动态相适应的管理职能。具体地说三个因素决定了控制的必要性。

（1）外部环境的变化。组织外部环境是在不断的发生变化的，从而影响到已定的计划和目标。为了适应变化的环境，为了计划的有效执行，组织必须有一个有效的控制系统，来根据变化的环境采取相应的对策。

（2）管理权力的分散。任何组织的管理权限都制度化或者非制度化地分布在各个管理部门和层次。组织分权程度越高，控制就越有必要。

（3）组织成员工作能力的差异。由于不同组织成员的认识能力和工作能力客观上存在着差异，因此从这个角度来说控制也是非常必要的。

2.控制的类型

控制工作按不同标准分类，可以划分为不同的类型。

组织内的所有活动都可以被认为是将各种资源由投入到转换加工再到输出的过程。根据控制在组织运行过程中侧重点的不同，将控制集中到这三个阶段，便形成了三种基本的控制类型。按控制的时效划分它们分别是前馈控制（feedforward control）、同期控制（concurrent control）和反馈控制（feedback control）。

1）前馈控制

前馈控制又称为事前控制、预先控制，它是在工作开始之前实施控制。即主管人员运用最新信息，包括上一控制循环中的经验教训，对可能出现的结果进行预测，然后将其与计划要求进行比较，从而在必要时调整计划或控制影响因素以确保目标的实现。典型的前馈控制，如入学考试、管理人员的选拔和进厂材料的检查和验收等。

前馈控制有其优点：首先，前馈控制是在工作开始之前进行的控制，因而可防患于未然，避免了事后控制对于已铸成的差错无能为力的弊端；其次，前馈控制是针对某项计划行动所依赖的条件进行的控制，不针对具体人员，不会造成心理冲突，易于被员工接受并付诸实施。但是，要实施前馈控制，需要满足很多的前提条件。它要求管理者拥有大量准确可靠的信息，对计划行动过程有清楚的了解，懂得计划行动本身的客观规律性并要随着行动的进展及时了解新情况和新问题，否则就无法实施前馈控制。由于前馈控制所需要的信息常常难以获得，例如人力资源的前馈控制，资金的前馈控制，原材料的前馈控制，财政资源的前馈控制等。

2）同期控制

同期控制又称为事中控制、过程控制、同步控制或现场控制，它是一种在工作进行之中进行的控制。其特点是在工作进行之中，对偏差随时纠正。同期控制的目的是改进本次活动如生产制造活动的生产进度控制等。

同期控制是一种基层主管人员所常采用的控制工作方法，例如管理人员通过深入现场来亲自监督检查、指导和控制下属的活动。在同期控制中，控制工作的有效性取决于主管人员的个人素质、个人作风、指导的表达能力以及下属对这些指导的理解程度。

同期控制也有缺点：首先，这种控制方法容易受管理者的时间、精力、业务水平的制约。管理者不能时时事事都进行同期控制，只能偶尔使用或在关键项目上使用。其次，同期控制的应用范围较窄。对生产工作容易进行同期控制，而对那些问题难以辨别、成果难以衡量的工作，如科研、管理工作等，几乎无法进行同期控制。最后，同期控制容易在控制者与被控制者之间形成心理上的对立，容易损害被控制者的工作积极性和主动性。

3）反馈控制

反馈控制又称为事后控制、后果控制，它是在工作结束或行为发生之后进行的控制。反馈控制是管理控制工作最传统也是最主要的方式。反馈控制是纠正式的，它的控制作用发生在行动之后，将注意力集中于组织活动的历史结果方面，即通过分析工作的执行结果，将其与控制标准比较，发现已经发生或即将出现的偏差，分析其原因和对未来的可能影响，及时拟定纠正措施并予以实施，以防止偏差继续发展或防止其今后再次发生。如发现产品销路不畅而减产、转产，学校对违纪学生进行处理，对成品进行质量检验等，都属反馈控制。

反馈控制是在整个活动已告结束，活动中出现的偏差已在系统内部造成损害。但是在实践中的有些情况下，事后控制又是唯一可选择的控制类型。事后控制能为管理者评价计划的制订与执行提供有用的信息，人们可以借助事后控制认识组织活动的特点及其规律，为进一步实施前馈控制和同期控制创造条件，实现控制工作的良性循环，并在不断的循环过程中，提高控制效果。

概括地讲，前馈控制是指组织活动开始之前进行的控制，其目的是防止问题的发生而不是当问题出现时再补救。同期控制是指组织活动开始以后，对活动中的人和事进行指导和监督。反馈控制是指在同一个时期的组织活动已经结束以后，对本期的资源利用情况及其结果进行总结。应注意的是，这三类活动是在组织的不同层次、工作进行的不同阶段穿插进行的，可以说，只要组织开展活动、工作，就会有上述三类活动的发生。

3. 管理控制系统的基础

是指构成管理行为的计划、策略及奖惩的组合。管理控制系统是指一种管理过程中所形成的权责结构，这种权责结构相应地表现为一定的决策结构、领导结构和信息结构。管理控制系统是管理会计的一个重要组成部分，在管理者的日常管理和战略管理中占据极其重要的地位。管理控制系统都是以某种形式的财务衡量指标为基础。一个特定的财务目标能够说明经理人所面对的议题与决策事项，例如说增加销售量或是利润，不论最后的结果是否令人满意。财务责任共分四大类型，每一个类型都有自己的一套目标：

（1）成本中心（cost center）：公司在此活动区域可直接衡量直接成本（direct cost）以及该分配到多少比例的公司总固定成本（fixed cost）。例如说工厂生产部门会定出直接原料与劳工的标准成本（standard costs），管理者的目标是要降低实际成本与标准成本之间的差异。

（2）利润中心（profit center）：此处是为了管理与财务控管的目的而被视为独立的单位。利润中心的经理人要负责创造出最佳的成本与收入（revenue）之可能组合，目标是获得最大利。在管理控制系统中，获利的衡量方式有许多种。举例来说，某产品线的销售经理人要负责的是毛利（gross profit），而同部门的行销（marketing）经理人所要负责的获利数字可能要包括该减去的推广费用与工厂之间接费用（overhead）。

（3）收入中心（revenue center）：此处对价格或成本并无任何控制权。销售部门一般来说就是一个收入中心，部门经理的目标可能是要在不超过费用预算的情况下扩大收入范围。

（4）投资中心（investment center）：公司中此处的经理人负责采购为公司所用的各种资产（asset）。投资中心的经理人必须平衡目前获利的需求以及能增加未来利润的投资之需求。一般来说他们的目标是使公司的投资报酬率（ROI）最大化。

4. 管理控制系统的框架

借鉴国内外先进经验及以上观点，并结合目前经济环境和企业内控现状，管理控制系统框架一般应由制度控制系统、文化控制系统、预算控制系统、绩效考评控制系统、激励控制系统、风险防范控制系统等 6 个子系统构成。

(1)制度控制系统。制度规范是组织管理过程中借以约束全体组织成员行为，确定办事方法，规定工作程序的各种规章、条例、守则、标准等的总称。制度控制是以制度规范为基本手段协调企业组织集体协作行为的内部控制机制。一般包括制度的制定、执行和考核。

(2)文化控制系统。企业文化是在一定社会历史条件下，企业在物质生产过程中形成的具有本企业特色的经营管理方式、文化观念、文化形式和行为模式，以价值量和时间量为标准。

(3)绩效考评控制系统。绩效考评控制是指企业通过考核评价的形式规范企业各级管理者及员工的经济目标和经济行为。它强调的是控制目标而不是控制过程，只要各级管理目标实现，则企业战略目标就得以实现。绩效考评系统主要包括考评指标和考评程序的制定、考评方法的选择、考评结果的分析和纠正偏差与奖励措施等关键环节。

(4)激励控制系统。激励控制是指企业通过激励的方式控制管理者及员工的行为，使管理者及员工的行为与企业目标相协调。激励控制强调的是通过激励调动管理者及员工的积极性和创造性。激励控制包括激励方式的选择、激励中的约束和业绩评价等事项。

(5)预算控制系统。预算控制系统的突出特点是通过量化标准使管理者及员工明确自身目标，实现企业总体目标与个人目标紧密衔接。预算控制突出过程控制，可在预算执行过程中及时发现问题、纠正偏差，保证目标任务的完成。

(6)风险防范控制系统。企业在现代市场经济环境下，会不可避免地遇到各种风险，风险防范控制应成为企业内部管理控制系统中的重要组成部分。企业的风险防范控制系统一般应包括风险预警与辨识系统、风险评估系统和风险预防系统。

5. 管理控制系统的关键

公平性与目标的整合性对建立管理控制系统具有关键重要性。公平性乃是要求每一位经理人的财务目标要能精确地测定表现的好坏，此外，在排除了所有无法控制的因素后，剩余的所有能够掌控的要素都要考虑进去。目标的整合性是借由整合公司中各种不同的管理控制系统达成公司整体的目标与策略，以避免让经理人从事跨目的工作。

6. 管理控制系统存在的问题及策略

随着全球经济一体化进程的加快，企业在激烈的市场竞争环境下面临的不确定性越来越大。企业为了生存和发展纷纷加强了自身内部的有效管理，重视由外向内的反馈管理，因此，迫切需要建立一个有效的内部管理控制系统，以保证企业战略目标的实现。目前，企业内部管理存在的问题：①战略管理不科学；②全面预算管理体系不完善；③业绩评价体系欠缺客观准确；④激励和约束机制有失公平。

以上问题，都有待于企业战略管理水平的提高和控制系统的加强。针对企业内部管理的现状，要建立有效的管理控制系统，应努力做好以下四方面的工作：

（1）重视制定战略计划。为应对严峻的行业竞争环境，企业应因地制宜地制定合理的战略计划。在制定过程中，应把握以下两条原则：第一，业务发展层面应该首先拓展和守卫核心业务层，以其创造的现金去培养新兴业务层，最终转换为有生命力的候选业务层。第二，盈利获得的顺序应该是主要通过核心业务来获得利润，并在此基础上开发其他新业务。

（2）实施有效的预算管理。第一，强调预算编制的全员参与性，即在预算的制定过程中，预算人员为他们的责任中心编制预算的初稿，高层管理者复查和评价预算提案，并根据企业总目标进行综合平衡，统筹考虑，实现全员参与。第二，做好资本支出的预算，应针对新项目的投资决策，采用科学的经济评价方法，做好与战略计划紧密相关的资本支出预算工作。第三，强调预算指标的全面性，应包括财务指标、非财务指标，甚至是定性的描述，从而全面准确地描述战略实施的要求，并对管理人员的工作业绩及努力程度进行较全面的评价。第四，尝试选用弹性预算。管理者利用实际结果、总预算和弹性预算进行比较，一方面可以评价组织业绩，寻找偏离预算的原因；另一方面也有利于实现比计划更能达到组织目标的行为。

（3）正确进行行业绩评价。以年度预算为标准进行比较的业绩评价可以为分部管理人员的调配、提升、奖励等决策提供有力的支持，具有激励约束的功能，以资本预算为标准的业绩评价可以不断提高企业预测的准确性，从而起到项目再评估的作用，并且为战略经营单位进行战略分析提供依据，及时纠正偏差；以竞争对手的有关指标为企业业绩评价的标准，可以使企业认清自己的竞争优势，有利于对企业战略的准确分析及资源的合理配置，有利于企业集团核心竞争力的培养。

（4）建立公平的激励与约束机制。激励与约束机制的建立是企业管理控制系统得以有效运行的重点之一。在建立激励与约束机制之前，应充分了解管理者的需求特征。

案例导入

生产瓜子的关键工序质量控制点

1.原料清理：检查工作区域是否干净，保持前处理车间清洁，整齐。用筛选机筛选，使千粒重达到170克，严格控制发生霉变的原料进入生产，将选好的瓜子提升在储料箱中备用。进入吊篮内的瓜子应清洗干净，严禁交叉污染。

2.配料：每吊篮瓜子400千克，盐45千克，糖精钠0.2千克，甜蜜素1.5千克，香精0.5千克。炒制瓜子每锅50千克。

3.蒸煮：将吊篮放入煮锅内，蒸煮一小时，即可出锅，将煮好的瓜子吊入烘干池进行烘干。

4.烘干：烘干温度不得超过90℃。

5.炒制：将炒制的瓜子放入原味机内，炒制温度不得超过200℃，待瓜子仁呈牙黄色时降温，待温度降至常温时，即可出锅包装。

6.包装：包装车间使用前后彻底清洗，消毒。包装人员洗手更衣，进行消毒后再进入包装车间，将蒸煮和烘炒好的瓜子用包装机包装，用电子称进行计量称重，灌装后用封口机封口，打码，张贴标识。

7.仓储：成品入库堆放整齐，离地离墙存放，并遵循先进先出的原则，坚决杜绝过期产品出库。做好防鼠、防潮、防火设施。

第二节 控制的过程和要求

1. 控制的基本过程

控制过程包括四个基本步骤：确立标准、衡量绩效、将绩效与标准进行比较并寻找差异、纠正偏差。控制标准、衡量成效、比较并寻找差异和纠正偏差是控制工作的四项基本要素，它们相互关联，相互依存，缺一不可。

1）确立标准

控制标准是预定的工作标准和计划标准，它是检查和衡量实际工作的依据和尺度。如果没有控制标准，衡量实际工作便失去了根据，控制工作便无法进行。控制始于工作标准的建立。从逻辑上讲，控制过程的第一步是制订计划，制订标准是进行控制的基础。绩效标准的设定可以是关于数量、质量、时间、成本等方面的定量指标，也可以是定性的指标，但指标一定要具体、可操作、具有挑战性和具有典型性。

2）衡量绩效

衡量绩效就是按照标准去衡量工作实绩达到标准的程度，其实也是控制中信息反馈的过程。了解和掌握实际绩效信息，是控制工作的重要环节。如果没有或无法得到这方面的信息，那么控制活动便无法继续开展。

衡量绩效时要明确两个问题：如何进行测量和测量什么？测量可以采用个人观察、统计报告、口头汇报、书面报告等方法。个人观察对工作活动的关注度高，可以获得第一手资料，信息没有过滤，比较真实，但容易受到个人偏见的影响且往往比较耗时。统计报告能有效地显示数据之间的关系，但提供的信息往往被过滤过，且提供的信息有限。口头汇报可以提供语言和非语言的反馈，但信息不能存档。书面报告较正式、容易存档和查找，但往往需要更多时间来准备。对控制过程来讲，测量什么可能比如何测量更为重要。因为测量什么往往是导向，会引导和决定组织成员将会做什么以及管理者将会采用什么控制标准。

管理者在衡量绩效的过程中应注意：

（1）确定适宜的衡量频度。正如我们将在有效控制的要求中分析的，控制过多或不足都会影响控制的有效性。以什么样的频度，在什么时候对某种活动的绩效进行衡量，取决于被控制活动的性质。

（2）建立信息反馈系统。应该建立有效的信息反馈网络，使反映实际工作情况的信息及时地传递给适当的管理人员，使之能与预定标准相比较，及时发现问题。这个网络还应能及时将偏差信息传递给与被控制活动有关的部门和个人，以使他们及时知道组织的工作状况。建立这样的信息反馈网络，不仅更有利于保证预定计划的实施而且能防止基层工作人员把衡量和控制视作上级检查工作、进行惩罚的手段，从而避免产生抵触的情绪。

3）将绩效与标准比较并寻找偏差

偏差信息是实际工作情况或结果与控制标准或计划要求之间产生偏离的信息。控制的第三步就是将绩效与标准进行比较，寻找偏差信息。在控制中应坚持管理的例外原则，通过集中对例外或对期望的结果与标准的重大偏离的管理来加强控制。在例外原则下，只需要对例外的情况进行格外关注,而不需要关心那些与标准相同或非常接近的情况,这可以节省很多时间和精力。

4)纠正偏差

纠正偏差,就是采取矫正措施,根据偏差信息,做出调整决策,并付诸实施。因此,根据实际情况和需求,来矫正实际工作,或修正计划或标准,是管理控制的关键环节。

为了保证纠偏措施的针对性和有效性,必须在制定和实施纠偏措施的过程中注意以下几个问题:

(1)找出偏差产生的主要原因。并非所有的偏差都可能影响企业的最终成果。因此,在采取任何纠偏措施以前,必须首先对反映偏差的信息进行评估和分析。首先,要判断偏差的严重程度,并不是只要有偏差就需要控制,只有偏差超出了一定范围,才需要采取控制措施;其次,要找到导致偏差产生的主要原因。

(2)确定纠偏措施的实施对象。需要纠正的可能是组织的实际活动,也可能是这些活动的计划或衡量这些活动的标准。预定计划或标准的调整是由两种原因决定的:一是原先的计划或标准制定得不科学,在执行中发现了问题;二是原来正确的标准和计划,由于客观环境发生了预料不到的变化,不再适应新形势的需要。

(3)选择恰当的纠偏措施。针对产生偏差的主要原因制定相应的纠偏措施。纠偏措施的选择和实施要使纠偏方案双重优化。一重优化是纠偏的收益要大于纠偏的成本。纠偏措施,其实施效果要优于不采取任何行动,使偏差任其发展可能给组织造成的损失,如果行动的费用超过偏差带来的损失的话,最好的方案就是不采取任何行动。第二重优化是在此基础上,通过对各种经济可行方案的比较,找出其中追加投入最少、解决偏差效果最好的方案来供组织实施。

2.有效控制的基本要求

有效地控制应满足以下几个基本要求。

(1)关键控制。关键控制就是坚持关键控制点原则,关键控制点,是经营活动中的限制因素,或者是优于与计划相关其他因素的更有用的指标。这个原则要求在实施有效控制时,必须关注那些按照计划评价绩效的关键因素。因为对于复杂的经营活动,主管人员不可能事事都亲自观察,因而必须选出一些关键控制点,加以特别的注意。有了这些关键点给出的各种信息,各级管理人员可以不必详细了解计划的每一细节,就能保证整个组织计划的贯彻执行。

(2)例外控制。管理者越是只注意一些重要的例外偏差,也就是说,越是把控制的主要注意力集中在那些超出一般情况的特别好或特别坏的情况上,控制工作的效能和效率就越高。在实际运用中,必须把例外原则同控制关键点原则结合起来,不仅要善于寻找关键点,而且在找出关键点之后,要善于把主要精力集中在对关键点例外情况的控制上。

(3)及时控制。组织活动中产生的偏差只有及时采取措施加以纠正,才能避免偏差的扩大,或防止偏差对组织不利影响的扩散。及时纠偏,要求管理人员及时掌握能够反映偏差产生及其严重程度的信息,这时建立预警系统来预测偏差非常重要。

(4)适度控制。适度控制是指控制的范围、程度和频度要恰到好处。控制要做到恰到好处,应注意防止控制过多或控制不足;应处理好全面控制与重点控制的关系;应使控制成本低于得到的控制收益。

（5）客观控制。管理必然带有许多主观成分，但对下属工作的好坏不应加以主观评价，有效的控制必须是客观的，符合组织实际的。控制工作应该针对组织的实际状况，采取必要的纠偏措施，或促进组织活动沿着原先的轨道继续前进，而客观的控制源于对组织活动状况及其变化的客观了解和评价。

（6）弹性控制。弹性控制要求组织制定弹性的计划和弹性的衡量标准。组织在活动过程中经常可能遇到某种突发的、无力抗拒的变化，这些变化使组织计划与现实条件严重背离。有效的控制系统应在这样的情况下仍能发挥作用，维持组织的运营，也就是说，控制应该具有灵活性或弹性。

第三节　控制方法

控制的目的并不是找出偏差采取矫正措施，在偏差发生之前，采用各种控制手段和方法来避免或减少偏差的发生才是控制者追求的目标，因为控制的最终目的是保证组织目标的实现。

控制方法是指控制过程中所使用的具体控制方法和手段，管理工作有非常丰富的内容，对不同的方面有着不同的控制方法，本章介绍几个相关的方法，例如预算控制、财务比率分析、经营审计、生产控制等。

1. 预算控制

1.1　预算和预算控制的概念

预算是管理控制中最基本、运用最广泛的方法。所谓预算，就是用数字，特别是用财务数字的形式来描述组织未来的活动计划，它预估了组织在未来时期的经营收入或现金流量，同时也为各个部门规定了在资金、劳动、材料、能源等方面的支出不能超过的额度。

首先，预算是一种计划，因此编制预算的工作是一种计划工作。预算应包括三个方面内容：①为实现计划目标的各种管理工作的收入与支出各是多少；②为什么必须收入（或者产出）这么多数量，以及为什么需要支出这么多数量；③什么时候实现收入以及什么时候支出，必须使得收入与支出取得平衡。

其次，预算是一种预测，它是对未来一段时期内的收支情况的预计，还涉及有计划地巧妙处理所有的变量，这些变量决定着公司未来努力达到某一有利地位的绩效。如果每个系统的要求都要根据公司的目标进行平衡，则必须采用一种协调的方式制订一个一致同意的计划。在预算计划阶段，每一个经理都应当考虑其所在部门与其他部门以及作为一个整体的公司之间的关系。这种做法将趋于减少部门之间的偏见，减少部门王国的出现，以及减少组织机构中相互隔离的缺点和突出的沟通问题。

最后，预算也是一种控制手段。预算控制就是根据预算规定的收入与支出标准来检查和监督各个部门的生产经营活动，以保证各种活动或各个部门在充分达成既定目标、实现利润的过程中对经营资源的有效利用，从而使费用支出受到严格有效的约束。

综上所述，预算的编制与执行始终是与控制过程联系在一起的，编制预算实际上就是控制过程的第一步，是为组织的各项活动确立标准。由于预算是以数量化的方式来表明管理工作的标准，其本身就具有可考核性，因而有利于根据标准来评定工作成效，找出偏差，并采取纠正措施以消除偏差。

编制预算能使确定目标和拟定标准的计划工作得到改进，预算的最大价值在于它对改进协调和控制的贡献。当为组织的各个职能部门都编制了预算时，就为协调组织的活动提供了基础。同时，由于对预期结果的偏离将更容易被评定，预算也为控制工作中的纠正措施奠定了基础。所以，预算可以使组织更好地对工作进行计划和协调，并为控制提供基础。

1.2　预算种类

预算在形式上是一整套预计的财务报表和其他附表，按其所反映的组织活动内容的不同，预算可以分为经营预算、投资预算和财务预算三大类。

1）经营预算

经营预算是指组织日常发生的各项活动的预算，主要包括销售预算、生产预算、直接材料采购预算、直接人工预算、制造费用预算、单位生产成本预算、推销及管理费用预算等。销售预算是最基本和最关键的经营预算，它是销售预测正式的、详细的说明，是预算控制的基础。生产预算是根据销售预算中的预计销售量，按产品品种、数量分别编制的。生产预算编好后，还应根据分季度的预计销售量，经过对生产能力的平衡排出分季度的生产进度日程表，或称为生产计划大纲。在生产预算和生产进度日程表的基础上，可以编制直接材料采购预算、直接人工预算和制造费用预算。推销及管理费用预算，包括制造业务范围以外预计发生的各种费用的明细项目，如销售费用、广告费、运输费等。

2）投资预算

投资预算是对企业的固定资产的购置、扩建、改造、更新等，在可行性研究的基础上编制的预算。它具体反映在何时进行投资、投资多少、资金从何处取得、何时可获得收益、每年的现金流量为多少、需要多长时间回收全部投资等。由于投资的资金来源往往是企业的限定因素之一，而对厂房和设备等固定资产的投资又往往需要很长时间才能回收，因此，投资预算应当力求和企业的战略以及长期计划紧密联系在一起。

3）财务预算

财务预算是指企业在计划期内反映有关预计现金收支、财务状况和经营成果的预算。财务预算作为全面预算体系的最后环节，它是从价值方面总括地反映企业经营预算与投资预算的结果，也就是说，业务预算和专门决策预算中的资料都可以用货币金额反映在财务预算内，这样一来，财务预算就成为了各项经营预算和投资预算的整体计划，故亦称为总预算，其他预算则相应称为辅助预算或分预算。显然，财务预算在全面预算中占有举足轻重的地位。它主要包括现金预算、预计损益表和预计资产负债表。

现金预算主要反映计划期间预计的现金收支的详细情况。在完成了现金预算后，就可以知道组织在计划期间需要多少资金，财务主管人员就可以预先安排和筹措，以满足资金的需求。为了有计划地安排和筹措资金，现金预算的编制期应越短越好。我国最常见的是按季和按月进行编制。预计损益表（或称预计利润表）是用来综合反映组织在计划期生产经营的财务情况，并作为预计企业经营活动最终成果的重要依据，是组织财务预算中最主要的预算表之一。预计资产负债表主要用来反映组织在计划期末特定时点预计的财务状况。它的编制需以计划期间开始日的资产负债表为基础，然后根据计划期各项预算的有关资料进行必要的调整。

1.3 预算方法

预算可以根据不同的预算项目，分别采用相应方法进行编制。主要方法有：

1）固定预算

固定预算又称静态预算，是根据预算期内正常的、可实现的某一业务量水平为基础来编制的预算。

其特点是用这个方法做出来的预算，算多少是多少，一般情况金额都不变。所以，适用于固定费用或者数额比较稳定的预算项目。

2）弹性预算

弹性预算在按照成本（费用）习惯性分类的基础上，根据量、本、利之间的依存关系，考虑到计划期间内业务量可能发生变动，编制出一套适应多种业务量的费用预算。

其特点是为了反映的是不同的业务情况下所应支付的费用水平，它是为了弥补固定预算的缺陷而产生的。

固定预算与弹性预算在应用中要注意以下几个方面：

（1）确定固定成本（费用）与变动成本（费用）项目。

这些项目的确定，应该根据实际业务情况进行划分，如果财务部门负责人不能确定，应采纳其他部门负责人的意见。

（2）选择编制方法。

对于固定性成本（费用）采用固定预算编制方法；

对于变动性成本（费用）采用弹性预算编制方法。

（3）预算中的固定成本（费用）与变动成本（费用）合计，即为预算总金额。

企业不同，固定成本（费用）与变动成本（费用）划分的标准和方式也不一样的，应根据企业的实际情况确定，否则，编制出来的预算会与实际会有很大的差异。

对于公司的管理者，其对于企业日常发生费用性质的界定，是考核其对业务管理能力的一个重要指标。

3）增量预算

增量预算法是指以基期成本费用水平为基础，结合预算期业务量水平及有关降低成本的措施，通过调整有关费用项目而编制预算的方法。增量预算法以过去的费用发生水平为基础，主张无需在预算内容上作较大的调整，增量预算法的假设是企业现有业务活动是合理的，不需要进行调整；企业现有各项业务的开支水平是合理的，在预算期予以保持；以现有业务活动和各项活动的开支水平，确定预算期各项活动的预算数。

增量预算法的缺点是可能导致无效费用开支项目无法得到有效控制，因为不加分析地保留或接受原有的成本费用项目，可能使原来不合理的费用继续开支而得不到控制，形成不必要开支合理化，造成预算上的浪费。

4）零基预算

1970年，美国得克萨斯仪器公司的彼德·A·菲尔提出了"零基预算法"的概念。零基预算法的全称为"以零为基础的编制计划和预算的方法"，零基预算与传统的增量或减量预算法不同，其基本原理是对任何一个预算期，任何一种项目费用的开支，都不是从原有的基数出发，即根本不考虑各项目基期的费用开支情况，而是一切都以零为基础。简单地讲就是一切从零开始，不考虑以前发生的费用项目和其金额。从实际需要逐项审议预算期内各项费用的内容及开支标准是否合理，在综合平衡的基础上编制费用预算。

零基预算法的编制程序：

第一，企业内部各级部门的员工，根据企业的生产经营目标，详细讨论计划期内应该发生的费用项目，并对每一费用项目编写一套方案，提出费用开支的目的以及需要开支的费用数额。

第二，划分不可避免费用项目和可避免费用项目。在编制预算时，对不可避免费用项目必须保证资金供应；对可避免费用项目，则需要逐项进行成本与效益分析，尽量控制可避免项目纳入预算当中。

第三，划分不可延缓费用项目和可延缓费用项目。在编制预算时，应把预算期内可供支配的资金在各费用项目之间分配。应优先安排不可延缓费用项目的支出。然后再根据需要按照费用项目的轻重缓急确定可延缓项目的开支。

由于零基预算是以零为起点来观察分析一切生产经营活动、制定费用项目预算的，因而其编制工作量较大。但由于这种预算不受现行预算的束缚，所以能调动起各级管理者的积极性和创造性，促使他们精打细算、量力而行，合理使用资金，提高资金使用效果。

零基预算的优点是：

(1)合理、有效地进行资源分配；

(2)有助于企业内部的沟通、协调，激励各基层单位参与预算的积极性和主动性；

(3)目标明确，可区别方案的轻重缓急；

(4)有助于提高管理人员的投入产出意识；

(5)特别适用于产出较难辨认的服务性部门，克服资金浪费的缺点。

零基预算的缺点是：

(1)业绩差的经理人员会认为零基预算是对他的一种威胁，因此拒绝接受；

(2)工作量较大，费用较昂贵；

(3)评级和资源分配具有主观性，易于引起部门间的矛盾；

(4)易于引起人们注重短期利益而忽视企业长期利益。

5)定期预算与滚动预算

定期预算是以不变的会计期间作为预算期。多数情况下该期间为一年，并与会计期间相对应。

滚动预算是指在编制预算时，将预算期与会计期间脱离，随着预算的执行不断的补充预算，逐期向后滚动，使预算期间始终保持在一个固定的长度(一般为12个月)。

滚动预算的缺点是：

(1)预算期较长，因而难于预测未来预算期的某些活动，从而给预算的执行带来种种困难；

(2)事先预见到的某些活动，在预算执行过程中往往会有所变动，而原有预算却未能及时调整，从而使原有预算显得不相适应；

(3)受预算期的限制，管理人员的决策视野局限于剩余的预算期间的活动，缺乏长远的打算，不利于企业的长期稳定有序发展。

滚动预算的优点是能使企业管理当局对未来一年的经营活动进行持续不断的计划，并在预算中经常保持一个稳定的视野，而不至于等到原有预算执行快结束时，仓促编制新预算，从而有利于保证企业的经营管理工作能稳定而有序地进行。

2. 财务比率分析

财务比率分析是指将财务报表中的相关项目进行对比,以此来揭示企业财务状况的一种方法。单个地去考虑反映经营成果的某个数据,往往不能说明任何问题,只有根据它们之间的内在关系,相互对照分析才能说明某个问题。比率分析就是以同一期财务报表上若干重要项目的相关数据相互比较,求出比率,用以分析和评价公司的经营活动以及公司目前和历史状况的一种方法,是财务分析最基本的工具。常用的财务比率有流动比率、速动比率、资产负债率、营业利润率、成本费用利润率、净资产收益率、存货周转率和存货周转期、应收账款周转率和应收账款周转期、资本积累率等指标。

2.1　流动比率

流动比率是流动资产与流动负债的比值,是衡量企业短期偿债能力的核心比率。用公式表达如下:

$$流动比率 = 流动资产/流动负债$$

流动比率越高,企业的短期偿债能力越强,短期债权人利益的安全程度也越高。但流动比率过高,又会导致流动资产的闲置,进而影响其盈利能力。

2.2　速动比率

速动比率又称酸性试验比率,是速动资产与流动负债的比值,用来衡量企业流动资产中可以立即变现偿付流动负债的能力。速动资产是流动资产和存货之差,是指可以在短时间内变现的资产,包括货币资金、交易性金融资产和各种应收、预付款项等;而存货、待摊费用、一年内到期的非流动资产和其他流动资产等为非速动资产。由于流动资产中存货的变现能力是最差的,因此在分析企业短期偿债能力时就有必要计算剔除存货后的流动比率,这就是速动比率。该比率和流动比率一样是衡量企业资产流动性的一个指标。当企业有大量存货且这些存货周转率低时,速动比率比流动比率更能精确地反映客观情况。用公式表达如下:

$$速动比率 = 速动资产/流动负债$$

$$速动资产 = 货币资金 + 交易性金融资产 + 应收票据 + 应收账款 + 其他应收款$$

$$= 流动资产 - 存货 - 预付账款$$

2.3　资产负债率

资产负债率也称为负债比率,是企业负债总额与资产总额之比。反映总资产中有多大比例是通过负债取得的,可以表明企业清算时资产对债权人权益的保障程度,是衡量企业长期偿债能力的分析指标。用公式表达如下:

$$资产负债率 = 负债总额/资产总额$$

上述三个比率及其分析可以帮助我们了解企业的偿债能力等财务状况,是评价企业偿债能力的指标。

2.4　营业利润率

营业利润率是净利润与销售收入(或营业收入)的百分比。是评价企业盈利能力的主要指标。营业利润率越高,表明企业通过日常经营活动获得收益的能力越强。

用公式表达如下:

$$营业利润率 = 营业利润/营业收入 \times 100\%$$

2.5　成本费用利润率

成本费用利润率是企业一定期间的利润总额与成本费用总额的比率，反映了企业在当期发生的所有成本费用所带来的收益的能力，该指标越高，表明企业为取得利润而付出的代价越小，成本费用控制得越好，盈利能力越强。

$$成本费用利润率 = 利润总额/成本费用总额 \times 100\%$$

成本费用总额包括主营业务成本、主营业务税金及附加、营业费用、管理费用、财务费用。

2.6　净资产收益率

净资产收益率是企业一定时期净利润与平均净资产的比率。

$$净资产收益率 = 净利润/平均净资产 \times 100\%$$
$$平均净资产 = (期初净资产 + 期末净资产)/2$$

净资产收益率是评价企业自有资本及其积累获取报酬水平的最具综合性与代表性的指标，反映企业资本运营的综合效益。一般认为，净资产收益率越高，企业自有资本获取收益的能力就越强，运营效益越好，对企业投资者和债权人的保证程度越高。

以上三个比率是评价企业盈利能力的指标，反映了企业利润与销售额或全部资金等相关因素的比例关系，即反映了企业在一定时期从事某种经营活动的盈利程度及其变化情况。

2.7　存货周转率和存货周转期

存货周转率是销货成本与平均存货余额的比例关系，它能反映库存数量是否合理，能表明投入库存的流动资金的使用情况。在流动资产中，存货所占的比重较大，存货的变现能力将直接影响企业资产的利用效率，因此，必须特别重视对存货的分析。存货的变现能力一般用存货的周转率来反映。存货周转率是衡量和评价企业购入存货、投入生产、销售收回等各环节管理状况的综合性指标，具体包括存货周转次数和存货周转天数。存货周转次数是销售成本与平均存货余额的比值；存货周转天数是用时间表示的存货周转率指标。

（1）存货周转率。存货周转率是企业一定时期内营业成本（或销售成本）与存货平均余额的比率，是反映企业销售能力和存货周转速度的一个指标，也是衡量企业生产经营各环节中存货运营效率的一个综合性指标。

$$存货周转率（周转次数） = 营业成本/存货平均余额$$
$$存货平均余额 = (存货余额年初数 + 存货余额年末数) \div 2$$

（2）存货周转期。存货周转期是反映存货周转情况的另一个重要指标，它是计算期天数与存货周转率之比。

$$存货周转天数 = 360/存货周转率 = (存货平均余额 \times 360)/营业成本$$

一般来说，存货周转率越高，表明存货周转速度越快，存货变现能力越强，资金占用水平越低，但该指标过高可能存在如下问题：存货水平太低；采购过于频繁，批量太小；可能出现停工待料等现象。

2.8　应收账款周转率和应收账款周转期

（1）应收账款周转率是企业一定时期内主营业务收入净额同应收账款平均余额的比率。应收账款周转率就是反映公司应收账款周转速度的比率，它说明一定期间内公司应收账款转为现金的平均次数。一般而言，应收账款周转率越高越好，表明公司收账速度快，平均收账期短，坏账损失少，资产流动快，偿债能力强，资产的利用效率高。是企业一定时期内营业收入与应收账款平均余额的比率,是反映应收账款周转速度的指标。

$$应收账款周转率(周转次数) = 营业收入/应收账款平均余额$$

$$营业收入 = 主营业务收入 + 其他业务收入$$

$$应收账款平均余额 = (应收账款余额年初数 + 应收账款余额年末数) \div 2$$

(2)应收账款周转期是计算期天数与应收账款周转率之比。

$$应收账款周转期(周转天数) = 360/应收账款周转率$$

$$= (应收账款平均余额 \times 360)/营业收入$$

一定时期内,应收账款周转率越高,应收账款周转天数越短,说明应收账款收回得越快,应收账款的流动性越强,同时应收账款发生坏账的可能性也就越小。反之亦然。

以上两个比率是用来分析企业营运能力的指标,它们反映了企业经营效率的高低和各种资源是否得到了充分利用

2.9　资本积累率

资本积累率是企业本年所有者权益增长额与年初所有者权益的比率。它反映企业当年资本的积累能力,是评价企业发展潜力的重要指标。

$$资本积累率 = 本年所有者权益增长额/年初所有者权益 \times 100\%$$

该指标应大于0,则指标值越高表明企业的资本积累越多,应付风险、持续发展的能力就越大;该指标若为负值,表明企业资本受到侵蚀,所有者权益受到损害,应予以充分重视。

值得注意的是,虽然良好的财务控制能够达到上述目标,但也有其固有的局限。其局限性主要来自于三个方面:①受成本效益原则的局限;②财务控制人员因判断错误、忽略控制程序或人为做假等,致使财务控制失灵;③管理人员的行政干预,致使建立的财务控制制度形同虚设。

3. 审计

审计是由专职机构和人员根据授权或接受委托,依法对被审计单位的财政、财务收支及其有关经济活动的真实性、合法性、效益性进行审查、鉴证,评价经济责任,用以维护财经法纪,改善经营管理,提高经济效益,促进宏观调控的独立性经济监督活动。因而审计为控制和决策提供依据。

按审计活动执行主体的性质分类,审计可分为政府审计、独立审计和内部审计三种。

1)政府审计(governmental audit)

政府审计是由政府审计机关依法进行的审计,在我国一般称为国家审计。我国国家审计机关包括国务院设置的审计署及其派出机构和地方各级人民政府设置的审计厅(局)两个层次。国家审计机关依法独立行使审计监督权,对国务院各部门和地方人民政府、国家财政金融机构、国有企事业单位以及其他有国有资产的单位的财政、财务收支及其经济效益进行审计监督。各国政府审计都具有法律所赋予的履行审计监督职责的强制性。

2)独立审计(independent audit)

独立审计,即由注册会计师受托有偿进行的审计活动,也称为民间审计。我国注册会计师协会(CICPA)在发布的《独立审计基本准则》中指出:"独立审计是指注册会计师依法接受委托,对被审计单位的会计报表及其相关资料进行独立审查并发表审计意见。"独立审计的风险高,责任重,因此审计理论的产生、发展及审计方法的变革都基本上是围绕独立审计展

开的。

3）内部审计（internal audit）

内部审计是指由本单位内部专门的审计机构和人员对本单位财务收支和经济活动实施的独立审查和评价，审计结果向本单位主要负责人报告。这种审计具有显著的建设性和内向服务性，其目的在于帮助本单位健全内部控制，改善经营管理，提高经济效益。在西方国家，内部审计被普遍认为是企业总经理的耳目、助手和顾问。1999年，国际内部审计师协会（IIA）理事会通过了新的内部审计定义，指出："内部审计是一项独立、客观的保证和咨询顾问服务。它以增加价值和改善营运为目标，通过系统、规范的手段来评估风险、改进风险的控制和组织的治理结构，以达到组织的既定目标。"

内部审计按审计的内容和目的分类，可分为部门内部审计、单位内部审计。

（1）部门内部审计是政府审计机关未设立派出机构的政府部门、全国性公司和地区性公司内部设立的审计机构对本部门下属单位经济活动所实施的审计。其审计的内容是：本部门财政、财务收支、经营管理活动和经济效益。审查的目的是审查和评价本部门经济活动的合法、合规、正确和有效。

（2）单位内部审计是大中型企业、大型基建项目的单位内部设立的审计机构对本单位的财务收支经营管理活动所实施的审计。其审计的内容是：本单位的人、财、物的管理情况，供、产、销以及计算机操作等各项职能活动情况。单位内部审计审计的目的是审查和评价本单位各项管理活动的经济性、效率性和效果性，向管理部门提出改进意见。

相对于内部审计而言，政府审计和民间审计又称外部审计。

按审计基本内容分类按审计内容分类，我国一般将审计分为财政财务审计和经济效益审计。

1）财政财务审计（financial audit）

财政财务审计是指对被审计单位财政财务收支的真实性和合法合规性进行审查，旨在纠正错误、防止舞弊。具体来说，财政审计又包括财政预算执行审计（即由审计机关对本级和下级政府的组织财政收入、分配财政资金的活动进行审计监督）、财政决算审计（即由审计机关对下级政府财政收支决算的真实性、合规性进行审计监督）和其他财政收支审计（即由审计机关对预算外资金的收取和使用进行审计监督）。财务审计则是指对企事业单位的资产、负债和损益的真实性和合法合规性进行审查。由于企业的财务状况、经营成果和现金流量是以会计报表为媒介集中反映的，因而财务审计时常又表现为会计报表审计。

财政财务审计在审计产生以后的很长一段时期都居于主导地位，因此可以说是一种传统的审计；又因为这种审计主要是依照国家法律和各种财经方针政策、管理规程进行的，故又称为依法审计。我国审计机关在开展财政财务审计的过程中，如果发现被审单位和人员存在严重违反国家财经法规、侵占国家资财、损害国家利益的行为，往往会立专案进行深入审查，以查清违法违纪事实，作出相应处罚。这种专案审计一般称为财经法纪审计，它实质上只是财政财务审计的深化。

2）经济效益审计（economic effectivity audit）

经济效益审计是指对被审计单位经济活动的效率、效果和效益状况进行审查、评价，目的是促进被审计单位提高人财物等各种资源的利用效率，增强盈利能力，实现经营目标。在西方国家，经济效益审计也称为3E（efficiency，effectivity，economy）审计。最高审计机关国际组织(INTOSAI)则将政府审计机关开展的经济效益审计统一称为绩效审计(performance audit)。西方国家又将企业内部审计机构从事的经济效益审计活动概括为经营审计(operational audit)。

按审计实施时间相对于被审单位经济业务发生的前后分类,审计可分为事前审计、事中审计和事后审计。

1)事前审计

事前审计是指在被审单位经济业务实际发生以前进行的审计。这实质上是对计划、预算、预测和决策进行审计,如国家审计机关对财政预算编制的合理性、重大投资项目的可行性等进行的审查;会计师事务所对企业盈利预测文件的审核,内部审计组织对本企业生产经营决策和计划的科学性与经济性、经济合同的完备性进行的评价等。

开展事前审计,有利于被审单位进行科学决策和管理,保证未来经济活动的有效性,避免因决策失误而遭受重大损失。一般认为,内部审计组织最适合从事事前审计,因为内部审计强调建设性和预防性,能够通过审计活动充当单位领导进行决策和控制的参谋、助手和顾问。而且内部审计结论只作用于本单位,不存在对已审计划或预算的执行结果承担责任的问题,审计人员无开展事前审计的后顾之忧。同时,内部审计组织熟悉本单位的活动,掌握的资料比较充分,且易于联系各种专业技术人员,有条件对各种决策、计划等方案进行事前分析比较,作出评价结论,提出改进意见。

2)事中审计

事中审计是指在被审单位经济业务执行过程中进行的审计。例如,对费用预算、经济合同的执行情况进行审查。通过这种审计,能够及时发现和反馈问题,尽早纠正偏差,从而保证经济活动按预期目标合法合理和有效地进行。

3)事后审计

事后审计是指在被审单位经济业务完成之后进行的审计。大多数审计活动都属于事后审计。事后审计的目标是监督经济活动的合法合规性,鉴证企业会计报表的真实公允性,评价经济活动的效果和效益状况。

按实施的周期性分类,审计还可分为定期审计和不定期审计。定期审计是按照预定的间隔周期进行的审计,如注册会计师对股票上市公司年度会计报表进行的每年一次审计、国家审计机关每隔几年对行政事业单位进行的财务收支审计等。而不定期审计是出于需要而临时安排进行的审计,如国家审计机关对被审单位存在的严重违反财经法规行为突击进行的财经法纪专案审计;会计师事务所接受企业委托对拟收购公司的会计报表进行的审计;内部审计机构接受总经理指派对某分支机构经理人员存在的舞弊行为进行审查等。

4. 生产控制

生产控制是为确保组织能够在合理的成本下,生产出较高品质的产品与服务,或能以较低的成本生产出所要求品质的产品与服务。简单来说,生产控制的目的是提高生产效率。企业的生产活动是一个动态的过程:企业首先投入原材料、零部件、劳动力等,经过企业系统的转换和运用,生产出有形的产品或无形的劳务。为了达到企业预定的目标,就必须对企业的生产活动进行控制。生产控制是生产系统的重要组成部分。在此分析生产控制活动中与投入活动相关的存货控制,以及与产出相关的质量控制。

4.1　存货控制

存货控制的目的是确保组织可以适时地取得所需的原物料、零组件，以及使总存货成本降至最低。基本上，与存货相关的成本包括四类：①订购成本，是指来自下单与准备采购订单所发生的费用；②持有成本，是指存货储存在仓库所发生的成本，包括破损、折旧、仓租、保险费用、税负、遭窃，以及资金积压等费用；③短缺成本，是指因为库存不足而无法满足顾客的需求或生产所需而发生的成本；④取得成本，为了要满足一项订单的购入数量所产生的成本，主要是指扣除数量折扣后的产品购入成本。严格来讲，总成本的最低应该为以上四项成本总和的最低。

要做好存货控制，主要有两种方法，ABC 分类法和经济订购批量模型。

1）ABC 分类法

在经济学上有所谓的帕累托法则，主要是指少量的项目却占了大量的价值。运用到存货控制上，管理者应该将有限的管理精力与焦点集中在这些项目少但却价值高的存货上，而不应花费在那些项目多而价值低的产品上。ABC 分类库存控制法就是基于这种观念发展出来的对存货进行分类以便分别管理的一种制度。

存货 ABC 分类管理就是按照一定的标准，将企业的存货划分为 A、B、C 三类，分别实行分品种重点管理、分类别一般控制和按总额灵活掌握的存货管理方法。

分类的标准主要有两个：一是金额标准，二是品种数量标准。习惯上将累计品目百分数为 5%～15%，而平均资金占用额累计百分数为 60%～80% 的前几个物品，确定为 A 类存货；将累计品目百分数为 20%～30%，而平均资金占用额累计百分数也为 20%～30% 的物品，确定为 B 类存货；其余为 C 类存货，C 类情况正和 A 类相反。A 类存货应受到最大的重视和最严格的管理；C 类存货则应受到较少的注意和比较松散的管理；而 B 类存货则介于两者之间。

2）经济订购批量模型

经济订购批量模型是用来决定最佳采购数量的一种数学模型工具，它主要考虑存货的持有成本与订购成本，并希望使两者相加的总成本达到最低。

对存货控制而言，其主要的决策包括维持一个适当的存货水准，以及决定一个理想的采购数量。订货数量越大，则平均存货数量便越大，存货的持有成本也越高。订货数量越大，订购成本则越会下降，而最为经济的订货量就是在两种成本相加的总成本曲线之最低点，即订购成本等于持有成本的那一点，这就是所谓的经济订购量。

4.2　质量控制

质量是指产品（或服务）的特性或功能，和原先所设计的规格相符合的程度。质量控制指对质量实施监控来确保质量满足预先制定的标准，监控内容包括重量、强度、密度、色泽、味道、可靠性、完整性等特征。在大规模生产前甚至是在大规模生产过程中，必须检验产品的质量是否已达到标准。在实施质量控制的过程中，管理者应明确是 100% 的检测产品还是采用抽样的方法。如果连续检测的成本很低或者出错后果很严重，则应该逐个检查每一件产品。

统计抽样通常所需费用较少，而且多数情况下是唯一可供选择的方法。统计质量控制分为两类：接收抽样和过程控制。接收抽样指的是对已经存在或外购的材料或产品进行评估。通过抽取一定数量的样本，计算抽样风险，决定接受还是拒绝总体。过程控制是指在转换过程中对物品进行抽样，观察转换过程是否被有效地控制。

迄今为止，质量管理和控制已经经历了三个阶段，即质量检验阶段、统计质量控制阶段和全面质量管理(total quality management，TQM)阶段。质量检验阶段的时间是从20世纪初至30年代末，是质量管理的初级阶段，其主要特点是以事后检验为主体。统计质量控制阶段的时间是从20世纪40年代至50年代末。其主要特点是采用统计方法作为工具，从单纯依靠质量检验事后把关，发展到工序控制，突出了质量的预防性控制与事后检验相结合的管理方式。

全面质量管理阶段的时间是从20世纪60年代开始至今，是以保证产品质量和工作质量为中心，企业全体员工参与的质量管理体系。它具有全员、全面、全过程的特征。

5.其他控制方法

1)亲自观察法

亲自观察法是一种常用的控制方法，它是指管理者对重要管理问题进行实际调查研究以获取控制所需的各种信息，或亲自观察员工的生产进度、倾听员工的交谈来获取信息，或亲自参加某些具体工作，通过实践来加深对问题的了解，获得第一手资料。亲自观察不仅可以直接与下属沟通，了解他们的工作、情绪、工作成绩，发现存在的问题，而且能激励下属，有利于创造一种良好的组织气氛。这种方式也可称为"走动管理"。

2)统计分析法

统计分析法要求组织、具有良好的基础工作，有健全的原始记录和统计资料，在此基础上，使用统计方法对大量的数据资料进行汇总、整理、分析，以各种统计图表及分析报告的形式自下而上向组织中有关管理者提供控制信息。管理者可以通过阅读和分析统计图表及有关资料，找出问题、分析问题并解决问题。

3)专题报告和分析

专题报告和分析有助于对具体问题的控制。例行的会计和统计报表虽能提供不少必要的信息，但有关某些业务的信息往往还是不足。专题报告则可以针对具体问题，由具有专业知识、经验丰富的参谋人员对计划进展情况、存在问题及原因、已经采取的措施、收到什么效果、预计可能出现问题等情况进行全面的分析。

思考题

1.什么是控制？有什么重要性？

2.控制有几种类型？各自的侧重点在哪里？

3.试述控制的基本过程。

4.如何实现有效的控制？

5.常用的控制方法有几种？都在什么情况下使用？

参考文献

［1］彼得・德鲁克.管理的实践［M］.齐若兰译.北京：机械工业出版社，2009

［2］陈浩.执行力［M］.北京：中华工商联出版社，2011

［3］陈洪安.管理学原理（第2版）［M］.上海：华东理工大学出版社，2013

［4］彼得・德鲁克.创新与企业精神［M］.蔡文燕译.北京：机械工业出版社，2009

［5］彼得・圣吉.第五项修炼：学习型组织的艺术与实践［M］.张成林译.北京：中信出版社，2009

［6］彼得・德鲁克.管理使命、责任、实务（使命篇）［M］.王永贵译.北京：机械工业出版社，2009

［7］陈阳，禹海慧.管理学原理［M］.北京：北京大学出版社，2013

［8］彼得・德鲁克.卓有成效的变革管理［M］.杨剑译.北京：机械工业出版社，2014

［9］陈光锋.互联网思维：商业颠覆与重构［M］.北京：机械工业出版社，2014

［10］陈明，余来文.商业模式：创业的视角［M］.厦门：厦门大学出版社，2011

［11］陈蓉.如何管理企业中的非正式组织［M］.广州：华南理工大学出版社，2013

［12］程云，刘明鑫，何强.管理学基础［M］.北京：北京大学出版社，2012

［13］丹尼尔・A・雷恩.管理思想史（第6版）［M］.孙健敏译.北京：中国人民大学出版社，2012

［14］曾友中等.管理学原理［M］.湘潭：湘潭大学出版社，2015

［15］纪娇云.管理学：理论与案例［M］.北京：中国电力出版社，2015

［16］曾国华，庞玉兰，稽国平，余来文.理论、应用和中国案例［M］.北京：经济管理出版社，2014

图书在版编目（CIP）数据

管理学基础／肖洋主编.—长沙：中南大学出版社，2016.8
ISBN 978 - 7 - 5487 - 2462 - 9

Ⅰ.管…Ⅱ.肖…Ⅲ.管理学－教材　Ⅳ.C93

中国版本图书馆 CIP 数据核字（2016）第 189786 号

管理学基础

主编　肖　洋

□责任编辑　周兴武
□责任印制　易建国
□出版发行　中南大学出版社
　　　　　　社址：长沙市麓山南路　　　　邮编：410083
　　　　　　发行科电话：0731 - 88876770　传真：0731 - 88710482
□印　　装　长沙印通印刷有限公司

□开　　本　787×1092　1/16　□印张 13.75　□字数 350 千字
□版　　次　2016 年 8 月第 1 版　□印次　2019 年 8 月第 2 次印刷
□书　　号　ISBN 978 - 7 - 5487 - 2462 - 9
□定　　价　38.00 元

图书出现印装问题，请与经销商调换